高等院校应用型人才培养规划教材——统计学类

概率统计计算及其 MATLAB 实现

常振海 刘 薇 王丙参 编著

U0205906

西南交通大学出版社

·成 都·

内容简介

本书的编写从实例出发，淡化理论，突出方法，图文并茂，突出 MATLAB 的程序实现（版本为 7.11.0(R2010b)）；程序注释多，通俗易懂，不需要读者事先学习 MATLAB 的相关知识，适合初次接触 MATLAB 的读者阅读。全书插图 80 多幅，例题 150 多道，几乎全部配有实现的程序。为了加深理解，全书还对常见的概率统计问题进行了模拟，如投硬币试验（投掷骰子）、生日问题、摸球问题、蒲丰投针问题、赌徒输光问题、Galto 板实验等。

全书共分为六章和一个附录，前两章主要介绍概率论和随机变量的基本知识，第三章至第五章是数理统计内容，第六章是随机过程计算及其仿真，最后，附录部分对 MATLAB 的基本知识进行了简介。主要内容涉及概率及其计算、变量分布及其相关计算、数字特征和中心极限定理、描述统计、参数估计和假设检验、方差分析和回归分析、泊松过程、马氏链、布朗运动、风险模型等的计算和模拟。另外还涉及 MATLAB 矩阵的运算和操作、微积分运算、代数方程（组）求解、画图和程序流程控制等内容。

本书可作为普通高等院校的统计学教材，或者是 MATLAB 软件的入门书籍，也可作为相关专业学习 MATLAB 的参考用书，也较适合自学使用。

图书在版编目（CIP）数据

概率统计计算及其 MATLAB 实现 / 常振海，刘薇，王丙参编著. —成都：西南交通大学出版社，2015.1（2019.1 重印）

高等院校应用型人才培养规划教材. 统计学类

ISBN 978-7-5643-3598-4

Ⅰ. ①概… Ⅱ. ①常… ②刘… ③王… Ⅲ. ① Matlab 软件－应用－概率统计计算法－高等学校－教材 Ⅳ. ①0242.28-39

中国版本图书馆 CIP 数据核字（2014）第 290544 号

高等院校应用型人才培养规划教材——统计学类

概率统计计算及其 MATLAB 实现

常振海　刘　薇　王丙参　编著

*

责任编辑　张宝华
特邀编辑　曹　嘉
封面设计　何东琳设计工作室
西南交通大学出版社出版发行
四川省成都市二环路北一段 111 号西南交通大学创新大厦 21 楼
邮政编码：610031　发行部电话：028-87600564
http://www.xnjdcbs.com
成都中永印务有限责任公司印刷
*
成品尺寸：185 mm×260 mm　　印张：17.25
字数：431 千字
2015 年 1 月第 1 版　　2019 年 1 月第 4 次印刷
ISBN 978-7-5643-3598-4
定价：39.80 元

前　言

概率论与数理统计是高等院校数学系与统计系的基础课程，同时也是财经管理类部分专业和工科类部分专业的必修课之一. 但随着计算机的快速发展，概率统计中许多涉及大计算量的有效方法也得到了广泛应用与迅猛发展，可以说，计算统计已是统计中一个很重要的研究方向.

本书写作的指导思想是在不失严谨的前提下，淡化理论，突出方法和软件实现，突出一个完整问题的解决，突出实际案例的应用和概率统计思想的渗透. 这明显不同于纯数理类教材，即明显不同于把知识和软件命令分开讲解的教材，努力把我们在实践中应用 MATLAB 解决概率统计问题的经验和体会融入其中. 本书中的几乎每一道例题和每一幅图都加注了 MATLAB 的实现程序（版本为 7.11.0(R2010b)），并且这些程序中配备了大量的解释性语句，便于阅读和理解，即使读者从没有接触过 MATLAB 软件，也一定能很快掌握 MATLAB 软件的基本用法和简单程序的编写，从而能借助 MATLAB 软件实现自己的一些想法.

本书分六章和一个附录. 其中前两章主要介绍概率论的基本知识，包括事件的概率及其计算、一维和多维随机变量的概率分布及其计算、常见的离散型分布、常见的连续型分布、数字特征和中心极限定理等；第三章至第五章是数理统计内容，主要包括数据的描述统计、三大抽样分布、参数估计和假设检验、方差分析和回归分析等内容；第六章是随机过程计算及其仿真，主要包括泊松过程、马氏链、布朗运动、风险模型等的计算和模拟；最后，附录部分对 MATLAB 的基本知识作了简要介绍，主要包括矩阵的运算和操作、微积分运算、代数方程（组）求解、画图和程序流程控制等内容.

本书讲授 54 课时较为合适，主要借助于计算机上机操作和多媒体进行教学.

在本书的编写过程中，得到了天水师范学院数学与统计学院的大力支持，在此，向他们表示衷心的感谢，感谢数学与统计学院统计教研室同事们提出的意见和建议. 书中的大部分程序是我们多年从事教学和科研工作的经验积累，部分实现程序引用了其他人的著作. 同时对西南交通大学出版社表示衷心的感谢！

本书由天水师范学院的常振海、刘薇和王丙参共同编写. 其中前三章由刘薇编写，第六章由王丙参编写，其余章节由常振海编写，全书由常振海统稿审定.

由于水平有限，书中不当之处在所难免，恳请读者批评指正.

邮箱：changzhenhai2012@163.com 或 liuwei20072012@163.com.

作　者

2014 年 4 月

目　录

1 概率计算及变量分布

1.1 概率定义及其计算

由于事件是 Ω 的某些子集, 如果把 "是事件" 这些子集归在一起, 可得到一个类, 记作 $\mathscr{F}$, 称为**事件域**, 即 $\mathscr{F} = \{A : A \subset \Omega, A \text{ 是事件}\}$. 事件域 $\mathscr{F}$ 应满足下列要求:

(1) $\Omega \in \mathscr{F}$;

(2) 若 $A \in \mathscr{F}$, 则 $\overline{A} \in \mathscr{F}$;

(3) 若 $A_i \in \mathscr{F}, i = 1, 2, \cdots, n$, 则 $\bigcup_{i=1}^{n} A_i \in \mathscr{F}$.

在集合论中, 满足上述三个条件的集合类, 称为**布尔（Borel）代数**. 所以, 事件域是一个布尔代数. 由此有下面的公理化定义.

定义 1.1.1 设 Ω 为样本空间, $\mathscr{F}$ 为 Ω 的一些子集所组成的一个事件域, 如果对任一事件 $A \in \mathscr{F}$, 定义在 $\mathscr{F}$ 上的一个实值函数 $P(\cdot)$ 满足下列条件:

(1) 非负性: $P(A) \geqslant 0 (\forall A \in \mathscr{F})$;

(2) 规范性: $P(\Omega) = 1$;

(3) 可列可加性: 若 $A_i \in \mathscr{F} (i = 1, 2, \cdots)$, 且 $A_i A_j = \varnothing (i \neq j)$, 有 $P\left(\bigcup_{i=1}^{\infty} A_i\right) = \sum_{i=1}^{\infty} P(A_i)$,

则称 $P(A)$ 为事件 A 的概率（probability）, 称 $(\Omega, \mathscr{F}, P)$ 为**概率空间**.

1.1.1 频率 古典概型与几何概型

1）频率与概率

大量的试验发现, 尽管每做一串（ n 次）试验, 事件 A 所得到的频率 $f_n(A)$ 可以各不相同, 但是只要 n 相当大, $f_n(A)$ 总在某个数值附近摆动, 这个数值称为**频率的稳定值**. 频率的稳定值反映了事件 A 发生的可能性大小.

例 1.1.1（抛硬币试验） 在投掷硬币的试验中, 历史上曾有许多著名的科学家对投掷结果为正面这一事件 A 发生的频率做了观测, 结果见表 1.1.1.

表 1.1.1 投硬币试验结果

实验者	投掷次数	出现正面次数	频率
De Morgan（德·摩根）	2 048	1 061	0.518 1
Buffon（蒲丰）	4 040	2 048	0.506 9
Feller（费勒）	10 000	4 979	0.497 9
Pearson（皮尔逊）	12 000	6 019	0.501 6
Pearson（皮尔逊）	24 000	12 012	0.500 5

模拟的思想和程序如下.

(1) 若记出现反面为 0, 出现正面为 1, 则需产生服从 0-1 分布的随机数. 命令为

binornd(1, p, M, N),

意即产生 M 行 N 列的服从 0-1 分布的随机数. 实际上是 M 行 N 列矩阵, 不妨记为 A.

(2) 分别计算 A 中 0 和 1 的个数, 分别代表出现反面和正面的次数, 从而计算出现正面或反面的频率.

例 1.1.1 模拟程序:

```
>>n=2048;  %投掷次数
>>X=binornd(1,0.5,1,n);  %产生服从 0-1 分布的随机数 n 个
>>n1=0;  %出现反面次数的初始值
>>n2=0;  %出现正面次数的初始值
>>for i=1:n;
      if   X(i)==0;
         n1=n1+1;
      else
         n2=n2+1;
      end
   end
>>n1;  %出现反面的次数
>>n2;  %出现正面的次数
>>pn1=n1/n;  %出现反面频率
>>pn2=n2/n;  %出现正面频率
>>jieguo=[pn1,pn2]
```

运行结果为

jieguo=0.4922   0.5078

同理, 改变 n 的值就可以模拟表 1.1.1 中剩余的试验情形. 我们也可以改变程序一次性地把表 1.1.1 中的结果全部模拟出来, 也可以针对某一种情形的试验进行多次模拟, 这些留给读者做练习.

2) 古典概型

若随机试验 E 具有下述特征:

(1) 样本空间的元素 (即基本事件) 只有有限个, 不妨设 $\Omega = \{\omega_1, \omega_2, \cdots, \omega_n\}$.

(2) 每个基本事件出现的可能性是相等的, 即有

$$P(\omega_1) = P(\omega_2) = \cdots = P(\omega_n),$$

这种等可能性的数学模型称为**古典概型** (classical probability model).

对上述的古典概型, 事件域 $\mathscr{F}$ 为 Ω 的所有子集的全体. 这时, 连同 $\varnothing$ 和 Ω 在内, $\mathscr{F}$ 中含有 2^n 个事件, 并且从概率的有限可加性知

$$1 = P(\Omega) = P(\omega_1) + P(\omega_2) + \cdots + P(\omega_n).$$

于是
$$P(\omega_1) = P(\omega_2) = \cdots = P(\omega_n) = \frac{1}{n}.$$

对任一随机事件 $A \in \mathscr{F}$，如果 A 含有 k 个基本事件，即 $A = \omega_{i_1} \bigcup \omega_{i_2} \bigcup \cdots \bigcup \omega_{i_k}$，则

$$P(A) = \frac{k}{n}.$$

不难验证，上述概率 $P(\cdot)$ 具有非负性、规范性和可列可加性.

例 1.1.2 箱中有 100 件外形一样的同批产品，其中正品 60 件，次品 40 件. 现按下列两种方法抽取产品：

(1) 每次任取一件，经观察后放回箱中，再任取下一件，这种抽取方法叫作**有放回抽样**.

(2) 每次任取一件，经观察后不放回，在剩下的产品中再任取一件，这种抽取方法叫作**无放回抽样**.

试分别对这两种抽样方法，求从这 100 件产品中任意抽取 3 件，其中有两件次品的概率.

解 (1) 由于每次抽取后都放回，故每次抽取产品都是从原 100 件中抽取，则从 100 件中任意抽取 3 件的所有可能的取法共有 100^3 种. 因此，样本空间的基本事件总数 $n = 100^3$. 再考虑事件 $A =$ "3 件中有 2 件次品"所含的基本事件数. 由于任取 3 件中有 2 件次品的所有可能取法有 C_3^2 种，而 2 件次品是从 40 件次品中任意取出的，可能的取法有 40^2 种，另一件正品是从 60 件正品中任意抽取的，有 60 种取法. 因此，由排列组合的加法原理和乘法原理，A 包含的基本事件数 $k = C_3^2 \cdot 40^2 \cdot 60$. 因此有：

$$P(A) = \frac{C_3^2 \cdot 40^2 \cdot 60}{100^3} = 0.288.$$

例 1.1.2(1)实现程序：
```
>> PA21=(nchoosek(3,2)*40^2*60)/100^3    %计算 P(A)
```
运行结果为
```
    PA21=0.2880    %输出的结果
```
%注: nchoosek(n,k)=$C_n^k = \begin{pmatrix} n \\ k \end{pmatrix}$

(2) 由于每抽取一件经观察后不放回，因此第一次是从 100 件中任取 1 件，第二次是从第一次取后剩下的 99 件中任取 1 件，第三次是从第二次取后剩下的 98 件中任取 1 件，从而样本空间总数 $n = 100 \cdot 99 \cdot 98$. A 中所含的基本事件数 $k = C_3^2 \cdot 40 \cdot 39 \cdot 60$. 因此有：

$$P(A) = \frac{C_3^2 \cdot 40 \cdot 39 \cdot 60}{100 \cdot 99 \cdot 98} \approx 0.289.$$

例 1.1.2(2)实现程序：
```
>> PA22=(nchoosek(3,2)*40*39*60)/(100*99*98)    %计算 P(A)
```
运行结果为
```
PA22=0.2894    %输出的结果
```
一般地，采用有放回与无放回抽样计算的概率结果是不同的. 当抽取对象的数目较少时，差异较大，但当被抽取的数目较大，而抽取的数目又较小时，在这两种抽样方式下所计算的概率数值相差不大.

例 1.1.3（生日问题）　某班级有 n 个人（$n \leqslant 365$），问至少有两个人的生日在同一天的概率为多少？

解　假定一年按 365 天计算，由于每个人在 365 天的每一天过生日都是可能的，所以 n 个人可能的生日情况为 365^n 种，且每一种出现的可能性是相等的. 设 A = "n 个人中至少有两个人的生日相同"，则 $\overline{A}$ = "n 个人的生日全不相同"，所以 $\overline{A}$ 所包含的样本点数为

$$365 \times 364 \times \cdots \times (365-n+1) = \frac{365!}{(365-n)!}.$$

因此

$$P(\overline{A}) = \frac{365!}{365^n \cdot (365-n)!}.$$

于是

$$P(A) = 1 - \frac{365!}{365^n \cdot (365-n)!}.$$

实现程序：

```
>> PA3=1-(factorial(365))/(365^n*factorial(365-n))    %计算 P(A)
%注  factorial(n)=n!
```

注: 这个例子是历史上有名的"生日问题". 对这个例子，如果直接求 $P(A)$，是比较麻烦的，而利用对立事件求解就简便多了. 对一些不同的 n 值，可计算相应的概率值，结果见表 1.1.2.

表 1.1.2　至少有两人生日在同一天

n	10	20	23	30	40	50	60
$P(A)$	0.12	0.41	0.51	0.71	0.89	0.97	0.99

表 1.1.2 运算程序：

```
>> x=[10 20 23 30 40 50 60];    %向量 x, 准备让 n 分别取向量 x 中的值
>>for i=1:length(x)    %length(x)计算向量 x 的长度
        PA(i)=1-(factorial(365))/(365^x(i)*factorial(365-x(i)));
    end
>>PA;    %计算的概率 P 值
>>biaoge=[x;PA]    %以表格形式显示结果，第一行为 x, 第二行为相应概率
```

%注: 因为 factorial(365)的值太大，超出了 MATLAB 中能显示的最大数值，因此这里 factorial(365)的运算结果为 inf, 即无穷大的意思. 建议除一个常数减小之，然后再等价变回去.

这个结果和人们平时的感觉有出入，说明人的"直觉"有时并不可靠.

3）几何概型

设试验结果可用某一区域 Ω 内的点的随机位置来确定，且点落在 Ω 的任意位置是等可能的. 事件 A 表示点落在 Ω 的某一子区域内，该子区域仍记为 A, 用 S_A 表示子区域 A 的度量（若区域属于一维空间，S_A 表示 A 在线段上的长度；若区域属于二维空间，S_A 表示 A 在平面区域 A 内的面积. 依此类推，同理解释 S_Ω），则

$$P(A) = \frac{S_A}{S_\Omega},$$

由此定义的概率为**几何概型**（geometric probability model）.

例 1.1.4（会面问题） 甲、乙两人约定在 6 时到 7 时之间在某处会面，并约定先到者应等候另一个人一刻钟，过时即可离去，求两人能会面的概率.

解 以 x 和 y 分别表示甲、乙到达约会地点的时间（单位：min），在平面上建立直角坐标系，由于两人到达时刻是随机的，因此 (x,y) 的所有可能结果是边长为 60 的正方形，即

$$\Omega = \{(x,y) \mid 0 \leqslant x \leqslant 60, 0 \leqslant y \leqslant 60\} .$$

记 A = "两人能会面"，则能会面的充要条件是

$$A = \{(x,y) \mid \mid x-y \mid \leqslant 15\} ,$$

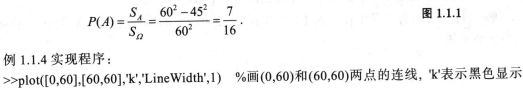

图 1.1.1

如图 1.1.1 所示的阴影部分. 这是一个几何概率问题，由等可能性知

$$P(A) = \frac{S_A}{S_\Omega} = \frac{60^2 - 45^2}{60^2} = \frac{7}{16} .$$

例 1.1.4 实现程序：

```
>>plot([0,60],[60,60],'k','LineWidth',1)   %画(0,60)和(60,60)两点的连线, 'k'表示黑色显示
线条, 'LineWidth',1 表示图形的线条宽度限定为 1, 默认为 0.5
>>hold on   %在上面的图像中加入下面将要画出的图形
>>plot([60,60],[0,60],'k','LineWidth',1)   %画(60,0)和(60,60)两点的连线, 黑色, 线宽为 1
>>x1=15:60;y1=x1-15;
  plot(x1,y1,'k','LineWidth',1)   %画横坐标范围在[15,60]的直线 y1=x1-15
>>x2=0:45;y2=x2+15;
  plot(x2,y2,'k','LineWidth',1)   %画横坐标范围在[0,45]的直线 y2=x2+15
>>for i=1:15
      plot([i,i],[0,i+15],'k','LineWidth',1);
  end   %这个循环画的是横坐标在[1,15]的阴影部分竖线
>>for i=45:60
      plot([i,i],[i-15,60],'k','LineWidth',1);
  end   %这个循环画的是横坐标在[45,60]的阴影部分竖线
>>for i=16:44
      plot([i,i],[i-15,i+15],'k','LineWidth',1);
  end   %这个循环画的是横坐标在[16,44]的阴影部分竖线
>>hold off   %和 hold on 对应, 表示添加图像结束
```

1.1.2 条件概率及其相关公式

1）条件概率

定义 1.1.2 若 $(\Omega, \mathscr{F}, P)$ 是一个概率空间，$B \in \mathscr{F}$，且 $P(B) > 0$，则对任意的 $A \in \mathscr{F}$，称

$$P(A \mid B) = \frac{P(AB)}{P(B)}$$

为在已知事件 B 发生的条件下，事件 A 发生的**条件概率**.

同理, 当 $P(A) > 0$ 时, 也可类似地定义 B 关于 A 的条件概率:

$$P(B \mid A) = \frac{P(AB)}{P(A)}.$$

计算条件概率 $P(A \mid B)$ 一般有两种方法:

(1) 在缩减的样本空间 Ω_B 中计算事件 A 发生的概率, 就能得到 $P(A \mid B)$;

(2) 在原样本空间 Ω 中, 先计算 $P(AB), P(B)$, 再由定义中的公式求得 $P(A \mid B)$.

例 1.1.5　100 件产品, 其中有 5 件不合格品, 5 件不合格品中又有 3 件是次品, 2 件废品. 在 100 件产品中任意抽 1 件, 求:

(1) 抽得的是废品 B 的概率;

(2) 已知抽得的是不合格品 A, 它是废品的概率 $P(B \mid A)$.

解　(1) 在 100 件产品中任意抽 1 件, 共有 C_{100}^1 种可能, 而抽得的是废品, 共有 C_2^1 种可能. 由古典概率知

$$P(B) = \frac{C_2^1}{C_{100}^1} = \frac{1}{50}.$$

例 1.1.5(1) 实现程序:

```
>> PB=nchoosek(2,1)/nchoosek(100,1)    %计算命令
   PB=0.0200    %输出的结果
```

(2) 解法一 (定义法): 由 $AB = B$ 知

$$P(B \mid A) = \frac{P(AB)}{P(A)} = \frac{\dfrac{2}{100}}{\dfrac{5}{100}} = \frac{2}{5}.$$

例 1.1.5(2) 实现程序:

```
>> PBA=(2/100)/(5/100)    %计算命令
   PBA=0.4000    %输出的结果
```

(解法二: 在缩减的样本空间上由古典概率计算)

事件 A = "抽得的是不合格品" 已经发生, 所以样本空间就可以从 100 件产品缩减至 A 中的 5 件产品, 抽一件不合格品共有 C_5^1 种可能, 而 B = "抽得的是废品", 共有 C_2^1 种可能, 故由 $AB = B$ 和古典概率知

$$P(B \mid A) = \frac{N_{AB}}{N_{\Omega A}} = \frac{2}{5}.$$

2) 乘法公式

由条件概率定义可知, 对任意两个事件 A 和 B, 若 $P(B) > 0$, 则有

$$P(AB) = P(B)P(A \mid B),$$

称之为概率的**乘法公式**.

概率的乘法公式给出了求积事件概率的一种算法. 概率的乘法公式可推广到 n 个事件的情形.

定理 1.1.1（乘法公式） 一般地，若 $A_1, A_2, \cdots, A_n$ 为 $n(n \geqslant 2)$ 个事件，则

$$P(A_1 A_2 A_3 \cdots A_n) = P(A_1) P(A_2 \mid A_1) P(A_3 \mid A_1 A_2) \cdots P(A_n \mid A_1 A_2 \cdots A_{n-1}).$$

例 1.1.6 10 个考签中有 4 个难签，三个人参加抽签（无放回）：甲先，乙次，丙最后，试问：

(1) 甲、乙、丙均抽得难签的概率为多少？

(2) 甲、乙、丙抽得难签的概率各为多少？

解 令 A, B, C 分别表示甲、乙、丙抽得难签的事件.

(1) 由乘法公式知，所求事件的概率为

$$P(ABC) = P(A) P(B \mid A) P(C \mid AB).$$

由条件概率和古典概率定义知

$$P(ABC) = \frac{4}{10} \times \frac{3}{9} \times \frac{2}{8} = \frac{1}{30}.$$

例 1.1.6(1)实现程序：

```
>> PABC=(4/10)*(3/9)*(2/8)    %计算命令
   PABC=0.0333    %输出结果
```

下面的计算程序类似，只是数据不同，不再给出.

(2) 因为甲、乙、丙按次序抽签，因此，甲抽得难签的概率为

$$P(A) = \frac{4}{10} = 0.4.$$

考虑乙抽得难签时，要先考虑甲是否抽得难签两种情况，因此，乙抽得难签的概率为

$$P(B) = P(AB \cup \bar{A}B) = P(AB) + P(\bar{A}B)$$

$$= P(A) P(B \mid A) + P(\bar{A}) P(B \mid \bar{A}) = \frac{4}{10} \times \frac{3}{9} + \frac{6}{10} \times \frac{4}{9} = 0.4.$$

同理，考虑丙抽得难签时，要先考虑甲和乙是否抽得难签的四种情况，因此，丙抽得难签的概率为

$$P(C) = P(ABC \cup \bar{A}BC \cup A\bar{B}C \cup \bar{A}\bar{B}C) = P(ABC) + P(\bar{A}BC) + P(A\bar{B}C) + P(\bar{A}\bar{B}C).$$

而

$$P(\bar{A}BC) = P(\bar{A}) P(B \mid \bar{A}) P(C \mid \bar{A}B) = \frac{6}{10} \times \frac{4}{9} \times \frac{3}{8} = \frac{1}{10}.$$

同理，

$$P(A\bar{B}C) = \frac{1}{10}, \quad P(\bar{A}\bar{B}C) = \frac{1}{6}.$$

由(1)知：$P(ABC) = \frac{1}{30}$，因此，

$$P(C) = \frac{1}{30} + \frac{1}{10} + \frac{1}{10} + \frac{1}{6} = \frac{4}{10} = 0.4.$$

3）全概率公式和 Bayes 公式

定义 1.1.3 如果一个事件组 $B_1, B_2, \cdots, B_n$ 在每次试验中必发生且仅发生一个，即 $\bigcup_{i=1}^{n} B_i = \Omega, B_i B_j = \varnothing (i \neq j)$，则称 $B_1, B_2, \cdots, B_n$ 为 Ω 的一个**完备事件组**或一个**分割**.

定理 1.1.2（全概率公式） 设 $B_1, B_2, \cdots, B_n$ 是 Ω 的一个分割，且有 $P(B_i) > 0 (i = 1, 2, \cdots, n)$，则对任一事件 A，有

$$P(A) = \sum_{i=1}^{n} P(B_i) P(A \mid B_i).$$

定理 1.1.3（Bayes 公式） 设 $B_1, B_2, \cdots, B_n$ 是 Ω 的一个分割，且 $P(B_i) > 0 (i = 1, 2, \cdots, n)$，$P(A) > 0$，则有

$$P(B_i \mid A) = \frac{P(B_i) P(A \mid B_i)}{\displaystyle\sum_{j=1}^{n} P(B_j) P(A \mid B_j)} \quad (i = 1, 2, \cdots, n).$$

例 1.1.7 某工厂有四条流水线生产同一种产品，该四条流水线分别占总产量的 15%, 20%, 30%和 35%, 又这四条流水线的不合格率依次为 0.05, 0.04, 0.03 和 0.02. 现在从出厂产品中任取一件，问恰好抽到不合格品的概率为多少？若该厂规定，出了不合格品要追究有关流水线的经济责任，现在在出厂产品中任取一件，结果为不合格品，但标志已脱落，问第四条流水线应承担多大责任？

解 令 $A = \{$任取一件，恰好抽到不合格品$\}$，$B_i = \{$任取一件，恰好抽到第 i 条流水线的产品$\} (i = 1, 2, 3, 4)$. 由全概率公式可得

$$P(A) = \sum_{i=1}^{4} P(B_i) P(A \mid B_i) = 0.15 \times 0.05 + 0.20 \times 0.04 + 0.30 \times 0.03 + 0.35 \times 0.02 = 0.0315.$$

由 Bayes 公式知

$$P(B_4 \mid A) = \frac{P(B_4) P(A \mid B_4)}{\displaystyle\sum_{i=1}^{4} P(B_i) P(A \mid B_i)} = \frac{0.35 \times 0.02}{0.0315} \approx 22.22\%.$$

例 1.1.7 实现程序：
```
>> PA=0.15*0.05+0.20*0.04+0.30*0.03+0.35*0.02
>>PB4A=(0.35*0.02)/PA
```
运行结果为
```
PA=0.0315
PB4A=0.2222
```

4）独立事件

定义 1.1.4 对任意的两个事件 A, B，若

$$P(AB) = P(A)P(B)$$

成立，则称事件 A, B 是**相互独立的**，简称为**独立的**.

注: (1) 公式意味着事件 B 的发生不受事件 A 的影响，即 $P(B) = P(B \mid A)$；

(2) 必然事件 Ω 与不可能事件 $\varnothing$ 与任何事件都是相互独立的.

定义 1.1.5 对任意三个事件 A, B, C，如果有

$$P(AB) = P(A)P(B),$$
$$P(BC) = P(B)P(C),$$
$$P(CA) = P(C)P(A),$$
$$P(ABC) = P(A)P(B)P(C),$$

四个等式同时成立，则称事件 A,B,C 相互独立.

一般地，设 $A_1,A_2,\cdots,A_n$ 是 n 个事件，如果对于任意的 $k(1<k\leqslant n)$ 和任意的一组 $1\leqslant i_1<i_2<\cdots<i_k\leqslant n$ 都有等式

$$P(A_{i_1}A_{i_2}\cdots A_{i_k}) = P(A_{i_1})P(A_{i_2})\cdots P(A_{i_k})$$

成立，则称 $A_1,A_2,\cdots,A_n$ 是 n 个相互独立的事件.

由此可知，n 个事件的相互独立性，需要有 $\sum\limits_{k=2}^{n}C_n^k = 2^n-n-1$ 个等式来保证.

1.2　随机变量及其分布

1.2.1　一维随机变量及其分布

样本空间中的基本事件有的是用数值描述的，有的不是，为了便于研究，人们把样本空间中的每一个样本点都对应为唯一的一个实数值，这个对应法则就是函数. 因为做一次随机试验，会出现哪个结果是随机的，因此这个函数的取值也是随机的，常称之为随机变量.

定义 1.2.1　设 E 为随机试验，$\Omega=\{\omega\}$ 为其样本空间，若对任意的 $\omega\in\Omega$，有唯一的实数 $X=X(\omega)$ 与之对应，则称 $X(\omega)$ 为**随机变量**.

在不引起混淆的情况下，常省去样本点 ω，记为 X. 随机变量常用 X,Y,Z 等表示，也常用 ξ,η,γ 等表示，其实现值常用 x,y,z 等表示.

若一个随机变量仅取有限个或可列个值，则称其为**离散型随机变量**；若一个随机变量的可能取值能充满数轴上的某一个区间，则称其为**连续型随机变量**.

因为 $\{a<X\leqslant b\}=\{X\leqslant b\}-\{X\leqslant a\}$，$\{X>c\}=\Omega-\{X\leqslant c\}$，所以，要掌握 X 的分布规律，只要对 $\forall x\in\mathbf{R}$，知道事件 $\{X\leqslant x\}$ 的概率就够了，意即其他事件的概率最终都可以转化为求事件 $\{X\leqslant x\}$ 的概率. 这样我们有下面的定义.

定义 1.2.2　设 X 是一个随机变量，对 $\forall x\in\mathbf{R}$，称

$$F(x) = P(X\leqslant x)$$

为 X 的**分布函数**，也常称 X 服从 $F(x)$，记为 $X\sim F(x)$.

定理 1.2.1　任一分布函数 $F(x)$ 具有如下 3 条性质：

(1) 有界性. 对 $\forall x\in\mathbf{R}$，$0\leqslant F(x)\leqslant 1$，且

$$F(-\infty)=\lim_{x\to-\infty}F(x)=0,\quad F(+\infty)=\lim_{x\to+\infty}F(x)=1.$$

(2) 单调性. 对任意的 $x_1<x_2$，有 $F(x_1)\leqslant F(x_2)$.

(3) 右连续性. 对任意的 $x_0\in\mathbf{R}$，有 $F(x_0+0)=F(x_0)$.

例 1.2.1　设随机变量 X 的分布函数为 $F(x)=A+B\arctan x$ $(-\infty<x<+\infty)$，试求常数 A,B.

解　由分布函数的性质，我们有

$$0=\lim_{x\to-\infty}F(x)=\lim_{x\to-\infty}(A+B\arctan x)=A-\frac{\pi}{2}B,$$

$$1=\lim_{x\to+\infty}F(x)=\lim_{x\to+\infty}(A+B\arctan x)=A+\frac{\pi}{2}B.$$

解方程组
$$\begin{cases}A-\dfrac{\pi}{2}B=0,\\[2mm]A+\dfrac{\pi}{2}B=1.\end{cases}$$

得解 $A=\dfrac{1}{2},B=\dfrac{1}{\pi}$.

例 1.2.1 计算程序：

```
>>syms x A B    %定义参数
>>f1=limit(A+B*atan(x),x,+inf)    %计算极限
>>f0=limit(A+B*atan(x),x,-inf)    %计算极限
```
$\lim_{x\to+\infty}(A+B\arctan x)$

$\lim_{x\to-\infty}(A+B\arctan x)$

运行结果为

```
f1=A+1/2*pi*B
f0=A-1/2*pi*B
>>clear;   %清除前面的参数定义
>>syms pi    %定义参数 pi, 否则下面的计算将把 pi 当作数值进行运算
%下面解方程组 A-(π/2)B=0, A+(π/2)B=1
>>X=[1,-1/2*pi;1,1/2*pi];   %系数阵
>>C=transpose([0,1]);   %常数向量
>>ab=inv(X)*C   %求解 A,B
```

运行结果为

```
ab=
    1/2
    1/pi
```

1.2.2　一维随机变量的概率分布

1）离散型随机变量的分布列

定义 1.2.3　设 X 是一维离散型随机变量，其所有可能取值为 $x_i(i=1,2,\cdots)$，则称

$$P(X=x_i)=p_i,\ \ i=1,2,\cdots$$

为随机变量 X 的**概率分布列**，也称为**分布律**.

离散型随机变量 X 的分布列常常习惯地把它们写成表格的形式：

X	x_1	x_2	$\cdots$	x_i	$\cdots$
P	p_1	p_2	$\cdots$	p_i	$\cdots$

由概率的性质可知，任一离散型随机变量的分布列都具有下述两个性质：

(1) 非负性. $p_i \geqslant 0, i = 1, 2, \cdots$；

(2) 正则性. $\sum\limits_{i=1}^{\infty} p_i = 1$.

反过来，任意一个具有以上两个性质的数列 $\{p_i\}$ 都有资格作为某一个随机变量的分布列.
由概率的可列可加性有：

$$P(X \in I) = \sum_{x_i \in I} P(X = x_i) = \sum_{x_i \in I} p_i \quad (\forall I \subset \mathbf{R}).$$

由此可知，X 取各种值的概率都可以由它的分布列通过计算而得到，这件事实常常说成是：分布列全面地描述了离散型随机变量的统计规律.

例 1.2.2　设离散型随机变量 X 的分布列为

X	-1	2	3
P	0.25	0.5	0.25

求 $P(X \leqslant 0.5)$, $P(1.5 < X \leqslant 2.5)$，并写出 X 的分布函数, 画出其图形.

解　因为

$$P(X \leqslant 0.5) = P(X = -1) = 0.25; \quad P(1.5 < X \leqslant 2.5) = P(X = 2) = 0.5.$$

所以

$$F(x) = \begin{cases} 0, & x < -1, \\ 0.25, & -1 \leqslant x < 2, \\ 0.75, & 2 \leqslant x < 3, \\ 1, & x \geqslant 3. \end{cases}$$

例 1.2.2 计算程序：

```
>> X=[-1 2 3];P=[0.25 0.5 0.25];
>>for i=1:length(X)    %循环开始, 对 X 的每个取值做如下判断
    if   X(i)<=0.5 %逻辑判断
        gailv(i)=P(i);  %若逻辑条件为真, 就执行该命令, 否则, 执行下一条命令
    else    gailv(i)=0;
    end    %条件语句判断结束
>>end    %循环结束
>>p1=sum(gailv)    %计算 P(X≤0.5)
>>a=1.5; b=2.5;
>>for i=1:length(X)
    if   X(i)>a&X(i)<=b
        gailv(i)=P(i);
    else    gailv(i)=0;
    end
>>end
>>p2=sum(gailv)
```

运算结果为

p1=0.2500

p2=0.5000

分布函数的图像如图 1.2.1 所示.

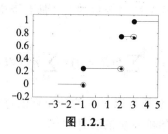

图 1.2.1

图 1.2.1 画图程序:

>>x=-3:0.1:-1;　%自左至右, 限定第一段画图点对应的横轴范围

y=x-x;　%第一段对应于 x 的函数值, $y=0$

plot(x,y)　%画第一段图

>>hold on　%在上图框中加入下面将要画出的图形

>>x=-1:0.1:2; y=x-x+0.25;

plot(x,y)　%第二段图

>>x=2:0.1:3; y=x-x+0.75;

plot(x,y)　　%第三段图

>>x=3:0.1:5;y=x-x+1;

plot(x,y)　%第四段图

>>plot(-1,0)　%该命令和下面 5 个合在一起是画点, 3 个实心点和 3 个虚心点

plot(-1,0.25);plot(2,0.25);plot(3,0.75);plot(2,0.75);plot(3,1)

>>hold off　%对应于 hold on, 表示在图框中加入图形结束

2）连续型随机变量的概率密度函数

定义 1.2.4　设 X 是随机变量, $F(x)$ 是它的分布函数, 如果存在一个非负函数 $p(x)$, 使对任意的 $x \in \mathbf{R}$, 有

$$F(x) = \int_{-\infty}^{x} p(t)\mathrm{d}t,$$

则称 X 为**连续型随机变量**, 相应的 $F(x)$ 为**连续型分布函数**. 同时称 $p(x)$ 是 $F(x)$ 的**概率密度函数**或简称为**密度**.

由分布函数的性质即可验证任一连续型分布的密度函数 $p(x)$ 具有下述性质:

(1) 非负性. $p(x) \geqslant 0$;

(2) 正则性. $\int_{-\infty}^{\infty} p(x)\mathrm{d}x = 1$.

反过来, 任意一个 **R** 上的函数 $p(x)$, 如果具有以上两个性质, 即可由定义求出分布函数 $F(x)$. 这说明连续型随机变量的概率密度函数也完全刻画了随机变量的概率分布, 且由概率密度函数 $p(x)$ 可直接求出 X 落在任意区间 $[a,b]$ 内的概率.

事实上，如果随机变量 X 的密度函数为 $p(x)$，则对任意的 $x_1, x_2 (x_1 < x_2)$，有

$$P(x_1 < X \leqslant x_2) = F(x_2) - F(x_1) = \int_{x_1}^{x_2} p(t)\mathrm{d}t .$$

这一结果有很简单的几何意义：X 落在 $(x_1, x_2]$ 中的概率，恰好等于在区间 $(x_1, x_2]$ 上由曲线 $y = p(x)$ 形成的曲边梯形的面积（见图 1.2.2 中的阴影部分）。而 $\int_{-\infty}^{\infty} p(x)\mathrm{d}x = 1$ 表明，整个曲线 $y = p(x)$ 以下、x 轴以上的面积为 1. 根据此式还可以证明，连续型随机变量 X 取单点值的概率为零. 也就是说，对任意的 $x \in \mathbf{R}$，$P(X = x) = 0$，于是有：

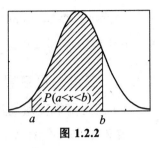

图 1.2.2

$$P(x_1 \leqslant X \leqslant x_2) = P(x_1 \leqslant X < x_2) = P(x_1 < X \leqslant x_2) = \int_{x_1}^{x_2} p(t)\mathrm{d}t .$$

此外，由式 $F(x) = \int_{-\infty}^{x} p(t)\mathrm{d}t$ 可知，对 $p(x)$ 的连续点必有

$$\frac{\mathrm{d}F(x)}{\mathrm{d}x} = F'(x) = p(x) .$$

图 1.2.2 画图程序，这里选的曲线是正态分布的曲线.

```
>>x=0:0.01:6;   %设定绘图横坐标范围
y=normpdf(x,3,1);   %计算相应于 x 的 y 值
>>x1=1:0.01:4;   %设定阴影区域对应的横坐标
y1=normpdf(x1,3,1);   %计算相应于 x1 的 y1 值
>>plot(x,y)   %画密度函数图
>>hold on
>>fill([1 x1 4],[0 y1 0],'g')   %画填充部分图，用指定的颜色，代码为 g
>>hold off
```

例 1.2.3 设随机变量 X 的密度函数为 $p(x) = \begin{cases} Ax^2, & 0 < x < 1, \\ 0, & \text{其他}, \end{cases}$ 试确定系数 A，并求 $P(-1 < X < 0.5)$.

解 由密度函数的性质得

$$\int_{-\infty}^{+\infty} p(x)\mathrm{d}x = \int_0^1 Ax^2\mathrm{d}x = 1,$$

从而 $A = 3$.

因此，$$P(-1 < X < 0.5) = \int_{-1}^{0.5} f(x)\mathrm{d}x = \int_0^{0.5} 3x^2\mathrm{d}x = 0.125 .$$

例 1.2.3 计算程序：

```
>>clear;   %清除内存中的记忆
>>syms x A   %定义参数
>>jf=int('A*x^2',x,0,1)   %计算积分 ∫₀¹ Ax²dx
```

jf=1/3*A　%结果

\>\>a=solve('1/3*A=1')　%计算方程 1/3*A=1

a=3　%结果

\>\>p=int('3*x^2',x,0,0.5)　%计算积分 $\int_0^{0.5} 3x^2 \mathrm{d}x$

p=1/8　%结果

1.2.3　二维随机变量及其分布

1）二维随机变量及其分布定义

定义 1.2.5　设 $X_1, X_2, \cdots, X_n$ 是同一样本空间 Ω 上的 n 个随机变量，则称 $X = (X_1, X_2, \cdots, X_n)$ 是 Ω 上的一个 **n 维随机变量**或 **n 维随机向量**.

定义 1.2.6　对任意的 n 个实数 $x_1, x_2, \cdots, x_n$，则事件 $\{X_1 \leqslant x_1\}, \cdots, \{X_n \leqslant x_n\}$ 同时发生的概率

$$F(x_1, x_2, \cdots, x_n) = P(X_1 \leqslant x_1, X_2 \leqslant x_2, \cdots, X_n \leqslant x_n)$$

称为 n 维随机变量 $(X_1, X_2, \cdots, X_n)$ 的**联合分布函数**.

特别，对于二维随机变量 (X, Y) 来说，其联合分布函数

$$F(x, y) = P(X \leqslant x, Y \leqslant y)$$

表示事件 $\{X \leqslant x\}, \{Y \leqslant y\}$ 同时发生的概率. 若将随机变量 (X, Y) 看成是平面上随机点的话，那么 $F(x, y)$ 在点 (x, y) 的值就是随机点 (X, Y) 落在以 (x, y) 为右上角的无穷矩形区域内的概率，如图 1.2.3 所示.

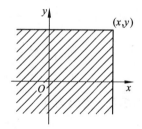 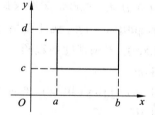

图 1.2.3　联合分布示意图　　　　**图 1.2.4　二维 (X, Y) 落在矩形中的情况**

定理 1.2.2　二维联合分布函数 $F(x, y)$ 具有如下性质：

(1) 单调性. $F(x, y)$ 分别对 x 或 y 是单调不减的.

(2) 有界性. 对任意的 x 和 y，有 $0 \leqslant F(x, y) \leqslant 1$，且

$$F(-\infty, -\infty) = F(-\infty, y) = F(x, -\infty) = 0, \quad F(+\infty, +\infty) = 1.$$

(3) 右连续性. 对每个变量都是右连续的，即

$$F(x, y) = F(x+0, y), \quad F(x, y) = F(x, y+0).$$

(4) 非负性（见图 1.2.4）. 对任意的 $a < b, \ c < d$ 有

$$P(a < X \leqslant b, c < Y \leqslant d) = F(b, d) - F(a, d) - F(b, c) + F(a, c) \geqslant 0.$$

2）二维离散型随机变量的联合分布列

定义 1.2.7　设 (X, Y) 是一个二维离散型随机变量，它们的一切可能取值为 $(x_i, y_j), i, j = 1, 2, \cdots$. 令

$$p_{ij} = P(X = x_i, Y = y_j), i, j = 1, 2, \cdots,$$

则称 $(p_{ij}; i, j = 1, 2, \cdots)$ 是二维离散型随机变量 (X, Y) 的**联合分布列**. 也可以用表格表示如下:

X\Y	y_1	y_2	$\cdots$	y_j	$\cdots$
x_1	p_{11}	p_{12}	$\cdots$	p_{1j}	$\cdots$
x_2	p_{21}	p_{22}	$\cdots$	p_{2j}	$\cdots$
$\vdots$	$\vdots$	$\vdots$		$\vdots$	
x_i	p_{i1}	p_{i2}	$\cdots$	p_{ij}	$\cdots$
$\vdots$	$\vdots$	$\vdots$		$\vdots$	

二维联合分布列的性质:

(1) 非负性. $p_{ij} \geqslant 0, i, j = 1, 2, \cdots$;

(2) 正则性. $\displaystyle\sum_{i=1}^{\infty}\sum_{j=1}^{\infty} p_{ij} = 1$.

例 1.2.4 把三个相同的球等可能地放入编号为 1, 2, 3 的三个盒子中, 记落入第 1 号盒子中的球的个数为 X, 落入第 2 号盒子中的球的个数为 Y, 则 (X, Y) 是一个二维离散型随机变量, 其中 X 和 Y 的可能取值为 0, 1, 2, 3. 求 (X, Y) 的联合分布列.

解 由条件概率的定义易知

$$p_{ij} = P(X = i, Y = j) = P(X = i \mid Y = j) P(Y = j), \ 0 \leqslant i + j \leqslant 3.$$

这时显然有

$$P(Y = j) = C_3^j \left(\frac{1}{3}\right)^j \left(\frac{2}{3}\right)^{3-j}, \ 0 \leqslant j \leqslant 3,$$

$$P(X = i \mid Y = j) = C_{3-j}^i \left(\frac{1}{2}\right)^i \left(\frac{1}{2}\right)^{3-j-i} = C_{3-j}^i \left(\frac{1}{2}\right)^{3-j}.$$

于是

$$p_{ij} = C_{3-j}^i \left(\frac{1}{2}\right)^{3-j} C_3^j \left(\frac{1}{3}\right)^j \left(\frac{2}{3}\right)^{3-j} = \frac{1}{27} \frac{3!}{i! j! (3-i-j)!}, \ 0 \leqslant i + j \leqslant 3.$$

而当 $i + j > 3$ 或 $i + j < 0$ 时, 显然有 $p_{ij} = 0$. 用表格表示如下:

X\Y	0	1	2	3
0	$\frac{1}{9}$	$\frac{1}{9}$	$\frac{1}{9}$	$\frac{1}{27}$
1	$\frac{1}{9}$	$\frac{2}{9}$	$\frac{1}{9}$	0
2	$\frac{1}{9}$	$\frac{1}{9}$	0	0
3	$\frac{1}{9}$	0	0	0

例 1.2.4 实现程序：

```
>> p=zeros(4);   %定义个 3 阶 0 矩阵
for i=1:4   %矩阵下标
    for j=1:4
        if i+j<=5   %如果下标满足条件，就执行下面的命令
            p(i,j)=(factorial(3)/27)*(1/(factorial(i-1)*factorial(j-1)*factorial(5-i-j)));
        end
    end
end
>>p   %经过运算后的矩阵 p
```

输出结果为

p=

0.0370	0.1111	0.1111	0.0370
0.1111	0.2222	0.1111	0
0.1111	0.1111	0	0
0.0370	0	0	0

3）二维连续型随机变量的联合密度

定义 1.2.8　　如果存在一个二元非负函数 $p(x,y)$，使得二维随机变量 (X,Y) 的分布函数 $F(x,y)$ 可表示为

$$F(x,y) = \int_{-\infty}^{x} \int_{-\infty}^{y} p(u,v) \mathrm{d}u \mathrm{d}v ,$$

则称 (X,Y) 为**二维连续型随机变量**，称 $p(x,y)$ 为 (X,Y) 的**联合密度函数**.

在 $F(x,y)$ 偏导数存在的点上有

$$p(x,y) = \frac{\partial^2}{\partial x \partial y} F(x,y) .$$

联合密度的性质：

(1) 非负性．$p(x,y) \geqslant 0$;

(2) 正则性．$\int_{-\infty}^{+\infty} \int_{-\infty}^{+\infty} p(u,v) \mathrm{d}u \mathrm{d}v = 1$.

给出 $p(x,y)$，就可以求有关事件的概率．设 D 是 xOy 平面上的一个区域，则

$$P\{(X,Y) \in D\} = \iint\limits_{D} p(x,y) \mathrm{d}x \mathrm{d}y .$$

在具体使用上式运算时，要注意代入后的新积分范围是 $p(x,y)$ 的非零区域与 D 的交集部分，然后设法化二重积分为二次累次积分，最后计算出结果.

例 1.2.5　设随机变量 (X,Y) 的概率密度为

$$p(x,y) = \begin{cases} k\mathrm{e}^{-3x-4y}, & x > 0, \ y > 0, \\ 0, & 其他, \end{cases}$$

(1) 求常数 k; (2) 求其分布函数; (3) 求 $P\{0 < X < 1, 0 < Y < 2\}$.

解 (1) 一方面,

$$\int_{-\infty}^{\infty}\int_{-\infty}^{\infty} p(x,y)\mathrm{d}x\mathrm{d}y = \int_0^{\infty}\int_0^{\infty} k\mathrm{e}^{-3x-4y}\mathrm{d}x\mathrm{d}y = k\int_0^{\infty}\mathrm{e}^{-3x}\mathrm{d}x \cdot \int_0^{\infty}\mathrm{e}^{-4y}\mathrm{d}y = \frac{k}{12};$$

另一方面,
$$\int_{-\infty}^{\infty}\int_{-\infty}^{\infty} p(x,y)\mathrm{d}x\mathrm{d}y = 1,$$

所以 $\dfrac{k}{12}=1$, 得 $k=12$.

例 1.2.5(1)实现程序:

```
>>syms k x y    %定义符号
>>jg=int(int('k*exp(-3*x-4*y)',y,0,+inf),x,0,+inf)    %计算积分 ∫₀^∞∫₀^∞ ke^(-3x-4y)dxdy
jg=k/12    %运行结果
>>kzhi=solve('k/12=1')    %解方程 k/12=1
kzhi=12    %运行结果
```

(2) 由定义得

$$F(x,y) = \int_{-\infty}^{y}\int_{-\infty}^{x} p(u,v)\mathrm{d}u\mathrm{d}v = \begin{cases} \int_0^{y}\int_0^{x} 12\mathrm{e}^{-3u-4v}\mathrm{d}u\mathrm{d}v, & x>0, y>0, \\ 0, & \text{其他}, \end{cases}$$

$$= \begin{cases} (1-\mathrm{e}^{-3x})(1-\mathrm{e}^{-4y}), & x>0, y>0, \\ 0, & \text{其他}. \end{cases}$$

例 1.2.5(2)实现程序:

```
>>syms u v x y    %定义符号
>>jg=int(int('12*exp(-3*u-4*v)',v,0,x),u,0,y)    %计算积分 ∫₀^y∫₀^x 12e^(-3u-4v)dudv
jg=1/(exp(4*x)*exp(3*y))-1/exp(3*y)-1/exp(4*x)+1    %运行结果
```

(3) 由题意可知, 积分区域见图 1.2.5 阴影部分 D. 因为区域 D 为方形, 且被积函数无交叉项, 从而二重积分可直接化为两个定积分的乘积:

$$P\{0 < X < 1, 0 < Y < 2\}$$
$$= \int_0^1\int_0^2 p(x,y)\mathrm{d}x\mathrm{d}y = 12\int_0^1 \mathrm{e}^{-3x}\mathrm{d}x \cdot \int_0^2 \mathrm{e}^{-4y}\mathrm{d}y$$
$$= (1-\mathrm{e}^{-3})\cdot(1-\mathrm{e}^{-8}).$$

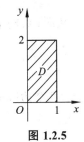

图 1.2.5

例 1.2.5(3)实现程序:

```
>>P=dblquad(@(x,y) 12*exp(-3*x-4*y),0,1,0,2)    %计算积分 ∫₀^1∫₀^2 12e^(-3x-4y)dxdy
P=0.9499    %运行结果
```

注意:$(1-\mathrm{e}^{-3})\cdot(1-\mathrm{e}^{-8})=0.9499$, 验证有

```
>>(1-exp(-3))*(1-exp(-8))    %计算 (1-e^(-3))·(1-e^(-8))
ans=0.9499    %运行结果
```

1.2.4　边际分布与独立性

1）边际分布函数

二维随机变量 (X,Y) 作为一个整体，具有分布函数 $F(x,y)$，由于 X 和 Y 都是随机变量，所以各自也具有分布函数. 我们把 X 的分布函数记作 $F_X(x)$，称之为二维随机变量 (X,Y) 关于 X 的**边际（或边缘）分布函数**；把 Y 的分布函数记作 $F_Y(y)$，称之为二维随机变量 (X,Y) 关于 Y 的**边际分布函数**.

边际分布函数 $F_X(x)$ 和 $F_Y(y)$ 可以由 (X,Y) 的分布函数 $F(x,y)$ 来确定. 事实上

$$F_X(x) = P\{X \leqslant x\} = P\{X \leqslant x, Y < +\infty\} = F(x, +\infty),$$

即

$$F_X(x) = F(x, +\infty) = \lim_{y \to +\infty} F(x, y).$$

类似地，有

$$F_Y(y) = F(+\infty, y) = \lim_{x \to +\infty} F(x, y).$$

例 1.2.6　已知二维随机变量 (X,Y) 的分布函数为

$$F(x, y) = A(B + \arctan x)(C + \arctan y) \quad (-\infty < x, y < +\infty),$$

试确定常数 A, B, C，并求关于 X 和 Y 的边际分布函数.

解　由分布函数的性质，有

$$\lim_{\substack{x \to +\infty \\ y \to +\infty}} F(x, y) = \lim_{\substack{x \to +\infty \\ y \to +\infty}} A(B + \arctan x)(C + \arctan y) = A\left(B + \frac{\pi}{2}\right)\left(C + \frac{\pi}{2}\right) = 1,$$

$$\lim_{x \to -\infty} F(x, y) = \lim_{x \to -\infty} A(B + \arctan x)(C + \arctan y) = A\left(B - \frac{\pi}{2}\right)(C + \arctan y) = 0,$$

$$\lim_{y \to -\infty} F(x, y) = \lim_{y \to -\infty} A(B + \arctan x)(C + \arctan y) = A(B + \arctan x)\left(C - \frac{\pi}{2}\right) = 0.$$

解得 $A = \dfrac{1}{\pi^2}, B = \dfrac{\pi}{2}, C = \dfrac{\pi}{2}$.

从而 (X,Y) 的分布函数为

$$F(x, y) = \frac{1}{\pi^2}\left(\frac{\pi}{2} + \arctan x\right)\left(\frac{\pi}{2} + \arctan y\right).$$

于是，两个边际分布函数分别为

$$F_X(x) = F(x, +\infty) = \lim_{y \to +\infty} F(x, y) = \frac{1}{\pi}\left(\frac{\pi}{2} + \arctan x\right),$$

$$F_Y(y) = F(+\infty, y) = \lim_{x \to +\infty} F(x, y) = \frac{1}{\pi}\left(\frac{\pi}{2} + \arctan y\right).$$

例 1.2.6 实现程序：

```
>>syms A B C x y   %定义符号
>>f=A*(B+atan(x))*(C+atan(y));   %分布函数表达式
>>x1=limit(limit(f,x,+inf),y,+inf)   %计算二重极限
```
$\lim\limits_{\substack{x \to +\infty \\ y \to +\infty}} F(x, y)$

```
>>x2=limit(f,x,-inf)    %计算 lim F(x,y)
                             x→-∞
```

```
>>x3=limit(f,y,-inf)    %计算 lim F(x,y)
                             y→-∞
```

运行结果为

x1=A*(B+pi/2)*(C+pi/2)

x2=A*(B-pi/2)*(C+atan(y))

x3=A*(C-pi/2)*(B+atan(x))

>>syms pi   %定义π

%下面解方程组 $A\left(B+\dfrac{\pi}{2}\right)\left(C+\dfrac{\pi}{2}\right)=1, B-\dfrac{\pi}{2}=0, C-\dfrac{\pi}{2}=0$

>>[A B C]=solve('A*(B+pi/2)*(C+pi/2)=1','B-pi/2=0','C-pi/2=0')

运行结果为

A=1/pi^2

B=pi/2

C=pi/2

>>F=(1/pi^2)*(pi/2+atan(x))*(pi/2+atan(y));   %写出分布函数

>>FX=limit(F,y,+inf)   %计算 $F_X(x)$

>>FY=limit(F,x,+inf)   %计算 $F_Y(y)$

运行结果为

FX=(pi/2+atan(x))/pi

FY=(pi/2+atan(y))/pi

2）边际分布列

设二维随机变量 (X,Y) 的分布律为 $p_{ij}=P(X=x_i,Y=y_j), i,j=1,2,\cdots$，则

$$P\{X=x_i\}=\sum_j p_{ij}=p_{i\cdot} \quad (i=1,2,\cdots)$$

称为二维随机变量 (X,Y) 关于 X 的边际分布列. 类似地，二维随机变量 (X,Y) 关于 Y 的边际分布列为

$$P\{Y=y_j\}=\sum_i p_{ij}=p_{\cdot j} \quad (j=1,2,\cdots).$$

二维随机变量 (X,Y) 关于 X 和关于 Y 的边际分布列也可以放在联合概率分布表中，形成如下的表格：

X＼Y	y_1	y_2	$\cdots$	y_j	$\cdots$	$P\{X=x_i\}$
x_1	p_{11}	p_{12}	$\cdots$	p_{1j}	$\cdots$	$p_{1\cdot}$
x_2	p_{21}	p_{22}	$\cdots$	p_{2j}	$\cdots$	$p_{2\cdot}$
$\vdots$	$\vdots$	$\vdots$		$\vdots$		$\vdots$
x_i	p_{i1}	p_{i2}	$\cdots$	p_{ij}	$\cdots$	$p_{i\cdot}$
$\vdots$	$\vdots$	$\vdots$		$\vdots$		$\vdots$
$P\{Y=y_j\}$	$p_{\cdot 1}$	$p_{\cdot 2}$	$\cdots$	$p_{\cdot j}$	$\cdots$	1

例 1.2.7　已知 (X,Y) 的分布列为:

X \ Y	0	1
0	$\dfrac{1}{10}$	$\dfrac{3}{10}$
1	$\dfrac{3}{10}$	$\dfrac{3}{10}$

求 (X,Y) 关于 X 和关于 Y 的边际分布列.

解　由题意知

$$P\{X=0\}=P\{X=0,Y=0\}+P\{X=0,Y=1\}=\frac{1}{10}+\frac{3}{10}=\frac{2}{5},$$

$$P\{X=1\}=P\{X=1,Y=0\}+P\{X=1,Y=1\}=\frac{3}{10}+\frac{3}{10}=\frac{3}{5},$$

$$P\{Y=0\}=P\{X=0,Y=0\}+P\{X=1,Y=0\}=\frac{1}{10}+\frac{3}{10}=\frac{2}{5},$$

$$P\{Y=1\}=P\{X=0,Y=1\}+P\{X=1,Y=1\}=\frac{3}{10}+\frac{3}{10}=\frac{3}{5}.$$

因此, 关于 X 和关于 Y 的边际分布列分别为

X	0	1
P	$\dfrac{2}{5}$	$\dfrac{3}{5}$

Y	0	1
P	$\dfrac{2}{5}$	$\dfrac{3}{5}$

例 1.2.7 实现程序:

```
>>PXY=[1/10 3/10;3/10 3/10];  %联合分布列, 这里写成了矩阵
>>PX0=sum(PXY(1,:));  %求矩阵的第一行和
>>PX1=sum(PXY(2,:));  %求矩阵的第二行和
>>PY0=sum(PXY(:,1));  %求矩阵的第一列和
>>PY1=sum(PXY(:,2));  %求矩阵的第二列和
>>XP=[0 1;PX0 PX1]    %X 边际分布列
>>YP=[0 1;PY0 PY1]    %Y 边际分布列
```

结果为

XP=

$$\begin{matrix} 0 & 1.0000 \\ 0.4000 & 0.6000 \end{matrix}$$

YP=

$$\begin{matrix} 0 & 1.0000 \\ 0.4000 & 0.6000 \end{matrix}$$

3）边际密度函数

设二维连续型随机变量 (X,Y) 的概率密度为 $p(x,y)$，因为

$$F_X(x) = F(x,+\infty) = \int_{-\infty}^{x}\left[\int_{-\infty}^{\infty}p(s,t)\mathrm{d}t\right]\mathrm{d}s,$$

所以，X 是一个连续型随机变量，其概率密度为

$$p_X(x) = \int_{-\infty}^{\infty}p(x,y)\mathrm{d}y.$$

同理，Y 是一个连续型随机变量，其概率密度为

$$p_Y(y) = \int_{-\infty}^{\infty}p(x,y)\mathrm{d}x.$$

我们分别称 $p_X(x)$，$p_Y(y)$ 为二维随机变量 (X,Y) 关于 X 和关于 Y 的**边际概率密度**.

例 1.2.8 已知二维随机变量 (X,Y) 的概率密度为

$$p(x,y) = \begin{cases} 12\mathrm{e}^{-(3x+4y)}, & x>0, y>0, \\ 0, & \text{其他}, \end{cases}$$

求关于 X 和关于 Y 的边际概率密度.

解 由边际概率密度的定义，则关于 X 的边际概率密度为

$$p_X(x) = \int_{-\infty}^{\infty}p(x,y)\mathrm{d}y = \begin{cases} \int_0^{+\infty}12\mathrm{e}^{-(3x+4y)}\mathrm{d}y, & x>0 \\ 0, & x\leqslant 0 \end{cases}$$

$$= \begin{cases} -3\int_0^{+\infty}\mathrm{e}^{-(3x+4y)}\mathrm{d}(-3x-4y), & x>0 \\ 0, & x\leqslant 0 \end{cases} = \begin{cases} 3\mathrm{e}^{-3x}, & x>0, \\ 0, & x\leqslant 0. \end{cases}$$

关于 Y 的边际概率密度为

$$p_Y(y) = \int_{-\infty}^{\infty}p(x,y)\mathrm{d}x = \begin{cases} \int_0^{+\infty}12\mathrm{e}^{-(3x+4y)}\mathrm{d}x, & y>0 \\ 0, & y\leqslant 0 \end{cases}$$

$$= \begin{cases} -4\int_0^{+\infty}\mathrm{e}^{-(3x+4y)}\mathrm{d}(-3x-4y), & y>0 \\ 0, & y\leqslant 0 \end{cases} = \begin{cases} 4\mathrm{e}^{-4y}, & y>0, \\ 0, & y\leqslant 0. \end{cases}$$

例 1.2.8 实现程序：

```
>> syms x y    %定义符号
>>px=int('12*exp(-3*x-4*y)',y,0,+inf)    %计算 px(x)
>>py=int('12*exp(-3*x-4*y)',x,0,+inf)    %计算 py(y)
```

运行结果为

```
px=3exp(-3*x)
py=4exp(-4*y)
```

4）随机变量间的独立性

定义 1.2.9　设二维随机变量 (X, Y) 的分布函数以及关于 X 和关于 Y 的边缘分布函数分别为 $F(x, y), F_X(x)$ 和 $F_Y(y)$，如果对于任意实数 x 和 y，都有

$$F(x, y) = F_X(x) F_Y(y),$$

则称随机变量 X 和 Y **相互独立**.

如果 X 和 Y 都是二维离散型随机变量，则随机变量 X 和 Y 相互独立的充分必要条件为：对于 (X, Y) 的所有可能取值 (x_i, y_j)，都有

$$P\{X = x_i, Y = y_j\} = P\{X = x_i\} P\{Y = y_j\}, \quad i, j = 1, 2, \cdots,$$

即对 i, j 的所有取值都有

$$p_{ij} = p_{i \cdot} p_{\cdot j}.$$

如果 (X, Y) 为二维连续型随机变量，其概率密度和边缘概率密度分别为 $p(x, y)$，$p_X(x)$ 和 $p_Y(y)$，则随机变量 X 和 Y 相互独立的充分必要条件为：对于任意实数 x, y，都有

$$p(x, y) = p_X(x) p_Y(y).$$

例 1.2.9　设二维随机变量 (X, Y) 的分布列如下

X \ Y	0	1
0	$\frac{1}{4}$	$\frac{1}{8}$
1	$\frac{1}{8}$	$\frac{1}{2}$

求 (X, Y) 关于 X 和关于 Y 的边际分布列，并判断 X 和 Y 是否相互独立.

解　(X, Y) 关于 X 和关于 Y 的边际分布列分别为

X	0	1
P	$\frac{3}{8}$	$\frac{5}{8}$

Y	0	1
P	$\frac{3}{8}$	$\frac{5}{8}$

由于

$$P\{X = 0, Y = 0\} \neq P\{X = 0\} P\{Y = 0\} = \frac{3}{8} \times \frac{3}{8} = \frac{9}{64}.$$

所以，X 和 Y 不是相互独立的.

例 1.2.9 实现程序：

```
>> PXY=[1/4 1/8;1/8 1/2];  %联合分布列, 这里写成了矩阵
>>XP=[0 1;sum(PXY(1,:)) sum(PXY(2,:))]   %X边际分布列
>>YP=[0 1;sum(PXY(:,1)) sum(PXY(:,2))]   %Y边际分布列
>> [m,n]=size(PXY);  %矩阵 PXY 的行数 m 和列数 n
>>PD=zeros(m,n);  %构造一个 0 矩阵, 目的是用作判断独立性
```

```
>>for i=1:m   %下面是判断过程
    for j=1:n
        if   PXY(i,j)==sum(PXY(i,:))*sum(PXY(:,j));
            PD(i,j)=0;
        else
            PD(i,j)=1;
        end
    end
>>end   %判断结束
```

>>PD;   %显示判断矩阵，只有当该矩阵中的所有元素为 0 时，X 与 Y 相互独立，否则 X 与 Y 不独立，这个判断就用下面的语句进行

```
>>if   sum(sum(PD))==0;
    disp('X 与 Y 相互独立')
else
    disp('X 与 Y 不独立')
>>end
```

结果为

XP=

0	1.0000
0.3750	0.6250

YP=

0	1.0000
0.3750	0.6250

X 与 Y 不独立

例 1.2.10 已知二维随机变量 (X,Y) 的概率密度为

$$p(x,y)=\begin{cases}24(1-x)y, & 0<x<1,0<y<x,\\ 0, & \text{其他}.\end{cases}$$

判断 X 和 Y 是否相互独立.

解 首先求出 X,Y 的边缘概率密度 $p_X(x)$ 和 $p_Y(y)$.

$$p_X(x)=\int_{-\infty}^{\infty}p(x,y)\mathrm{d}y=\begin{cases}\int_0^x 24(1-x)y\mathrm{d}y, & 0<x<1\\ 0, & \text{其他}\end{cases}=\begin{cases}12(1-x)x^2, & 0<x<1,\\ 0, & \text{其他},\end{cases}$$

$$p_Y(y)=\int_{-\infty}^{\infty}p(x,y)\mathrm{d}x=\begin{cases}\int_y^1 24(1-x)y\mathrm{d}x, & 0<y<1\\ 0, & \text{其他}\end{cases}=\begin{cases}12y(y^2-2y+1), & 0<y<1,\\ 0, & \text{其他},\end{cases}$$

显然有 $p(x,y)\neq p_X(x)p_Y(y)$，即 X 和 Y 不是相互独立的.

例 1.2.10 实现程序:

```
>> syms x y   %定义符号
```

```
>>pxy=24*(1-x)*y;    %联合密度表达式
>>px=int(pxy,y,0,x)    %计算 pX(x)
>>py=int(pxy,x,y,1)    %计算 pY(y)
>>if   pxy==px*py    %判断独立性
        disp('X 与 Y 相互独立')
else
disp('X 与 Y 不独立')
>>end    %判断结束
```

结果显示为

```
px=-12*x^2*(x-1)
py=12*y*(y-1)^2
X 与 Y 不独立
```

1.2.5　条件分布

1）二维离散型随机变量的条件分布

设二维离散型随机变量 (X,Y) 的分布列为 $P\{X=x_i, Y=y_j\}=p_{ij}$, $i,j=1,2,\cdots$, (X,Y) 关于 X 和关于 Y 的边际分布列分别为

$$P\{X=x_i\}=p_{i\cdot}\,(i=1,2,\cdots)\quad\text{和}\quad P\{Y=y_j\}=p_{\cdot j}\,(j=1,2,\cdots),$$

对于固定的 j, 若 $p_{\cdot j}>0$, 则在事件 $\{Y=y_j\}$ 已经发生的条件下, 事件 $\{X=x_i\}$ 发生的条件概率为

$$P\{X=x_i\,|\,Y=y_j\}=\frac{P\{X=x_i,Y=y_j\}}{P\{Y=y_j\}}=\frac{p_{ij}}{p_{\cdot j}}=p_{i|j},\;\;i=1,2,\cdots,$$

称之为**在给定 $Y=y_j$ 条件下随机变量 X 的条件分布列**.

同理, 对于固定的 i, 若 $p_{i\cdot}>0$, 则称

$$P\{Y=y_j\,|\,X=x_i\}=\frac{P\{X=x_i,Y=y_j\}}{P\{X=x_i\}}=\frac{p_{ij}}{p_{i\cdot}}=p_{j|i},\;\;j=1,2,\cdots$$

为在 $X=x_i$ 条件下随机变量 Y 的条件分布列.

例 1.2.11　已知 (X,Y) 的分布列为

X＼Y	0	1
0	$\frac{1}{2}$	$\frac{1}{8}$
1	$\frac{3}{8}$	0

求: (1) 在 $Y=0$ 的条件下 X 的条件分布列; (2) 在 $X=1$ 的条件下 Y 的条件分布列.

解　由边际分布定义得

X	0	1
P	$\dfrac{5}{8}$	$\dfrac{3}{8}$

Y	0	1
P	$\dfrac{7}{8}$	$\dfrac{1}{8}$

(1) 在 $Y=0$ 的条件下，X 的条件分布列为

$$P\{X=0\,|\,Y=0\}=\frac{P\{X=0,Y=0\}}{P\{Y=0\}}=\frac{4}{7}, \quad P\{X=1\,|\,Y=0\}=\frac{P\{X=1,Y=0\}}{P\{Y=0\}}=\frac{3}{7},$$

即

X	0	1
$P\{X\,|\,Y=0\}$	$\dfrac{4}{7}$	$\dfrac{3}{7}$

(2) 在 $X=1$ 的条件下，Y 的条件分布列为

$$P\{Y=0\,|\,X=1\}=\frac{P\{X=1,Y=0\}}{P\{X=1\}}=1, \quad P\{Y=1\,|\,X=1\}=\frac{P\{X=1,Y=1\}}{P\{X=1\}}=0,$$

即

Y	0	1
$P\{Y\,|\,X=1\}$	1	0

例 1.2.11 实现程序：

```
>> PXY=[1/2 1/8;3/8 0];   %联合分布列
>>XP_Y0=[0 1;PXY(1,1)/sum(PXY(:,1)) PXY(2,1)/sum(PXY(:,1))]    %(1)中条件分布列
>>YP_X1=[0 1;PXY(2,1)/sum(PXY(2,:)) PXY(2,2)/sum(PXY(2,:))]    %(2)中条件分布列
```
执行结果为

```
XP_Y0=
          0      1.0000
     0.5714      0.4286
YP_X1=
     0      1
     1      0
```

2）二维连续型随机变量的条件分布

设 (X,Y) 为二维连续型随机变量，其相应的分布函数和概率密度分别为 $F(x,y)$ 和 $p(x,y)$. 对任意固定的 y，有

$$F_{X|Y}(x\,|\,y)=\frac{\int_{-\infty}^{x}p(u,y)\mathrm{d}u}{p_Y(y)}=\int_{-\infty}^{x}\frac{p(u,y)}{p_Y(y)}\mathrm{d}u,$$

该式右端的被积函数称为在 $Y=y$ 条件下 X 的条件概率密度，记为 $p_{X|Y}(x\,|\,y)$，即

$$p_{X|Y}(x\,|\,y)=\frac{p(x,y)}{p_Y(y)}.$$

类似地，可以定义在 $X=x$ 条件下 Y 的条件分布函数 $F_{Y|X}(y\,|\,x)$ 和在 $X=x$ 条件下 Y 的条件概率密度

$$p_{Y|X}(y \mid x) = \frac{p(x, y)}{p_X(x)}.$$

1.3　随机变量函数及其分布

1.3.1　一维随机变量函数及其分布

设 X 是随机变量, $g(x)$ 是一个连续函数, 称 $Y = g(X)$ 是随机变量 X 的函数. 若 Y 仍是一个随机变量, 下面讨论如何由已知的 X 的分布去求 Y 的分布.

1）离散型随机变量函数的分布

若记 X 的分布列为

X	x_1	x_2	$\cdots$	x_i	$\cdots$
P	p_1	p_2	$\cdots$	p_i	$\cdots$

则 $Y = g(X)$ 的分布列为

Y	$g(x_1)$	$g(x_2)$	$\cdots$	$g(x_i)$	$\cdots$
P	p_1	p_2	$\cdots$	p_i	$\cdots$

当 $g(x_1), g(x_2), \cdots, g(x_i), \cdots$ 中有某些值相等时, 可把那些相等值合并, 并把对应的概率相加.

例 1.3.1　设随机变量 X 的分布列为:

X	-1	0	1	2
P	0.2	0.3	0.1	0.4

求: (1) $Y = X - 2$ 的分布列; (2) $Z = X^2$ 的分布列.

解　(1) 首先罗列出 Y 的所有可能取值:

Y	-3	-2	-1	0
P	0.2	0.3	0.1	0.4

然后计算相应的概率值, 如 $P(Y = -3) = P(X = -1) = 0.2$.

同理计算其他相应的概率值.

(2) 由 X 的取值知, Z 的所有可能取值为 0, 1, 4. 又

$$P(Z = 0) = P(X = 0) = 0.3,$$
$$P(Z = 1) = P(X = -1) + P(X = 1) = 0.3,$$
$$P(Z = 4) = P(X = 2) = 0.4,$$

故 Z 的分布列为

Z	0	1	4
P	0.3	0.3	0.4

例 1.3.1 实现程序：

```
>> XP=[-1 0 1 2;0.2 0.3 0.1 0.4];   %X 的分布列
>>Y=XP(1,:)-2;   %计算 Y 的值
>>YP=[Y;XP(2,:)]   %显示 Y 的分布列
>>Z=(XP(1,:)).^2   %计算 Z 的取值
>>ZP=[0 1 4;XP(2,2) XP(2,1)+XP(2,3) XP(2,4)]   %计算 Z 的分布列
```

结果为

YP=

-3.0000	-2.0000	-1.0000	0
0.2000	0.3000	0.1000	0.4000

Z=

1	0	1	4

ZP=

0	1.0000	4.0000
0.3000	0.3000	0.4000

2）连续型随机变量函数的分布

(1) 若 $g(x)$ 严格单调，则有下面的定理.

定理 1.3.1 设 X 是连续型随机变量，其密度函数为 $p_X(x)$. 若 $g(x)$ 严格单调，其反函数 $h(y)$ 有连续导函数，则 $Y=g(X)$ 也是连续型随机变量，其密度函数为

$$p_Y(y) = \begin{cases} p_X[h(y)]|h'(y)|, & a < y < b, \\ 0, & \text{其他,} \end{cases}$$

其中 $a = \min\{g(-\infty), g(+\infty)\}, b = \max\{g(-\infty), g(+\infty)\}$.

(2) 若 $g(x)$ 非严格单调，可以根据下面的思路进行计算.

首先，根据 $y = g(x)$ 求出 y 的取值范围；

其次，在 y 的取值范围内，求出

$$F_Y(y) = P\{Y \leqslant y\} = P\{g(X) \leqslant y\} = \int_{g(x) \leqslant y} p_X(x)\mathrm{d}x ;$$

最后，求出密度函数 $p_Y(y) = F_Y'(y)$.

1.3.2 多维随机变量函数及其分布

设 (X,Y) 为二维随机变量，$Z = g(X,Y)$ 是随机变量 X 和 Y 的函数，类似于一维随机变量函数的分布，我们可以由 (X,Y) 的分布确定 Z 的分布.

1）二维离散型随机变量函数的分布

设 (X,Y) 为二维离散型随机变量，其分布列为 $p_{ij} = P\{X = x_i, Y = y_j\}$ $(i,j = 1,2,\cdots)$，则二维随机变量 (X,Y) 的函数 $Z = g(X,Y)$ 的分布列为

$$P\{Z = z_k\} = \sum_{i,j:g(x_i,y_j)=z_k} P\{X = x_i, Y = y_j\} \ (k = 1,2,\cdots).$$

例 1.3.2　设随机变量 X 和 Y 相互独立, 且 $X \sim B\left(1, \frac{1}{4}\right)$, $Y \sim B\left(2, \frac{1}{2}\right)$. 求: (1) $X + Y$ 的分布列; (2) XY 的分布列.

解　X 和 Y 的分布列分别为

X	0	1
P	$\frac{3}{4}$	$\frac{1}{4}$

Y	0	1	2
P	$\frac{1}{4}$	$\frac{1}{2}$	$\frac{1}{4}$

又因为

$$P\{X+Y=0\} = P\{X=0, Y=0\} = P\{X=0\}P\{Y=0\} = \frac{3}{4} \times \frac{1}{4} = \frac{3}{16},$$

$$P\{X+Y=1\} = P\{X=0, Y=1\} + P\{X=1, Y=0\}$$

$$= P\{X=0\}P\{Y=1\} + P\{X=1\}P\{Y=0\} = \frac{3}{4} \times \frac{1}{2} + \frac{1}{4} \times \frac{1}{4} = \frac{7}{16},$$

$$P\{X+Y=2\} = P\{X=0, Y=2\} + P\{X=1, Y=1\}$$

$$= P\{X=0\}P\{Y=2\} + P\{X=1\}P\{Y=1\} = \frac{3}{4} \times \frac{1}{4} + \frac{1}{4} \times \frac{1}{2} = \frac{5}{16},$$

$$P\{X+Y=3\} = P\{X=1, Y=2\} = P\{X=1\}P\{Y=2\} = \frac{1}{4} \times \frac{1}{4} = \frac{1}{16},$$

因此, $X + Y$ 的分布列为

$X+Y$	0	1	2	3
P	$\frac{3}{16}$	$\frac{7}{16}$	$\frac{5}{16}$	$\frac{1}{16}$

例 1.3.2(1)实现程序:

```
>> X=[0 1];Y=[0 1 2];   %X,Y 的取值
>> PX=[binopdf(0,1,1/4),binopdf(1,1,1/4)];   %P(X=k)
>> PY=[binopdf(0,2,1/2),binopdf(1,2,1/2),binopdf(2,2,1/2)];   % P(Y=k)
>> XP=[X;PX]   %X 的分布列
>> YP=[Y;PY]   %Y 的分布列
>> PXJY0=PX(1)*PY(1);   % P(X+Y=0)
>> PXJY1=PX(1)*PY(2)+PX(2)*PY(1);   % P(X+Y=1)
>> PXJY2=PX(1)*PY(3)+PX(2)*PY(2);   % P(X+Y=2)
>> PXJY3=PX(2)*PY(3);   % P(X+Y=3)
>> XJYP=[0 1 2 3;PXY0 PXY1 PXY2 PXY3]   %X+Y 的分布列
```

执行结果为

```
XP=
            0    1.0000
       0.7500    0.2500
YP=
```

	0	1.0000	2.0000
	0.2500	0.5000	0.2500

XJYP=

	0	1.0000	2.0000	3.0000
	0.1875	0.4375	0.3125	0.0625

(2) 同理可得 XY 的分布列：

XY	0	1	2
P	$\dfrac{13}{16}$	$\dfrac{1}{8}$	$\dfrac{1}{16}$

例 1.3.3(2)的实现程序留给读者练习.

例 1.3.3 设随机变量 X 和 Y 相互独立，且 $X \sim P(\lambda_1)$，$Y \sim P(\lambda_2)$，证明：$X + Y \sim P(\lambda_1 + \lambda_2)$.

证明 由于

$$P\{X = i\} = \frac{\lambda_1^i}{i!}\mathrm{e}^{-\lambda_1}, \ i = 0, 1, 2, \cdots; \quad P\{Y = j\} = \frac{\lambda_2^j}{j!}\mathrm{e}^{-\lambda_2}, \ j = 0, 1, 2, \cdots.$$

$X + Y$ 的所有可能值为 $0, 1, 2, \cdots$，由于 X 和 Y 相互独立，故对于任意非负整数 k，有

$$P\{X + Y = k\} = P\left(\bigcup_{l=0}^{k} \{X = l, Y = k - l\}\right) = \sum_{l=0}^{k} (P\{X = l\} \cdot P\{Y = k - l\})$$

$$= \sum_{l=0}^{k} \left[\frac{\lambda_1^l \mathrm{e}^{-\lambda_1}}{l!} \cdot \frac{\lambda_2^{k-l} \mathrm{e}^{-\lambda_2}}{(k-l)!}\right] = \sum_{l=0}^{k} \frac{k!}{l!(k-l)!} \lambda_1^l \cdot \lambda_2^{k-l} \frac{\mathrm{e}^{-(\lambda_1 + \lambda_2)}}{k!}$$

$$= \frac{\mathrm{e}^{-(\lambda_1 + \lambda_2)}}{k!} \sum_{l=0}^{k} \frac{k!}{l!(k-l)!} \lambda_1^l \cdot \lambda_2^{k-l} = \frac{(\lambda_1 + \lambda_2)^k}{k!} \cdot \mathrm{e}^{-(\lambda_1 + \lambda_2)}, k = 0, 1, 2, \cdots.$$

即 $X + Y \sim P(\lambda_1 + \lambda_2)$.

这个例子中，

$$P\{X + Y = k\} = \sum_{l=0}^{k} (P\{X = l\} \cdot P\{Y = k - l\})$$

称为离散场合下的卷积公式. 这里卷积是指寻求两个独立变量和的分布的运算. 泊松分布的这个性质可以叙述为: 泊松分布的卷积仍是泊松分布，记为

$$P(\lambda_1) * P(\lambda_2) = P(\lambda_1 + \lambda_2).$$

显然这个性质可以推广到有限个独立的随机变量和的分布上去.

以后我们称性质"同一类分布的独立随机变量和的分布仍属于此类分布"为此类分布具有**可加性**. 上例说明泊松分布具有可加性，例 1.3.4 说明二项分布具有可加性.

例 1.3.4 设 $X \sim B(n, p)$，$Y \sim B(m, p)$，则 $X + Y \sim B(m + n, p)$.

证明 略.

二项分布的这个性质也可以推广到有限个独立的随机变量和的分布上去，即

$$B(n_1, p) * B(n_2, p) * \cdots * B(n_k, p) = B(n_1 + n_2 + \cdots + n_k, p).$$

特别地，有

$$B(1,p)*B(1,p)*\cdots*B(1,p)=B(k,p).$$

这个式子说明，如果 $X_1,X_2,\cdots,X_n$ 独立同分布，都服从 $B(1,p)$，则其和 $\sum_{i=1}^{n}X_i\sim B(n,p)$.

2）二维连续型随机变量函数的分布

设 (X,Y) 为二维连续型随机变量，其概率密度为 $p(x,y)$，为了求二维随机变量 (X,Y) 函数 $Z=g(X,Y)$ 的概率密度，我们可以通过分布函数的定义，先求出 Z 的分布函数 $F_Z(z)$，再利用性质 $p_Z(z)=F_Z'(z)$ 求得 Z 的概率密度 $p_Z(z)$.

(1) $Z=X+Y$ 的概率密度.

设 (X,Y) 为二维连续型随机变量，其联合概率密度为 $p(x,y)$，则随机变量 Z 的概率密度为

$$p_Z(z)=\int_{-\infty}^{+\infty}p(x,z-x)\mathrm{d}x \quad 或 \quad p_Z(z)=\int_{-\infty}^{+\infty}p(z-y,y)\mathrm{d}y.$$

特别地，如果 X 和 Y 相互独立，$p_X(x),p_Y(y)$ 分别为二维随机变量 (X,Y) 关于 X 和关于 Y 的边缘概率密度，则有

$$p_Z(z)=\int_{-\infty}^{+\infty}p_X(x)p_Y(z-x)\mathrm{d}x \quad 或 \quad p_Z(z)=\int_{-\infty}^{+\infty}p_X(z-y)p_Y(y)\mathrm{d}y.$$

我们称这两个式子为卷积公式，记作 p_X*p_Y.

例 1.3.5　设 X 和 Y 是两个相互独立的随机变量，且都服从 $(0,1)$ 上的均匀分布，求随机变量 $Z=X+Y$ 的概率密度.

解　由均匀分布的定义，可得

$$p_X(x)=\begin{cases}1, & 0<x<1,\\ 0, & 其他\end{cases} \quad 和 \quad p_Y(y)=\begin{cases}1, & 0<y<1,\\ 0, & 其他.\end{cases}$$

由卷积公式，得

$$p_Z(z)=\int_{-\infty}^{+\infty}p_X(z-y)p_Y(y)\mathrm{d}y=\int_0^1 p_X(z-y)\mathrm{d}y.$$

令 $z-y=t$，上式变成

$$p_Z(z)=\int_{z-1}^{z}p_X(t)\mathrm{d}t,\quad -\infty<z<+\infty.$$

由于 $p_X(x)$ 在 $(0,1)$ 内的值为 1，在其余点的值为 0，因此

当 $z<0$ 时，$p_Z(z)=\int_{z-1}^{z}0\mathrm{d}t=0$；

当 $0\leqslant z<1$ 时，$p_Z(z)=\int_{z-1}^{z}p_X(t)\mathrm{d}t=\int_{z-1}^{0}0\mathrm{d}t+\int_0^z 1\mathrm{d}t=z$；

当 $1\leqslant z<2$ 时，$p_Z(z)=\int_{z-1}^{z}p_X(t)\mathrm{d}t=\int_{z-1}^{1}1\mathrm{d}t+\int_1^z 0\mathrm{d}t=2-z$；

当 $z\geqslant 2$ 时，$p_Z(z)=\int_{z-1}^{z}p_X(t)\mathrm{d}t=\int_{z-1}^{z}0\mathrm{d}t=0$.

综上，随机变量 $Z=X+Y$ 的概率密度为

$$p_Z(z) = \begin{cases} z, & 0 \leqslant z < 1, \\ 2-z, & 1 \leqslant z < 2, \\ 0, & \text{其他.} \end{cases}$$

例 1.3.6 设随机变量 X 和 Y 相互独立，且 $X \sim N(\mu_1, \sigma_1^2)$ ，$Y \sim N(\mu_2, \sigma_2^2)$ ，则 $Z = X + Y$ 的分布为 $N(\mu_1 + \mu_2, \sigma_1^2 + \sigma_2^2)$.

证明 略.

这一结果表明：**两个独立的正态随机变量之和仍为正态随机变量，且其两个参数恰好为原来两个正态随机变量的相应参数之和**. 利用数学归纳法，不难将此结论推广到 n 个独立正态随机变量之和的情形.

若 $X_i \sim N(\mu_i, \sigma_i^2)(i = 1, 2, \cdots, n)$ ，且它们相互独立，则它们的和 $Z = X_1 + X_2 + \cdots + X_n$ 仍然服从正态分布，且有

$$Z \sim N(\mu_1 + \mu_2 + \cdots + \mu_n, \sigma_1^2 + \sigma_2^2 + \cdots + \sigma_n^2) .$$

若再加上正态变量的线性变换仍然是正态变量这个性质，则有

$$\sum_{i=1}^{n} a_i X_i \sim N(\sum_{i=1}^{n} a_i \mu_i, \sum_{i=1}^{n} a_i^2 \sigma_i^2) .$$

(2) $U = \max(X, Y)$ 和 $V = \min(X, Y)$ 的分布.

设 X 和 Y 是相互独立的随机变量，分布函数分别为 $F_X(x)$ 和 $F_Y(y)$. 令 $U = \max(X, Y)$ 和 $V = \min(X, Y)$ ，记 U 的分布函数为 $F_{\max}(u)$ ，V 的分布函数为 $F_{\min}(v)$ ，其中 $-\infty < u < +\infty$ ，$-\infty < v < +\infty$ ，则

$$F_{\max}(u) = P\{U \leqslant u\} = P\{X \leqslant u, Y \leqslant u\} = P\{X \leqslant u\}P\{Y \leqslant u\} = F_X(u)F_Y(u) .$$

类似地，可以得到 $V = \min(X, Y)$ 的分布函数：

$$\begin{aligned} F_{\min}(v) &= P\{V \leqslant v\} = 1 - P\{V > v\} = 1 - P\{X > v\}P\{Y > v\} \\ &= 1 - [1 - P\{X \leqslant v\}][1 - P\{Y \leqslant v\}] = 1 - [1 - F_X(v)][1 - F_Y(v)] . \end{aligned}$$

以上结果容易推广到 n 个相互独立的随机变量的情况. 设 $X_1, X_2, \cdots, X_n$ 是 n 个相互独立的随机变量，它们的分布函数分别为 $F_{X_i}(x_i)(i = 1, 2, \cdots, n)$ ，则 $U = \max\{X_1, X_2, \cdots, X_n\}$ 和 $V = \min\{X_1, X_2, \cdots, X_n\}$ 的分布函数分别为

$$F_{\max}(u) = F_{X_1}(u)F_{X_2}(u) \cdots F_{X_n}(u) \quad \text{和} \quad F_{\min}(v) = 1 - [1 - F_{X_1}(v)][1 - F_{X_2}(v)] \cdots [1 - F_{X_n}(v)] .$$

特别地，当 $X_1, X_2, \cdots, X_n$ 相互独立且有相同的分布函数 $F(x)$ 时，有

$$F_{\max}(u) = [F(x)]^n \quad \text{和} \quad F_{\min}(v) = 1 - [1 - F(v)]^n .$$

下面再举一个有关二维随机变量函数的概率分布的例子.

例 1.3.7 设随机变量 X 和 Y 相互独立，且有 $X \sim E(\lambda_1)$ ，$Y \sim E(\lambda_2)$ ，求随机变量 $Z = \dfrac{X}{Y}$ 的概率密度.

解　由题设, 二维随机变量 (X,Y) 的概率密度为

$$p(x,y)=p_X(x)\cdot p_Y(y)=\begin{cases}\lambda_1\lambda_2\mathrm{e}^{-(\lambda_1 x+\lambda_2 y)}, & x>0, y>0 \\ 0, & \text{其他}.\end{cases}$$

由于 X,Y 均取正值, 因此

当 $z\leqslant 0$ 时, 随机变量 $Z=\dfrac{X}{Y}$ 的分布函数 $F_Z(z)=0$;

当 $z>0$ 时, 有

$$F_Z(z)=P\{Z\leqslant z\}=P\left\{\frac{X}{Y}\leqslant z\right\}=\iint\limits_{\frac{x}{y}\leqslant z}p(x,y)\mathrm{d}x\mathrm{d}y=\int_0^{+\infty}\mathrm{d}y\int_0^{zy}\lambda_1\lambda_2\mathrm{e}^{-(\lambda_1+\lambda_2)}\mathrm{d}x=\frac{\lambda_1 z}{\lambda_1 z+\lambda_2}.$$

于是, $Z=\dfrac{X}{Y}$ 的概率密度为

$$p_Z(z)=F_Z'(z)=\begin{cases}\dfrac{\lambda_1\lambda_2}{(\lambda_1 z+\lambda_2)^2}, & z>0, \\ 0, & z\leqslant 0.\end{cases}$$

1.4　有关古典概率实际问题的 MATLAB 模拟

首先强调一点, 因为随机因素的影响, 本书中的模拟结果再次执行时结果不唯一, 即不一定和书中执行的结果完全一样.

我们从最简单的古典概率问题开始.

例 1.4.1　请模拟 n 次投掷一颗均匀骰子的试验结果, 并设计显示一些具体次数的试验结果, 感受频率与概率的关系.

解　投掷一颗均匀骰子, 共有 6 个结果, 如果用随机变量 X 表示试验的结果, 则 X 的可能取值分别为 1,2,3,4,5,6, 由古典概率知:

$$P(X=i)=\frac{1}{6}\quad(i=1,2,\cdots,6).$$

实际上是 X 服从离散均匀分布, 所以可用下面的步骤进行模拟:

(1) 确定模拟次数, 这里 $n=5000$, 显示 $n=30,50,70,90,500,5000$ 的模拟结果, 感受频率相对于概率的渐近性;

(2) 产生符合题意的离散均匀分布的随机数;

(3) 计算(1)中指定的欲显示的模拟次数的结果;

(4) 用表格或图形直观显示结果.

例 1.4.1 模拟程序:

```
>> n=5000;n1=30;n2=50;n3=70;n4=90;n5=500;n6=5000;   %定义参数
>>x=unidrnd(6,n,1);   %产生离散均匀分布随机数
>>y1=x(1:n1);y2=x(1:n2);y3=x(1:n3);   %提取指定试验结果数据
```

```
>>y4=x(1:n4);y5=x(1:n5);y6=x(1:n6);
%下面计算指定模拟次数的频率结果
>>f1=sum([y1==1,y1==2,y1==3,y1==4,y1==5,y1==6])/n1;
>>f2=sum([y2==1,y2==2,y2==3,y2==4,y2==5,y2==6])/n2;
>>f3=sum([y3==1,y3==2,y3==3,y3==4,y3==5,y3==6])/n3;
>>f4=sum([y4==1,y4==2,y4==3,y4==4,y4==5,y4==6])/n4;
>>f5=sum([y5==1,y5==2,y5==3,y5==4,y5==5,y5==6])/n5;
>>f6=sum([y6==1,y6==2,y6==3,y6==4,y6==5,y6==6])/n6;
>> jg=[1 2 3 4 5 6;f1; f2; f3; f4; f5; f6]    %以矩阵形式显示结果
```

结果为

jg=

1	2	3	4	5	6
0.1667	0.2333	0.1333	0.2000	0.2000	0.0667
0.2000	0.2400	0.1600	0.1600	0.1800	0.0600
0.1714	0.2000	0.1714	0.1571	0.1857	0.1143
0.1444	0.1778	0.2000	0.1556	0.1889	0.1333
0.1700	0.1740	0.1560	0.1820	0.1800	0.1380
0.1710	0.1722	0.1574	0.1794	0.1594	0.1606

由结果可以看出, 随着试验次数的增加, 结果波动逐渐变小, 且均趋近于 $1/6 \approx 0.1667$.

例 1.4.2　袋中有 10 只球, 其中白球 7 只, 黑球 3 只. 分有放回和无放回两种情况, 分三次取球, 每次取一个, 分别求: (1) 第三次摸到了黑球的概率; (2) 第三次才摸到黑球的概率; (3) 三次都摸到了黑球的概率.

解　当有放回地摸球时, 由于三次摸球互不影响, 因此三次摸球相互独立, 从理论上可以求得:

(1) 第三次摸到黑球的概率为 $\dfrac{3}{10} = 0.3$;

(2) 第三次才摸到黑球的概率为 $\dfrac{7}{10} \cdot \dfrac{7}{10} \cdot \dfrac{3}{10} = 0.147$;

(3) 三次都摸到黑球的概率为 $\dfrac{3}{10} \cdot \dfrac{3}{10} \cdot \dfrac{3}{10} = 0.027$.

在模拟这一过程时, 可在[0,1]区间上产生三次随机数来模拟三次摸球, 当随机数小于 0.7 时可认为摸到了白球, 否则认为摸到了黑球. 重复 10^6 次, 分别求上述三种情况出现的概率.

例 1.4.2 有放回摸球实现程序:

```
>>x=rand(1000000,3);   %x 是 10^6 行, 3 列矩阵, 元素均为[0,1]上的均匀分布随机数
>>a=round(x-0.2);   %a 是 10^6 行, 3 列矩阵, 元素均为 0 或 1 (四舍五入)
>>for i=1: 6   %模拟多次试验结果, 目的是观察随着样本量的增加, 频率变化
    b=a(1: 10^i,3);   %抽取第三次摸球结果, 白球为 0, 黑球为 1
    c(i)=sum(b)/(10^i);
>>end
```

```
>>c    %第三次摸到黑球的频率
  >>for i=1: 6
        b=(~a(1:10^i,1))&(~a(1:10^i,2))&a(1:10^i,3);
        d(i)=sum(b)/(10^i);
  >>end
>>d    %第三次才摸到黑球的频率
  >>for i=1:6
        b=a(1:10^i,1)&a(1:10^i,2)&a(1:10^i,3);
        e(i)=sum(b)/(10^i);
  >>end
>>e    %三次都摸到黑球的频率
```

执行结果为

c=0.3000	0.2800	0.2940	0.3056	0.3009	0.2998
d=0.1000	0.0800	0.1360	0.1515	0.1496	0.1471
e=0.1000	0.0600	0.0270	0.0261	0.0264	0.0264

执行结果中可以看到，随着试验次数的增加，其频率都会逐渐稳定在理论值附近.

当无放回地摸球时，由于第二次摸球会受到第一次的影响，而第三次摸球又会受到前两次的影响，因而三次摸球相互影响，并不独立. 从理论上可求得：

(1) 第三次摸到黑球的概率为 $\dfrac{7}{10}\cdot\dfrac{6}{9}\cdot\dfrac{3}{8}+\dfrac{7}{10}\cdot\dfrac{3}{9}\cdot\dfrac{2}{8}+\dfrac{3}{10}\cdot\dfrac{7}{9}\cdot\dfrac{2}{8}+\dfrac{3}{10}\cdot\dfrac{2}{9}\cdot\dfrac{1}{8}=0.3$；

(2) 第三次才摸到黑球的概率为 $\dfrac{7}{10}\cdot\dfrac{6}{9}\cdot\dfrac{3}{8}=0.175$；

(3) 三次都摸到了黑球的概率为 $\dfrac{3}{10}\cdot\dfrac{2}{9}\cdot\dfrac{1}{8}=0.008$.

用计算机模拟该过程时，在[0,1]区间模拟第一次摸球，当值小于 0.7 时认为摸到了白球，否则认为摸到了黑球；第二次摸球时由于少了一个球，故可在区间长度为 0.9 的区间上模拟，若第一次摸到白球，可将区间设为[0.1,1]，否则区间设为[0,0.9]；第三次摸球可依次类推，其模拟程序如下，各个语句不再解释，请读者自己体会.

例 1.4.2 不放回摸球实现程序：

```
>>a=rand(1000000,3);
>>a(:,1)=round(a(:,1)-0.2);
>>a(:,2)=round(a(:,2)*0.9-0.2-0.1*(a(:,1)-1));
>>a(:,3)=round(a(:,3)*0.8-0.2-0.1*(a(:,1)-1)-0.1*(a(:,2)-1));
>>for i=1:6
        b=a(1:10^i,3);
        c(i)=sum(b)/(10^i);
>>end
>>c
>>for i=1:6
        b=(~a(1:10^i,1)) & (~a(1:10^i,2)) & a(1:10^i,3);
```

```
        d(i)=sum(b)/(10^i);
>>end
>>d
>>for i=1:6
        b=a(1:10^i,1) & a(1:10^i,2) & a(1:10^i,3);
        e(i)=sum(b)/(10^i);
>>end
>>e
```

运行结果为

```
c=0.1000    0.2300    0.3110    0.3007    0.2989    0.2999
d=0         0.1300    0.1760    0.1753    0.1762    0.1754
e=0         0.0200    0.0080    0.0077    0.0079    0.0084
```

上面在理论上计算第三次摸到黑球的概率时, 用到了全概率公式. 现考虑下面的问题:

(1) 当不放回时, 已知第三次摸到了黑球, 问前两次是黑球的概率为多少?

(2) 若有放回地连续摸 10 次, 则恰有三次摸到黑球的概率是多少?

第一问是一逆概率问题, 由逆概率公式即贝叶斯公式得到其概率:

$$\frac{3}{10} \cdot \frac{2}{9} \cdot \frac{1}{8} \cdot \frac{3}{10} = \frac{1}{36} \approx 0.0278;$$

第二问属于伯努利概型, 这里 A 为 {摸到的是黑球}, 故 $P(A)=0.3$, $P(\overline{A})=0.7$. 于是由二项概率公式得, 10 次有放回摸球中恰有三次摸到黑球的概率为

$$C_{10}^3 \times 0.3^3 \times 0.7^7 \approx 0.2668.$$

第一问逆概率问题的实现程序:

```
>> a=rand(1000000,3);
>>a(:,1)=round(a(:,1)-0.2);
>>a(:,2)=round(a(:,2)*0.9-0.2-0.1*(a(:,1)-1));
>>a(:,3)=round(a(:,3)*0.8-0.2-0.1*(a(:,1)-1)-0.1*(a(:,2)-1));
>>for i=1:6
        b=a(1:10^i,3);
        c(i)=sum(b);
>>end
>>c;
>>for i=1:6
        b=a(1:10^i,1) & a(1:10^i,2) & a(1:10^i,3);
        d(i)=sum(b);
>>end
>>d;
>>e=d./c
```

结果为

e=0　　0　　0.0175　　0.0293　　0.0289　　0.0278

第二问伯努利概型的实现程序留给读者练习.

例 1.4.3　若每天下雨的概率为 0.5, 请编程模拟一周内至少有连续三天及以上下雨的概率.

理论解析省去, 请读者自行分析, 答案是 $\dfrac{47}{128}=0.3672$, 下面仅做程序模拟.

```
>> p=0.5;
>>y=0;c=0;N=100000;s=0;
>>for n=1:N
    for t=1:7
        if rand(1)>p;
            c=c+1;
        else
            c=0;
        end
        if c==3;
            y=1;
            break
        else y=0;
        end
    end
    s=s+y;
>>end
>>s/N
ans=0.3703   %结果
```

这个程序较为直观, 但较为繁琐, 还可以进行步骤的优化, 比如

```
>> clear;clc
>>s=0;N=100000;
>>for i=1:N
a=round(rand(1,7));
b=find(a==1);   %找出下雨天的序号
c=diff(b);   %相连的两个下雨天之间相隔了几天
d=find(c==1);   %找出只有相隔一天的序号
s=s+any(diff(d)==1);   %diff(d)表示相隔一天的序号之差, 如果结果还存在 1 的话, 那么
```
肯定有 3 天连续下雨
```
>>end
>>s/N
ans=0.3661   %结果
```

习题 1

1. 投掷一对均匀骰子，求下列事件的概率: (1) 点数和小于 6; (2) 点数和等于 8; (3) 点数和是偶数.

2. 盒中有 6 只灯泡，其中 2 只次品，4 只正品，现从中有放回地抽取二次（每次取出一只），求下列事件的概率:

(1) A 是两次抽到的都是次品;

(2) B 是一次抽到正品，另一次抽到次品.

3. 将 3 个球随机地放入 4 个杯子中去，求杯子中球的最大个数分别为 1, 2, 3 的概率.

4. 某人午觉醒来，发觉表停了，他打开收音机，想听电台报时，设电台每正点时报时一次，求他（她）等待时间短于 10 分钟的概率.

5. 在区间 (0,1) 中随机地取两个数，求事件"两数之和小于 $\frac{6}{5}$"的概率.

6. 现有两种报警系统 A 和 B，每种系统单独使用时，系统 A 有效的概率 0.92，系统 B 有效的概率为 0.93，在 A 失灵的条件下，B 有效的概率为 0.85，求:

(1) 这两个系统至少有一个有效的概率;

(2) 在 B 失灵条件下，A 有效的概率.

7. 已知事件 A 发生的概率 $P(A) = 0.5$，B 发生的概率 $P(B) = 0.6$，以及条件概率 $P(B \mid A) = 0.8$，求 A, B 和事件的概率.

8. 一批零件共 100 个，其中次品有 10 个. 每次从中任取 1 个零件，取 3 次，取出后不放回，求第 3 次才取得合格品的概率.

9. 有两个袋子，每个袋子都装有 a 只黑球，b 只白球，从第一个袋中任取 1 球放入第二个袋中，然后从第二个袋中取出 1 球，求取得黑球的概率是多少?

10. 玻璃杯成箱出售，每箱 20 只，设各箱含 0, 1, 2 只残次品的概率分别为 0.8, 0.1 和 0.1. 一顾客欲购买一箱玻璃杯，由售货员任取一箱，而顾客开箱随机地察看 4 只，若无残次品，则买下该箱玻璃杯，否则退回. 试求:

(1) 顾客买此箱玻璃杯的概率;

(2) 在顾客买的此箱玻璃杯中，确实没有残次品的概率.

11. 将两种信息分别编码成 0 或 1 传送出去，由于信道存在着干扰可能导致收到的信息与发送的不一致. 设 0 被误收为 1 的概率是 0.02，1 被误收为 0 的概率为 0.01; 整个传送过程中，0 与 1 的传送次数比为 7:3，试求当收到信息 0 时，原发信息也是 0 的概率.

12. 设两两相互独立的三事件 A, B, C 满足条件: $ABC = \varnothing$, $P(A) = P(B) = P(C) < \frac{1}{2}$，且已知 $P(A \cup B \cup C) = \frac{9}{16}$，求 $P(A)$.

13. 三个人独立地破译一个密码，他们能译出的概率分别是 $0.2, \frac{1}{3}, 0.25$. 求密码被破译的概率.

14. 对同一目标，3 名射手独立射击的命中率是 0.4, 0.5 和 0.7, 求三人同时向目标各射一发子弹而没有一发中靶的概率?

15. 甲、乙、丙三人同时对飞机进行射击，三人击中的概率分别为 0.4, 0.5, 0.7. 飞机被一人击中而击落的概率为 0.2, 被两人击中而击落的概率为 0.6, 若三人都击中, 飞机必定被击落, 求飞机被击落的概率.

16. 下列给出的是不是某个随机变量的分布列？

(1) $\begin{pmatrix} 1 & 3 & 5 \\ 0.5 & 0.3 & 0.2 \end{pmatrix}$;

(2) $\begin{pmatrix} 1 & 2 & 3 \\ 0.7 & 0.1 & 0.1 \end{pmatrix}$;

(3) $\begin{pmatrix} 0 & 1 & 2 & \cdots & n & \cdots \\ \dfrac{1}{2} & \dfrac{1}{2}\left(\dfrac{1}{3}\right) & \dfrac{1}{2}\left(\dfrac{1}{3}\right)^2 & \cdots & \dfrac{1}{2}\left(\dfrac{1}{3}\right)^n & \cdots \end{pmatrix}$;

(4) $\begin{pmatrix} 1 & 2 & \cdots & n & \cdots \\ \dfrac{1}{2} & \left(\dfrac{1}{2}\right)^2 & \cdots & \left(\dfrac{1}{2}\right)^2 & \cdots \end{pmatrix}$.

17. 设随机变量 X 的分布列为: $P(X=k)=\dfrac{k}{15}, k=1,2,3,4,5$, 求:

(1) $P(X=1$或$X=2)$; (2) $P\left(\dfrac{1}{2}<X<\dfrac{5}{2}\right)$; (3) $P(1\leqslant X\leqslant 2)$.

18. 一个口袋中有 5 个同样大小的球, 编号为 1, 2, 3, 4, 5, 从中同时取出 3 只球, 以 X 表示取出球的最大号码, 求 X 的分布列.

19. 设在 10 个同类型的一堆产品内混有 2 个废品, 现从中任取 3 次, 每次取 1 个, 试分别就(1) 取后不放回; (2) 取后放回, 这两种不同情况, 求出取得废品数的概率分布.

20. 设随机变量 X 的分布函数为 $F(x)$, 试以 $F(x)$ 表示下列概率: (1) $P(X=a)$; (2) $P(X\leqslant a)$; (3) $P(X\geqslant a)$; (4) $P(X>a)$.

21. 设随机变量 X 的分布函数为

$$F(x)=\begin{cases} 0, & x<0, \\ Ax^2, & 0\leqslant x<1, \\ 1, & x\geqslant 1, \end{cases}$$

求常数 A 及密度函数.

22. 已知随机变量 X 的分布函数为

$$p(x)=\begin{cases} x, & 0<x\leqslant 1, \\ 2-x, & 1<x\leqslant 2, \\ 0, & \text{其他}, \end{cases}$$

(1) 求相应的分布函数 $F(x)$;

(2) 求 $P(X<0.5), P(X>1.3), P(0.2<X<1.2)$.

23. 确定下列函数中的常数 A, 使该函数成为一元分布的密度函数.

(1) $p(x)=A\mathrm{e}^{-|x|}$;

(2) $p(x)=\begin{cases} Ax^2, & 1\leqslant x\leqslant 2, \\ Ax, & 2<x<3, \\ 0, & \text{其他}. \end{cases}$

24. 已知随机变量 X, Y 的概率分布分别为

X	-1	0	1
P	0.25	0.5	0.25

Y	0	1
P	0.5	0.5

且 $P(X \cdot Y = 0) = 1$，求：(1) X 和 Y 的联合概率分布；(2) $P(X = Y)$.

25. 现有 10 件产品，其中 6 件正品，4 件次品. 从中随机抽取 2 次，每次抽取 1 件，定义两个随机变量 X, Y 如下：

$$X = \begin{cases} 1, & \text{第1次抽到正品；} \\ 0, & \text{第1次抽到次品，} \end{cases} \qquad Y = \begin{cases} 1, & \text{第2次抽到正品；} \\ 0, & \text{第2次抽到次品.} \end{cases}$$

试求 (X,Y) 的联合概率分布和边际概率分布.

26. 设 (X,Y) 的联合分布列为：

X \ Y	1	2	3
1	$\frac{1}{6}$	$\frac{1}{9}$	$\frac{1}{18}$
2	$\frac{1}{3}$	A	B

试确定 A, B 之值使 X, Y 成为独立随机变量.

27. 设二维随机变量 (X,Y) 的密度函数为

$$p(x,y) = \begin{cases} kxy, & 0 < x < 1, 0 < y < 1, \\ 0, & \text{其他，} \end{cases}$$

求：k 值及 (1) $P\left(0 < X < \frac{1}{2}, \frac{1}{4} < Y < 1\right)$; (2) $P(X = Y)$; (3) $P(X < Y)$; (4) $P(X \leqslant Y)$.

28. 设二维随机变量 (X,Y) 具有下列密度函数，求边际分布.

(1) $p(x,y) = \begin{cases} \dfrac{2e^{-y+1}}{x^3}, & x > 1, y > 1, \\ 0, & \text{其他；} \end{cases}$

(2) $p(x,y) = \begin{cases} \dfrac{1}{\pi} e^{-\frac{1}{2}(x^2+y^2)}, & x > 0, y \leqslant 0 \text{或} x \leqslant 0, y > 0, \\ 0, & \text{其他.} \end{cases}$

29. 设二维随机变量 (X,Y) 的密度函数为

$$p(x,y) = \begin{cases} \dfrac{1}{\pi}, & x^2 + y^2 \leqslant 1, \\ 0, & \text{其他，} \end{cases}$$

问 X 与 Y 是否独立？

30. 已知 (X,Y) 的联合概率密度为

$$p(x,y) = \begin{cases} 2e^{-(2x-y)}, & x > 0, y > 0, \\ 0, & \text{其他，} \end{cases}$$

试求：(1) 条件密度函数 $p(x \mid y)$ 及 $p(y \mid x)$；

(2) 条件概率 $P(X \leqslant 2 \mid Y \leqslant 1)$.

31. 已知 X 的概率分布为:

X	-2	-1	0	1	2	3
P	$2a$	$\dfrac{1}{10}$	$3a$	a	a	$2a$

试求: (1) a; (2) $Y = X^2 - 1$ 的概率分布.

32. 对随机变量 X, Y 有

$$P(X \geqslant 0, Y \geqslant 0) = \frac{3}{7}, \quad P(X \geqslant 0) = P(Y \geqslant 0) = \frac{4}{7},$$

求 $P\{\max(X,Y) \geqslant 0\}$, $P\{\min(X,Y) < 0\}$.

33. (X, Y) 的联合概率密度为

$$p(x, y) = \begin{cases} 3x, & 0 < x < 1, 0 < y < x, \\ 0, & \text{其他}, \end{cases}$$

求 $Z = X - Y$ 的概率密度函数.

34. 设离散型随机变量 X, Y 的分布列分别为

$$X: \begin{pmatrix} 0 & 1 & 3 \\ \dfrac{1}{2} & \dfrac{3}{8} & \dfrac{1}{8} \end{pmatrix}, \quad Y: \begin{pmatrix} 0 & 1 \\ \dfrac{1}{3} & \dfrac{2}{3} \end{pmatrix},$$

且 X, Y 相互独立, 求 $Z = X + Y$ 的分布列.

35. 设 X, Y 为独立同分布的离散型随机变量, 其分布列为

$$P(X = n) = P(Y = n) = \frac{1}{2^n}, n = 1, 2, \cdots,$$

求 $X + Y$ 的分布列.

36. 设二维随机变量 X, Y 的概率密度为

$$p(x, y) = \begin{cases} 2 - x - y, & 0 < x < 1, 0 < y < 1, \\ 0, & \text{其他}, \end{cases}$$

(1) 求 $P\{X > 2Y\}$;

(2) 求 $Z = X + Y$ 的概率密度 $p_Z(z)$.

37. 请模拟问题: 把 m 个球随机地放入 n 个盒子中, 求每个盒子中都有球的概率.

2 常见分布及数字特征

2.1 常见的离散型分布

2.1.1 二项分布

若离散型随机变量 X 的分布列为

$$P(X=k) = C_n^k p^k q^{n-k}, k = 0,1,2,\cdots,n, \text{ 其中 } 0 < p < 1, \quad q = 1 - p,$$

则称 X 服从**参数为 n, p 的二项分布**，简称 X 服从**二项分布**，记为 $X \sim B(k; n, p)$.

当 $n = 1$ 时，二项分布就化为两点分布（0-1 分布）.

为了能看出不同的 p 值对二项分布的概率分布特征的影响，我们比较了几个二项分布，结果如图 2.1.1 所示.

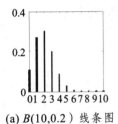 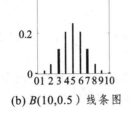 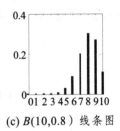

(a) $B(10,0.2)$ 线条图　　　(b) $B(10,0.5)$ 线条图　　　(c) $B(10,0.8)$ 线条图

图 2.1.1　二项分布 $B(n, p)$ 的线条图

图 2.1.1 实现程序：

```
>>n=10;p1=0.2;p2=0.5;p3=0.8;  %定义二项分布参数值
>>k=[0 1 2 3 4 5 6 7 8 9 10];  %准备计算二项分布在 k 的值
>>p1=pdf('bino',k,n,p1);  %计算 P(X = k) = Cₙᵏ pᵏ qⁿ⁻ᵏ, k = 0,1,2,···,n
>>p2=pdf('bino',k,n,p2); p3=pdf('bino',k,n,p3);
>>subplot(1,3,1);bar(k,p1);  % subplot(1,3,1)画一个 1 行 3 列的图框, 放入第一个图形
   subplot(1,3,2);bar(k,p2);  %放入第二个图形, bar(k,p)是分别以 k,p 为横纵坐标画的柱状图
   subplot(1,3,3);bar(k,p3);  %放入第三个图形
```

%注: (1) 计算 $P(X = k) = C_n^k p^k q^{n-k}, k = 0,1,2,\cdots,n$, 有两个命令可以用，一个是通用函数命令 pk=pdf('bino',k,n,p), 另一个是专用函数命令 pk=binopdf(k,n,p);

(2) 设 a,b,c 均为正整数, subplot(a,b,c) 表示将一个大的图形框分成 a 行 b 列，共计 ab 个位置, c 表示在第 c 个位置上放入图形.

由图表可以看出，二项分布在 np 附近概率最大；随 p 增加峰逐渐右移.

例 2.1.1　商店收到 1000 瓶矿泉水，每个瓶子在运输过程中破碎的概率为 0.003, 求商店收到的 1000 瓶矿泉水中: (1) 恰有两瓶破碎的概率; (2) 超过两瓶破碎的概率.

解　设 X 为 1000 瓶矿泉水中破碎的数量, 则 $X \sim B(1000, 0.003)$.

(1) 恰有两瓶破碎的概率为

$$P(X = 2) = C_{1000}^2 0.003^2 (1 - 0.003)^{998} \approx 0.224.$$

(2) 超过两瓶破碎的概率为

$$P(X > 2) = 1 - P(X = 0) - P(X = 1) - P(X = 2) \approx 0.557.$$

例 2.1.1 计算程序:

```
>> n=1000; p=0.003;
>>p1=binopdf(2,n,p)    %计算 P(X=2)
>>p2=1-binopdf(0,n,p)-binopdf(1,n,p)-binopdf(2,n,p)   %计算 P(X>2)
p1=0.2242
p2=0.5771
```

2.1.2　泊松 (Poisson) 分布

设离散型随机变量 X 的所有可能取值为 0, 1, 2, …, 且取各个值的概率为

$$P(X = k) = \frac{\lambda^k e^{-\lambda}}{k!}, \quad k = 0, 1, 2, \cdots,$$

其中 $\lambda > 0$ 为常数, 则称 X 服从**参数为 λ 的泊松分布**, 记为 $X \sim P(\lambda)$.

单位面积或单位时间上的计数过程常用泊松分布.

为了能看出不同的 λ 值对泊松分布的概率分布特征的影响, 我们比较了几个泊松分布, 结果如图 2.1.2 所示.

(a) $P(0.8)$ 线条图

(b) $P(2.0)$ 线条图

(c) $P(4.0)$ 线条图

图 2.1.2　泊松分布 $P(\lambda)$ 的线条图

由图表可以看出, 位于 λ 附近的概率值较大; 随 λ 的增加, 分布逐渐趋于对称.

图 2.1.2 实现程序:

```
>>n=9;Lambda1=0.8;Lambda2=2.0;Lambda3=4.0;   %定义泊松分布参数值
>>k=[0 1 2 3 4 5 6 7 8 9];   %准备计算泊松分布在 k 的值
>>p1=poisspdf(k,Lambda1);    %计算 P(X=k)=λ^k e^{-λ}/k!
>>p2=poisspdf(k,Lambda2); p3=poisspdf(k,Lambda3);
>>subplot(1,3,1);bar(k,p1);   %画个 1 行 3 列的图框, 放入第一个图形
```

subplot(1,3,2);bar(k,p2); %放入第二个图形, bar(k,p) 是分别以 k,p 为横纵坐标画的柱状图

subplot(1,3,3);bar(k,p3); % 放入第三个图形

例 2.1.2 由该商店过去的销售记录知道, 某种商品每月的销售数可以用参数 $\lambda = 10$ 的泊松分布来描述. 为了以 95%以上的把握保证不脱销, 问商店在月底至少应进此种商品多少件?

解 设该商店每月销售某种商品 X 件, 月底的进货为 a 件, 则当 $(X \leqslant a)$ 时就不会脱销, 因而按题意要求为

$$P(X \leqslant a) \geqslant 0.95.$$

因为已知 X 服从 $\lambda = 10$ 的泊松分布, 上式也就是

$$\sum_{k=0}^{a} \frac{10^k}{k!} e^{-10} \geqslant 0.95.$$

查泊松分布表得

$$\sum_{k=0}^{14} \frac{10^k}{k!} e^{-10} \approx 0.9166 < 0.95, \quad \sum_{k=0}^{16} \frac{10^k}{k!} e^{-10} \approx 0.9513 > 0.95,$$

于是, 这家商店只要在月底进货此种商品 15 件（假定上个月没存货）, 就可以 95%以上的把握保证这种商品在下个月内不脱销.

例 2.1.2 计算程序:

```
>> n=16;   %先试给出一个数, 然后考虑改变 n 以使结果符合要求
>>k=[1:n];   %给出向量 k
>>Lambda=10;   %泊松分布参数值
>>p=poisscdf(k,Lambda);   %计算 F(a) = P(X ≤ a)
>>pk=[k;p]   %使 k 值和 p 值对应
```

输出结果为

k	1	2	3	4	5	6	7	8
p	0.0005	0.0028	0.0103	0.0293	0.0671	0.1301	0.2202	0.3328
k	9	10	11	12	13	14	15	16
p	0.4579	0.583	0.6968	0.7916	0.8645	0.9165	0.9513	0.973

从表中很容易看出答案为 15. 若表中没有符合的答案, 就请改变程序最开始的 n 值, 再执行一次, 直至有需要的答案即可.

在实际运算中间, 二项分布会涉及一些较小值的高次方运算, 十分不便, 为此, 人们就想法简化相关运算, 即二项分布的近似计算, 有下面的定理.

定理 2.1.1（泊松定理） 在 n 重 Bernoulli 试验中, 事件 A 在一次试验中出现的概率为 p_n（与试验总数 n 有关）. 如果当 $n \to \infty$ 时, $np_n \to \lambda (\lambda > 0$, 为常数）, 则有

$$\lim_{n \to 0} B(k; n, p_n) = \frac{\lambda^k}{k!} e^{-\lambda}, k = 0, 1, 2, \cdots.$$

例 2.1.3 已知某种疾病的发病率为 $\dfrac{1}{1000}$，某单位共有 5000 人，问该单位患有这种疾病的人数超过 5 的概率有多大？

解 设该单位患有这一种疾病的人数为 X，则 $X \sim B\left(5000, \dfrac{1}{1000}\right)$，从而所求概率为

$$P(X > 5) = \sum_{k=6}^{5000} P(X = k) = \sum_{k=6}^{5000} B\left(k; 5000, \frac{1}{1000}\right).$$

由泊松定理，取 $\lambda = np = 5$，就有

$$P(X > 5) = 1 - P(X \leqslant 5) \approx 1 - \sum_{k=0}^{5} \frac{5^k}{k!} e^{-5}.$$

查泊松分布表可得 $\sum_{k=0}^{5} \dfrac{5^k}{k!} \approx 0.616$，于是

$$P(X > 5) \approx 1 - 0.616 = 0.384.$$

我们可以利用程序分别计算出精确值和近似值，比较它们的差别有多大.

例 2.1.3 计算程序：

```
>> n=5000;p=1/1000;   %定义参数值
>>pjingque=1-binocdf(5,n,p)   %计算二项分布的精确值
>>pjinsi=1-poisscdf(5,n*p)   %计算泊松分布的近似值
```

运算结果为

pjingque=0.3840   %精确值

pjinsi=0.3840   %近似值

从计算的结果来看，近似值和精确值几乎没什么差别.

2.1.3 几何分布

设 X 是一个无穷次 Bernoulli 试验序列中事件 A 首次发生时所需的试验次数，且可能的值为 $1, 2, \cdots$. 而取各个值的概率为

$$P(X = k) = (1-p)^{k-1} p = q^{k-1} p, k = 1, 2, \cdots, \text{ 其中 } 0 < p < 1, q = 1 - p,$$

则称 X 服从**几何分布**. 记为 $X \sim \text{Ge}(p)$.

其分布特征可通过程序画图直观地表示出来，如图 2.1.3 所示.

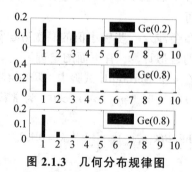

图 2.1.3　几何分布规律图

图 2.1.3 画图程序:

```
>>k=[1:10];   %给定变量的取值点
>>p1=0.2;p2=0.5;p3=0.8;   %给定分布的参数
>>pvalue1=geopdf(k,p1);   %计算几何分布的 P(X = k)
   pvalue2=geopdf(k,p2);pvalue3=geopdf(k,p3);
>>subplot(3,1,1);bar(k,pvalue1);   %画一个 3 行 1 列的图框,放入第一个图形
   subplot(3,1,2);bar(k,pvalue2);   %放入第二个图形
   subplot(3,1,3);bar(k,pvalue3);   %放入第三个图形
```

%注: 图形中的小方框是在图形编辑窗口中点击 Insert-Legend 即可.

例 2.1.4 设有某求职人员,在求职过程中每次求职成功率为 0.4. 试问该人员要求职多少次,才能有 0.95 的把握获得一次就业机会?

解 设 X 表示该人员在求职过程中, 首次成功的求职次数,则 $X \sim \text{Ge}(0.4)$. 设需要求职 n 次,才能有 0.95 的把握获得一个就业机会,则有

$$P(X \leqslant n) > 0.95 .$$

由事件的不相容性, 有

$$P(X \leqslant n) = \sum_{k=1}^{n} P(X = k) = \sum_{k=1}^{n} 0.6^{k-1}0.4 > 0.95 .$$

计算得

$$\sum_{k=1}^{5} P(X = k) = \sum_{k=1}^{5} 0.6^{k-1}0.4 > 0.95 .$$

故该求职人员至少要求职 5 次,才能以 0.95 的把握得到一次就业机会.

例 2.1.4 计算程序:

```
>> n=6;k=[1:n];p=0.4;
>>pvalue=geocdf(k,p);
>>pvaluek=[k;pvalue]
```

运算结果为

k	1	2	3	4	5	6
pvalue	0.6400	0.7840	0.8704	0.9222	0.9533	0.9720

由表中可以看出, 至少要求职 5 次.

2.1.4 超几何分布

一般地, 设有总数为 N 件的两类物品,其中一类为 M 件,从所有物品中任取 n 件 ($n \leqslant N$),这 n 件中所含总数为 M 件的这类物品件数 X 是一个离散型随机变量,它取值为 k 时的概率为

$$P(X = k) = \frac{C_M^k C_{N-M}^{n-k}}{C_N^n} \ (k = 0,1,\cdots,r, r \text{ 为 } n \text{ 和 } M \text{ 中较小的一个}),$$

我们称随机变量 X 的这种形式的**概率分布为超几何分布**, 记为 $X \sim H(n, N, M)$.

从有限总体中进行不放回抽样时常会遇到超几何分布. 但当 $n \ll N$ 时, 每次抽取后, 总体中的 $p = M/N$ 改变甚微, 所以不放回抽样可以近似看成放回抽样, 这时超几何分布可用二项分布近似计算, 即

$$P(X = k) = \frac{C_M^k C_{N-M}^{n-k}}{C_N^n} \approx C_n^k p^k (1-p)^{n-k} \quad (p = M/N).$$

超几何分布的分布特征可用图形展示其分布列的规律. 设固定总体个数为 $N = 1000$, 抽样个数为 $n = 10$, 让总体中我们感兴趣的那类物品个数变化, 分别为 $M_1 = 50, M_2 = 100, M_3 = 200$, 结果如图 2.1.4 所示.

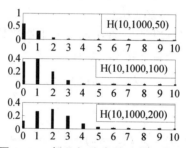

图 2.1.4　超几何分布的分布规律图

图 2.1.4 相应程序:

```
>>k=[0:10];  %给定随机变量的取值点
>>n=10;N=1000;M1=50;M2=100;M3=200;  %定义参数值
>>pvalue1=hygepdf(k,N,M1,n);  %计算超几何分布在 k 点的概率值
  pvalue2=hygepdf(k,N,M2,n);
  pvalue3=hygepdf(k,N,M3,n);
>>subplot(3,1,1);bar(k,pvalue1);  % 画一个 3 行 1 列的图框, 放入第一个图形
  subplot(3,1,2);bar(k,pvalue2);  %放入第二个图形
  subplot(3,1,3);bar(k,pvalue3);  % 放入第三个图形
```

%注: 图形中的小方框是在图形编辑窗口中点击 Insert-TextBox 即可.

例 2.1.5 设有 10 张奖券存于 100000 张某类彩票中. 由于中奖券的奖金巨大, 吸引了不少人去购买. 现设某人买了 20 张这类彩票, 试求其中奖与否的概率分布列.

解 设该人购买的 20 张彩票中有 X 张中奖券, 则

$$X \sim H(n, N, M) = H(20, 100000, 10).$$

X 所有可能的取值为 $0, 1, \cdots, 10$. 由于 $n \ll N$, 故有

$$P(X = k) = \frac{C_{10}^k C_{100000-10}^{20-k}}{C_{100000}^{20}} \approx C_{20}^k \left(\frac{10}{100000}\right)^k \left(1 - \frac{10}{100000}\right)^{20-k}.$$

实际计算有

$$P(X = 0) = 0.998, \ P(X = 1) = 0.0020, \ P(X = 2) = 0.00002, \ P(X = 3) = 0.00000, \cdots$$

例 2.1.5 实现程序：

```
>> k=[0:10];   %准备计算的 X 的取值
>>n=20;N=100000;M=10;   %分布中涉及的参数值
>>p=M/N;   %参数值
>>pvalue1=hygepdf(k,N,M,n);   %计算超几何分布的精确概率
>>pvalue2=binopdf(k,n,p);   %计算对应二项分布的近似概率
>>pk=[k;pvalue1;pvalue2]   %列成表格（矩阵）形式，便于比较
```

计算结果为

k	0	1	2	3	4	5	6	7	8	9	10
pvalue1	0.998	0.002	0	0	0	0	0	0	0	0	0
pvalue2	0.998	0.002	0	0	0	0	0	0	0	0	0

从计算结果来看，近似计算几乎和精确计算没什么区别．

2.1.5 负二项分布

在 Bernoulli 试验序列中，设每次试验中事件 A 发生的概率为 p，如果事件 A 在第 r 次出现时的试验次数记为 X，则 X 的可能取值为 $r, r+1, r+2, \cdots$．称 X 服从**负二项分布**或**巴斯卡分布**，其分布列为

$$P(X=k) = C_{k-1}^{r-1} p^r (1-p)^{k-r}, k = r, r+1, r+2, \cdots,$$

记为 $X \sim \text{Nb}(r,p)$．

很显然，当 $r=1$ 时，即为几何分布．其分布规律可用几个图形直观显示，如图 2.1.5 所示．

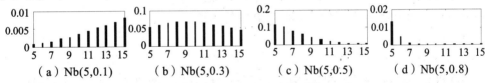

（a）Nb(5,0.1)　（b）Nb(5,0.3)　（c）Nb(5,0.5)　（d）Nb(5,0.8)

图 2.1.5　负二项分布规律图

图 2.1.5 画图程序：

```
>>k=[5:15];   %随机变量的取值点
>>r=5;p1=0.1;p2=0.3;p3=0.5;p4=0.8;   %分布的参数值设置
>>pvalue1=nbinpdf(k,r,p1);   %计算负二项分布在 k 点的概率值
  pvalue2=nbinpdf(k,r,p2);pvalue3=nbinpdf(k,r,p3);pvalue4=nbinpdf(k,r,p4);
>>subplot(2,2,1);bar(k,pvalue1);   % 画一个 2 行 2 列的图框，放入第一个图形
  subplot(2,2,2);bar(k,pvalue2);   %放入第二个图形
  subplot(2,2,3);bar(k,pvalue3);   % 放入第三个图形
  subplot(2,2,4);bar(k,pvalue4);   % 放入第四个图形
```

2.1.6 多项分布

进行 n 次独立重复的试验，如果每次试验有 r 个可能结果：$A_1, A_2, \cdots, A_r$，且每次试验中事

件 A_i 发生的概率均为 $p_i = P(A_i)$ $(i = 1, 2, \cdots, r;\ p_1 + p_2 + \cdots + p_r = 1)$. 又设 X_i 为 n 次独立重复的试验中事件 A_i 出现的次数 $(i = 1, 2, \cdots, r)$，则 r 维随机变量 $(X_1, X_2, \cdots, X_r)$ 取值为 $(n_1, n_2, \cdots, n_r)$ 时的概率，即 A_1 出现 n_1 次，A_2 出现 n_2 次，……，A_r 出现 n_r 次的概率为

$$P(X_1 = n_1, X_2 = n_2, \cdots, X_r = n_r) = \frac{n!}{n_1! n_2! \cdots n_r!} p_1^{n_1} p_2^{n_2} \cdots p_r^{n_r},\ \text{其中 } n = n_1 + n_2 + \cdots + n_r.$$

这个联合分布列称为 **r 项分布**，又称为**多项分布**，记为 $M(n, p_1, p_2, \cdots, p_r)$.

这个概率是多项式 $(p_1 + p_2 + \cdots + p_r)^n$ 的展开式中的一项，故其和为 1.

特别地，当 $r = 2$ 时，为二项分布.

例 2.1.6　一批产品共有 100 件，其中一等品 60 件，二等品 30 件，三等品 10 件. 从这批产品中有放回地任取 3 件，以 X 和 Y 分别表示取出的 3 件产品中一等和二等的件数，求二维随机变量 (X, Y) 的联合分布列.

解　X 和 Y 的可能取值都是 $0, 1, 2, 3$，令 $p_{ij} = P(X = i, Y = j)$ $(i, j = 0, 1, 2, 3)$，则

当 $i + j > 3$ 时，有 $p_{ij} = 0$；

当 $i + j \leqslant 3$ 时，有

$$p_{ij} = P(X = i, Y = j) = C_3^i \left(\frac{6}{10}\right)^i C_{3-i}^j \left(\frac{3}{10}\right)^j \left(\frac{1}{10}\right)^{3-i-j}$$

$$= C_3^i \left(\frac{6}{10}\right)^i C_{3-i}^j \left(\frac{3}{10}\right)^j \left(\frac{1}{10}\right)^{3-i-j} = \frac{3!}{i! j! (3-i-j)!} \left(\frac{6}{10}\right)^i \left(\frac{3}{10}\right)^j \left(\frac{1}{10}\right)^{3-i-j}.$$

此例中 (X, Y) 的分布又叫**三项分布**，它是一种特殊的多项分布.

例 2.1.6 实现程序：

```
>> XYP=zeros(4,4);   %产生 4 阶 0 矩阵, 准备放入概率
>>for i=1:4   %开始循环, 计算矩阵 XYP 中的元素
    for j=1:4
        if i+j<=5;
    XYP(i,j)=nchoosek(3,i-1)*0.6^(i-1)*nchoosek(3-i+1,j-1)*0.3^(j-1)*0.1^(3-i-j+2);
        end
    end
>>end   %循环结束
>>XYP   %分布列中的概率
```

结果为

XYP=

0.0010	0.0090	0.0270	0.0270
0.0180	0.1080	0.1620	0
0.1080	0.3240	0	0
0.2160	0	0	0

2.1.7　多维超几何分布

多维超几何分布可以这样描述：袋中有 N 只球，其中有 N_i 只 i 号球，$i = 1, 2, \cdots, r$. 记

$N = N_1 + N_2 + \cdots + N_r$，从中任意取出 n 只，若记 X_i 为取出的 n 只球中 i 号球的个数 $(i = 1, 2, \cdots, r)$，则

$$P(X_1 = n_1, X_2 = n_2, \cdots X_r = n_r) = \frac{C_{N_1}^{n_1} C_{N_2}^{n_2} \cdots C_{N_r}^{n_r}}{C_N^n}, \ 其中 \ n_1 + n_2 + \cdots + n_r = n.$$

例 2.1.7　在例 2.1.6 中，若把从这批产品中有放回地任取 3 件改为不放回任取 3 件，求二维随机变量 (X, Y) 的联合分布列.

解　令 $p_{ij} = P(X = i, Y = j)$ $(i, j = 0, 1, 2, 3)$，从而

当 $i + j > 3$ 时，有 $p_{ij} = 0$；

当 $i + j \leqslant 3$ 时，有 $p_{ij} = P(X = i, Y = j) = \dfrac{C_{60}^i C_{30}^j C_{10}^{3-i-j}}{C_{100}^3}$.

此例是超几何分布的推广，称为**三维超几何分布**，它是一种特殊的多维超几何分布. 作为练习，请读者自己编写程序.

2.2　常见的连续型分布

2.2.1　均匀分布

若随机变量 X 的概率密度函数为

$$p(x) = \begin{cases} \dfrac{1}{b-a}, & a \leqslant x \leqslant b, \\ 0, & 其他 \end{cases}$$

则称随机变量 $p(x)$ 服从 $[a, b]$ 上的**均匀分布**，$X \sim U[a, b]$. 其分布函数为

$$F(x) = \begin{cases} 0, & x < a, \\ \dfrac{x-a}{b-a}, & a \leqslant x \leqslant b, \\ 1, & x > b. \end{cases}$$

密度函数和分布函数图分别如图 2.2.1 的（a）和（b）.

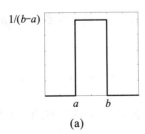
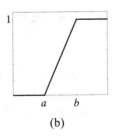

(a)　　　　　　　　(b)

图 2.2.1　均匀分布

图 2.2.1 画图程序：

```
>>x=-1:0.01:5;  %图形横坐标范围限定
>>a=1;b=3;  %模型参数
>>y1=unifpdf(x,a,b);  %计算均匀分布的密度函数值
```

　　　y2=unifcdf(x,a,b);　%计算均匀分布的分布函数值

　>>subplot(1,2,1);plot(x,y1)　%画密度函数

　　　subplot(1,2,2);plot(x,y2)　%画分布函数

%注: 画完图形后, 在图形编辑器中将横纵坐标进行了处理, 使之和定义保持一致.

　　例 2.2.1　设随机变量 $X \sim U(0,10)$, 现对 X 进行 4 次独立观测, 试求至少有 3 次观测值大于 5 的概率.

　　解　设随机变量 Y 为 4 次独立观测中观测值大于 5 的次数, 则 $Y \sim B(4, p)$, 其中 $p = P(X > 5)$. 由于 $X \sim U(0,10)$, 故

$$p = P(X > 5) = \int_5^{10} \frac{1}{10}\mathrm{d}x = \frac{1}{2}.$$

于是

$$P(X \geqslant 3) = C_4^3 p^3 (1-p) + C_4^4 p^4 = 4\left(\frac{1}{2}\right)^4 + \left(\frac{1}{2}\right)^4 = \frac{5}{16}.$$

例 2.2.1 计算程序:

>>p=int('1/10',5,10)　%计算积分 $\int_5^{10} \frac{1}{10}\mathrm{d}x$

p=1/2　%输出结果

>>n=4;p=0.5;　%定义二项分布的参数

>>p34=binopdf(3,n,p)+binopdf(4,n,p)　%计算二项分布中 $P(X=3)+P(X=4)$

p34=0.3125　%输出结果

2.2.2　正态分布

1) 一般正态分布

若随机变量 X 的密度函数为

$$p(x) = \frac{1}{\sqrt{2\pi}\sigma} \mathrm{e}^{-\frac{(x-\mu)^2}{2\sigma^2}},\ -\infty < x < \infty,$$

则称 X 服从**正态分布**, 称 X 为**正态变量**, 记作 $X \sim N(\mu, \sigma^2)$, 其中参数 $-\infty < \mu < +\infty, \sigma > 0$. 其分布函数为

$$F(x) = \frac{1}{\sqrt{2\pi}\sigma} \int_{-\infty}^x \mathrm{e}^{-\frac{(t-\mu)^2}{2\sigma^2}} \mathrm{d}t,\ -\infty < x < \infty.$$

作为代表, 正态分布 $N(3, 2^2)$ 的密度函数和分布函数图像分别为图 2.2.2 的 (a) 和 (b).

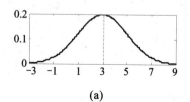

(a)

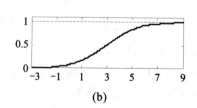

(b)

图 2.2.2　$N(3, 2^2)$ 的分布规律图

图 2.2.2 画图程序：

```
>>x=-3:0.01:9;   %限定作图区域横坐标范围
>>mu=3;sigma=2;   %定义参数值
>>y1=normpdf(x,mu,sigma);   %计算 p(x)
  y2=normcdf(x,mu,sigma);   %计算 F(x)
>>subplot(2,1,1);plot(x,y1)   %画 2 行 1 列图框，放入 p(x)图形
>>hold on   %再加上下面的图形
  plot([mu,mu],[0,normpdf(mu,mu,sigma)])   %对称轴 x=3
>>hold off   %加图结束
>>subplot(2,1,2);plot(x,y2)   %在图框中放入第 2 个图，即 F(x)
>>hold on   %再加入下面的图
  plot([-3,9],[1,1])   %图形(b)中的虚线
>>hold off   %加图结束
```

从图 2.2.2 可以看出，正态分布的密度函数是关于直线 $x=\mu$ 对称的倒钟形曲线，分布函数是一条光滑上升的 S 形曲线.

若 $N(\mu,\sigma^2)$ 中的 μ,σ 分别变化，则图形的变化情况如图 2.2.3 所示.

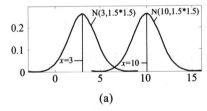
(a)

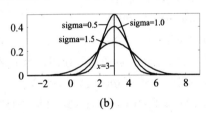
(b)

图 2.2.3　正态密度函数曲线

图 2.2.3 画图程序：

```
>>x1=-3:0.01:9;   %限定图(a)中左边曲线的横坐标范围
>>mu1=3;mu2=10;sigma1=1.5;sigma2=1;sigma3=0.8;   %给定将要用的参数值
>>y1=normpdf(x1,mu1,sigma1);   %计算图(a)中左边曲线的纵坐标
>>x2=4:0.01:16;   %限定图(a)中右边曲线的横坐标范围
>>y2=normpdf(x2,mu2,sigma1);   %计算图(a)中右边曲线的纵坐标
>>y3=normpdf(x1,mu1,sigma2);   %计算图(b)中顶在中间的曲线的纵坐标
>>y4=normpdf(x1,mu1,sigma3);   %计算图(b)中顶最高的曲线的纵坐标
>>subplot(2,1,1);plot(x1,y1)   %画图框(a)，并画图(a)中左边曲线
>>hold on   %在图框(a)中加入下面的图形
  plot(x2,y2)   %画图(a)中右边曲线
  plot([mu1,mu1],[0,normpdf(mu1,mu1,sigma1)])   %图(a)中直线 x=3
  plot([mu2,mu2],[0,normpdf(mu2,mu2,sigma1)])   %图(a)中直线 x=10
>>hold off   %在图框(a)中加图结束
>>subplot(2,1,2);plot(x1,y1,x1,y3,x1,y4)   %画图框(b)，并画图(b)中 3 条曲线
  hold on   %在图框(b)中加入下面的图形
```

　　　　plot([mu1,mu1],[0,normpdf(mu1,mu1,sigma3)])　　%图(b)中直线 x=3

>>hold off　%在图框(b)中加图结束

从图(c)中可以看出, 固定 σ 的值, 改变 μ 的值, 图形则沿横轴移动, 而形状不改变, 因此 μ 就确定了密度函数曲线的位置, 称之为**位置参数**; 从图(d)可以看出, 固定 μ 的值, 改变 σ 的值, 图形的高低胖瘦有所改变, 称之为**尺度参数**.

2）标准正态分布

称正态分布 $N(0,1)$ 为**标准正态分布**. 通常记标准正态变量为 U, 记标准正态分布的密度函数为 $\varphi(u)$, 分布函数为 $\Phi(u)$, 即

$$\varphi(u) = \frac{1}{\sqrt{2\pi}} e^{-\frac{u^2}{2}}, -\infty < u < +\infty ,$$

$$\Phi(u) = \frac{1}{\sqrt{2\pi}} \int_{-\infty}^{u} e^{-\frac{t^2}{2}} dt, -\infty < u < +\infty .$$

由于标准正态分布的分布函数不含任何未知参数, 故其 $\Phi(u) = P(U \leq u)$ 完全可以算出, 人们也就算出了 $u \geq 0$ 的 $\Phi(u)$ 的值, 并列成一张表以便于查询, 称之为**标准正态分布表**（本书略去）. $\Phi(u)$ 有下列结论:

(1)　$\Phi(-u) = 1 - \Phi(u)$;

(2)　$P(|U| < c) = 2\Phi(c) - 1$.

例 2.2.2　设 $U \sim N(0,1)$, 利用标准正态分布表, 就可以计算下列事件的概率.

(1)　$P(U < 1.52) = \Phi(1.52) = 0.9357$;

(2)　$P(U > 1.52) = 1 - \Phi(1.52) = 1 - 0.9357 = 0.0643$;

(3)　$P(U < -1.52) = 1 - \Phi(1.52) = 0.0643$;

(4)　$P(|U| < 1.52) = 2\Phi(1.52) - 1 = 2 \times 0.9357 - 1 = 0.8714$;

(5)　$P(-0.75 < U < 1.52) = \Phi(1.52) - \Phi(-0.75) = \Phi(1.52) - 1 + \Phi(0.75)$

$$= 0.9357 - 1 + 0.7734 = 0.7091 .$$

例 2.2.2 实现程序:

>>mu=0; sigma=1;　%定义标准正态分布参数

>>p1=normcdf(1.52,mu, sigma)　%计算 $P(U < 1.52)$.

>>p2=1-normcdf(1.52,mu, sigma)

>>p3=normcdf(-1.52,mu, sigma)

>>p4=2*normcdf(1.52,mu, sigma)-1

>>p5=normcdf(1.52,mu, sigma)-normcdf(-0.75,mu, sigma)

运行结果为

p1=0.9357

p2=0.0643

p3=0.0643

p4=0.8715

p5=0.7091

3）一般正态分布的标准化

定理 2.2.1 若 $X \sim N(\mu, \sigma^2)$，则 $Y = \dfrac{X - \mu}{\sigma} \sim N(0,1)$.

例 2.2.3 设随机变量 X 服从正态 $N(108, 3^2)$ 分布，

(1) 求 $P(101.1 < X < 117.6)$；

(2) 求常数 a，使 $P(X < a) = 0.90$.

解 (1) $P(101.1 < X < 117.6) = P\left(-2.3 < \dfrac{X - 108}{3} < 3.2\right) = \Phi(3.2) - \Phi(-2.3)$

$$= \Phi(3.2) - (1 - \Phi(2.3)) \approx 0.999313 - 1 + 0.989276 = 0.988589.$$

(2) 因为

$$P(X < a) = P\left(\dfrac{X - 108}{3} < \dfrac{a - 108}{3}\right) = 0.90,$$

所以查表知 $\dfrac{a - 108}{3} \approx 1.28$，则 $a = 111.84$.

例 2.2.3 实现程序：

```
>> mu=108; sigma=3;   %定义参数
>> p1=normcdf((117.6-mu)/sigma)-normcdf((101.1-mu)/sigma)   %计算概率值
p1=0.9886   %结果
>> x2=norminv(0.90)   %计算等式 Φ(x2)=0.90 中的 x2
>> a=mu+x2*sigma   %计算第二问中所求 a 的值
结果为
x2=1.2816
a=111.8447
```

4）正态分布的 3σ 原则

设 $X \sim N(\mu, \sigma^2)$，则

$$P(-3\sigma \leqslant X - \mu \leqslant 3\sigma) = 2\Phi(3) - 1 \approx 0.997.$$

这说明，随机变量 X 到它的中心 μ 的距离超过 3σ 的概率只有 0.003，即

$$P(|X - \mu| > 3\sigma) \approx 0.003.$$

也就是说，对服从 $N(\mu, \sigma^2)$ 分布的随机变量 X 来说，基本上认为有

$$|X - \mu| \leqslant 3\sigma.$$

这种近似说法被实际工作者称为正态分布的"3σ"原则，也可用图形直观表示，如图 2.2.4 所示. 同时我们可求得

$$P(-\sigma \leqslant X - \mu \leqslant \sigma) = 2\Phi(1) - 1 \approx 0.688,$$
$$P(-2\sigma \leqslant X - \mu \leqslant 2\sigma) = 2\Phi(2) - 1 \approx 0.955.$$

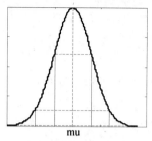

图 2.2.4　3σ 原则

图 2.2.4 实现程序：

>>mu=7; sigma=2;　%定义正态分布的参数

>>x=0:0.01:14;　%横轴的范围

>>y=normpdf(x,mu, sigma);　%计算对应于 *x* 的密度函数值

>>plot(x,y,'k','LineWidth',2)　%画密度函数曲线，黑色，线宽为 2

>>hold on　%再加入下面的图形

>>plot([mu,mu],[0,normpdf(mu,mu, sigma)],'--k','LineWidth',1)　%对称轴 x=mu, 黑色，虚线

%画一 sigma

>>x1=mu-sigma;x2=mu+sigma;

>>y1=normpdf(x1,mu, sigma);y2=normpdf(x2,mu, sigma);

>>plot([x1,x1],[0,y1],'-k','LineWidth',1)　%画 1 sigma 左边竖线,实线,黑色,线宽为 1

>>plot([x2,x2],[0,y2],'-k','LineWidth',1)　%画 1 sigma 右边竖线,实线,黑色,线宽为 1

>>plot([x1,x2],[y1,y2],'--k','LineWidth',1)　%画 1 sigma 上面横线,虚线,黑色,线宽为 1

%画二 sigma

>>x3=mu-2*sigma;x4=mu+2*sigma;

>>y3=normpdf(x3,mu, sigma);y4=normpdf(x4,mu, sigma);

>>plot([x3,x3],[0,y3],'-k','LineWidth',1)　%画 2 sigma 左边竖线

>>plot([x4,x4],[0,y4],'-k','LineWidth',1)　%画 2 sigma 右边竖线

>>plot([x3,x4],[y3,y4],'--k','LineWidth',1)　%画 2 sigma 上面横线

%画三 sigma

>>x5=mu-3*sigma;x6=mu+3*sigma;

>>y5=normpdf(x5,mu, sigma);y6=normpdf(x6,mu, sigma);

>>plot([x5,x5],[0,y5],'-k','LineWidth',1)　%画 3 sigma 左边竖线

>>plot([x6,x6],[0,y6],'-k','LineWidth',1)　%画 3 sigma 右边竖线

>>plot([x5,x6],[y5,y6],'--k','LineWidth',1)　%画 3 sigma 上面横线

>>hold off　%加入图形结束，对应于 hold on

2.2.3　指数分布

若随机变量 X 的密度函数为

$$p(x)=\begin{cases} \lambda e^{-\lambda x}, x \geqslant 0, \\ 0, \quad x < 0, \end{cases}$$

则称 X 服从**指数分布**，记作 $X \sim \mathrm{Exp}(\lambda)$，其中参数 $\lambda > 0$．其分布函数为

$$F(x) = \begin{cases} 1 - \mathrm{e}^{-\lambda x}, & x \geqslant 0, \\ 0, & x < 0. \end{cases}$$

指数分布的密度函数和分布函数图形分别为如图 2.2.5 的（a）和（b)所示．

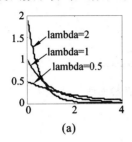 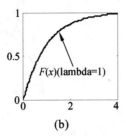

（a）　　　　　　　　　　（b）

图 2.2.5　指数分布的密度函数和分布函数图

图 2.2.5 实现程序：

```
>>x=0:0.01:4;
>>lambda1=0.5;lambda2=1;lambda3=2;   %定义参数
>>y1=exppdf(x, lambda1);   %计算参数为 lambda1 密度函数值
>>y2=exppdf(x, lambda2);y3=exppdf(x, lambda3);
>>F=expcdf(x, lambda2);   %计算分布函数值
>>subplot(1,2,1);plot(x,y1,x,y2,x,y3,'k','LineWidth',2)   %在同一个图框中画三条密度曲线
>>subplot(1,2,2);plot(x,F,'k','LineWidth',2)   %画分布函数曲线
```

指数分布具有无记忆性，即下面的定理．

定理 2.2.2　如果 $X \sim \mathrm{Exp}(\lambda)$，则对任意的 $s > 0, t > 0$，有

$$P(X > s+t \mid X > s) = P(X > t).$$

2.2.4　伽马分布

1）伽马函数

称函数 $\Gamma(\alpha) = \displaystyle\int_0^{+\infty} x^{\alpha-1}\mathrm{e}^{-x}\mathrm{d}x$ 为伽马函数，其中参数 $\alpha > 0$．

伽马函数具有性质：

(1)　$\Gamma(1) = 1$，$\Gamma\left(\dfrac{1}{2}\right) = \sqrt{\pi}$；

(2)　$\Gamma(\alpha+1) = \alpha\Gamma(\alpha)$．

当 α 为自然数时，有 $\Gamma(n+1) = n\Gamma(n) = n!$．

2）伽马分布

若随机变量 X 的密度函数为

$$p(x) = \begin{cases} \dfrac{\lambda^{\alpha}}{\Gamma(\alpha)} x^{\alpha-1}\mathrm{e}^{-\lambda x}, & x \geqslant 0, \\ 0, & x < 0. \end{cases}$$

则称 X 服从**伽马分布**, 记作 $X \sim \mathrm{Ga}(\alpha, \lambda)$, 其中 $\alpha > 0$ 为形状参数, $\lambda > 0$ 为尺度参数.

图 2.2.6 给出了几个 λ 固定, α 变化的伽马密度函数曲线.

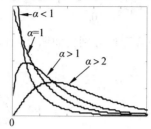

图 2.2.6　伽马密度函数曲线

图 2.2.6 实现程序 :

```
>>lambda=0.5;   %定义参数
>>a0=0.5;a1=1;a2=1.5;a3=2.5;   %定义参数
>>x=0:0.01:4;   %取定横轴范围
>>y0=gampdf(x, a0,lambda);   %计算对应于 x 的密度函数值
>>y1=gampdf(x, a1,lambda); y2=gampdf(x, a2,lambda);y3=gampdf(x, a3,lambda);
>>plot(x,y0,x,y1,x,y2,x,y3,'k','LineWidth',2)   %在同一坐标中画出多条曲线, 线宽为 2,
                                                最后一条曲线为黑色
```

2.2.5　贝塔分布

1) 贝塔函数

称函数 $B(a,b) = \int_0^1 x^{a-1}(1-x)^{b-1}\mathrm{d}x$ 为贝塔函数, 其中参数 $a > 0, b > 0$.

贝塔函数具有如下性质:

(1) $B(a,b) = B(b,a)$;

(2) 贝塔函数与伽马函数之间的关系为: $B(a,b) = \dfrac{\Gamma(a)\Gamma(b)}{\Gamma(a+b)}$.

2) 贝塔分布

若随机变量 X 的密度函数为

$$p(x) = \frac{1}{B(a,b)} x^{a-1}(1-x)^{b-1}, 0 < x < 1,$$

则称 X 服从**贝塔分布**, 记作 $X \sim \mathrm{Be}(a,b)$, 其中 $a > 0, b > 0$ 都是形状参数.

图 2.2.7 给出了两个不同情形下的贝塔分布密度图.

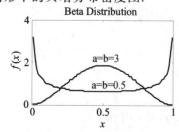

图 2.2.7　贝塔分布密度图

图 2.2.7 实现程序：

```
>>x=0.01:0.01:0.99;   %限定横轴范围
>>y1=betapdf(x,0.5,0.5);   %计算对应于 x 的密度值，参数为 a=b=0.5
>>y2=betapdf(x,3,3);   %计算对应于 x 的密度值，参数为 a=b=3
>>plot(x,y1,'r',x,y2,'g')   %在同一个坐标轴中画两条曲线
>>title('Beta Distribution')   %在图形上添加标题 Beta Distribution
>>xlabel('x')   %横轴标签记为 x
>>ylabel('f(x)')   %纵轴标签记为 f(x)
```

2.2.6 多维均匀分布

设 D 为 $\mathbf{R}^n$ 中的一个有界区域，其度量（平面上为面积，空间上为体积）为 S_D，如果多维随机变量 $(X_1, X_2, \cdots, X_n)$ 的联合密度函数为

$$p(x_1, x_2, \cdots, x_n) = \begin{cases} \dfrac{1}{S_D}, & (x_1, x_2, \cdots, x_n) \in D, \\ 0, & \text{其他,} \end{cases}$$

则称 $(X_1, X_2, \cdots, X_n)$ 服从 D 上的**多维均匀分布**，记为 $(X_1, X_2, \cdots, X_n) \sim U(D)$.

二维均匀分布所描述的随机现象就是向平面区域 D 中随机投点，如果该点坐标 (X,Y) 落在 D 的子区域 G 上的概率只与 G 的面积有关，而与 G 的位置无关，则

$$P((X,Y) \in G) = \iint\limits_{G} p(x,y)\mathrm{d}x\mathrm{d}y = \iint\limits_{G} \frac{1}{S_D} \mathrm{d}x\mathrm{d}y = \frac{G \text{ 的面积}}{D \text{ 的面积}}.$$

例 2.2.4 设 D 为平面上以原点为圆心，以 r 为半径的圆，(X,Y) 服从 D 上的二维均匀分布，其密度函数为

$$p(x,y) = \begin{cases} \dfrac{1}{\pi r^2}, & x^2 + y^2 \leqslant r^2, \\ 0, & x^2 + y^2 > r^2, \end{cases}$$

试求概率 $P\left(|X| \leqslant \dfrac{r}{2}\right)$.

解 积分区域如图 2.2.8 所示的阴影部分.

$$\begin{aligned} P\left(|X| \leqslant \frac{r}{2}\right) &= \int_{-r/2}^{r/2} \left[\int_{-\sqrt{r^2-x^2}}^{\sqrt{r^2-x^2}} \frac{1}{\pi r^2} \mathrm{d}y \right] \mathrm{d}x = \frac{1}{\pi r^2} \int_{-r/2}^{r/2} 2\sqrt{r^2 - x^2} \mathrm{d}x \\ &= \frac{1}{\pi r^2} \left[x\sqrt{r^2 - x^2} + r^2 \arcsin \frac{x}{r} \right] \Big|_{-r/2}^{r/2} \\ &= \frac{1}{\pi} \left[\frac{\sqrt{3}}{2} + \frac{\pi}{3} \right] \approx 0.609. \end{aligned}$$

注：$\displaystyle\int \sqrt{a^2 - x^2}\mathrm{d}x = \frac{x}{2}\sqrt{a^2 - x^2} + \frac{a^2}{2}\arcsin\frac{x}{a} + c$.

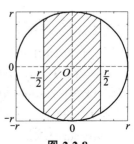

图 2.2.8

例 2.2.4 实现程序：

```
>>syms x y r pi
>>pxy=1/(pi*r^2);
```

>>P=int(int(pxy,y,-sqrt(r^2-x^2),sqrt(r^2-x^2)),x,-r/2,r/2)

P=3^(1/2)/(2*pi) + 1/3　　%结果为

图 2.2.8 实现程序:

>>sita=0:pi/20:2*pi;r=4;

>>plot(r*cos(sita),r*sin(sita));　　%中心点在原点,半径为 r 的圆

%plot(x0+r*cos(sita),y0+r*sin(sita));　　%中心点在 (x_0, y_0), 半径为 r 的圆

>>hold on

>>plot([-4,4],[0,0]);plot([0,0],[-4,4]);plot([2,2],[-sqrt(12),sqrt(12)])

>>plot([-2,-2],[-sqrt(12),sqrt(12)])

>>hold off

注: 图 2.2.8 中的阴影是作者后期经画图软件加上去的.

2.2.7　二元正态分布

如果二维随机变量 (X,Y) 的联合密度函数为

$$p(x,y) = \frac{1}{2\pi\sigma_1\sigma_2\sqrt{1-\rho^2}}\exp\left\{-\frac{1}{2(1-\rho^2)}\left[\frac{(x-\mu_1)^2}{\sigma_1^2} - 2\rho\frac{(x-\mu_1)(y-\mu_2)}{\sigma_1\sigma_2} + \frac{(y-\mu_2)^2}{\sigma_2^2}\right]\right\},$$

其中 $-\infty < x, y < +\infty$, 则称 (X,Y) 服从**二维正态分布**, 记为

$$(X,Y) \sim N(\mu_1,\mu_2,\sigma_1^2,\sigma_2^2,\rho),$$

其中五个参数的取值范围分别是: $-\infty < \mu_1, \mu_2 < +\infty$; $\sigma_1, \sigma_2 > 0$; $-1 \leqslant \rho \leqslant 1$.

其密度函数图如图 2.2.9 所示.

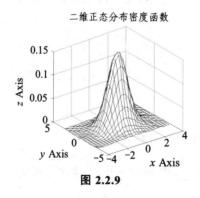

图 2.2.9

图 2.2.9 实现程序:

>>v=[1 0.1;0.1 1];

>>y=-3:0.3:3; x=-4:0.3:4;

>> [X,Y]=meshgrid(x,y);　　%三维曲面的分格线坐标

>>DX=v(1,1);　　%X 的方差

>>dx=sqrt(DX);

>>DY=v(2,2);　　%Y 的方差

>>dy=sqrt(DY);

```
>>COV=v(1,2);    %X, Y 的协方差
>>r=COV/(dx*dy);
>>part1=1/(2*pi*dx*dy*sqrt(1-r^2));
>>p1=-1/(2*(1-r^2));
>>px=(X-u(1)).^2./DX;
>>py=(Y-u(2)).^2./DY;
>>pxy=2*r.*(X-u(1)).*(Y-u(2))./(dx*dy);
>>Z=part1*exp(p1*(px-pxy+py));
>>mesh(X,Y,Z);
>>title('二维正态分布密度函数')
>>xlabel('x Axis'); ylabel('y Axis');zlabel('z Axis');
```

最后, 对于常见的分布, 其在 MATLAB 中的函数名称建议记住(表 2.2.1). 还有分布函数(cdf)
和密度函数 (pdf) 的计算有现成的命令, 在前两节的例子中我们已经用到了, 下面作一总结.

表 2.2.1 常见分布的函数名称

分布名称	函数名	分布名称	函数名
Beta 分布	beta	F 分布	f
指数分布	exp	非中心 F 分布	ncf
GAMMA 分布	gam	t 分布	t
对数正态分布	logn	非中心 t 分布	nct
正态分布	norm	二项分布	bino
瑞利分布	rayl	离散均匀分布	unid
均匀分布	unif	几何分布	geo
Weibull 分布	weib	超几何分布	hyge
卡方分布	chi2	负二项式分布	nbin
非中心卡方分布	ncx2	泊松分布	poiss

表 2.2.1 中的函数名和累积分布函数 (cdf) 一起构成了计算某个分布的累积分布函数的
命令, 具体见表 2.2.2.

表 2.2.2 专用函数命令计算 cdf($F(x)$在 X=x 处的函数值)

命令调用形式	注 释
unifcdf (x,a,b)	$[a,b]$上均匀分布 (连续) 累积分布函数值
unidcdf(x,n)	均匀分布 (离散) 累积分布函数值
expcdf(x,lambda)	参数为 lambda 的指数分布累积分布函数值
normcdf(x,mu,sigma)	参数为 mu, sigma 的正态分布累积分布函数值
chi2cdf(x,n)	自由度为 n 的卡方分布累积分布函数值
tcdf(x,n)	自由度为 n 的 t 分布累积分布函数值
fcdf(x,n_1,n_2)	自由度为 n_1, n_2 的 F 分布累积分布函数值
gamcdf(x,a,b)	参数为 a, b 的 γ 分布累积分布函数值
betacdf(x,a,b)	参数为 a, b 的 β 分布累积分布函数值

续表 2.2.2

命令调用形式	注　　　释
logncdf(x,mu,sigma)	参数为 mu, sigma 的对数正态分布累积分布函数值
nbincdf(x,R,P)	参数为 R, P 的负二项式分布概累积分布函数值
ncfcdf(x,n_1,n_2,delta)	参数为 n_1,n_2,delta 的非中心 F 分布累积分布函数值
nctcdf(x,n,delta)	参数为 n,delta 的非中心 t 分布累积分布函数值
ncx2cdf(x,n,delta)	参数为 n,delta 的非中心卡方分布累积分布函数值
raylcdf(x,b)	参数为 b 的瑞利分布累积分布函数值
weibcdf(x,a,b)	参数为 a, b 的威布尔分布累积分布函数值
binocdf(x,n,p)	参数为 n, p 的二项分布的累积分布函数值
geocdf(x,p)	参数为 p 的几何分布的累积分布函数值
hygecdf(x,M,K,N)	参数为 M,K,N 的超几何分布的累积分布函数值
poisscdf(x,lambda)	参数为 lambda 的泊松分布的累积分布函数值

表 2.2.1 中的函数名和密度函数（cdf）（离散时为分布列）一起构成了计算某个分布的密度函数的命令，具体见表 2.2.3.

表 2.2.3　专用函数命令计算 pdf($p(x)$在 $X=x$ 处的函数值）

命令调用形式	注　　　释
unifpdf (x,a,b)	$[a,b]$上均匀分布（连续）密度函数值
unidpdf(x,n)	均匀分布（离散）密度函数值
exppdf(x,lambda)	参数为 lambda 的指数分布密度函数值
normpdf(x,mu,sigma)	参数为 mu, sigma 的正态分布密度函数值
chi2pdf(x,n)	自由度为 n 的卡方分布密度函数值
tpdf(x,n)	自由度为 n 的 t 分布密度函数值
fpdf(x,n_1,n_2)	自由度为 n_1, n_2 的 F 分布密度函数值
gampdf(x,a,b)	参数为 a, b 的 γ 分布密度函数值
betapdf(x,a,b)	参数为 a, b 的 β 分布密度函数值
lognpdf(x,mu,sigma)	参数为 mu, sigma 的对数正态分布密度函数值
nbinpdf(x,R,P)	参数为 R, P 的负二项式分布概密度函数值
ncfpdf(x,n_1,n_2,delta)	参数为 n_1,n_2,delta 的非中心 F 分布密度函数值
nctpdf(x,n,delta)	参数为 n,delta 的非中心 t 分布密度函数值
ncx2pdf(x,n,delta)	参数为 n,delta 的非中心卡方分布密度函数值
raylpdf(x,b)	参数为 b 的瑞利分布密度函数值
weibpdf(x,a,b)	参数为 a, b 的威布尔分布密度函数值
binopdf(x,n,p)	参数为 n, p 的二项分布的密度函数值
geopdf(x,p)	参数为 p 的几何分布的密度函数值
hygepdf(x,M,K,N)	参数为 M,K,N 的超几何分布的密度函数值
poisspdf(x,lambda)	参数为 lambda 的泊松分布的密度函数值

请读者比较这些命令和函数名的关系，非常好记忆.

2.3 随机变量的数字特征

2.3.1 期望与方差

1）期望的定义与性质

定义 2.3.1 设 X 为一离散型随机变量, 其分布列为 $P\{X = x_k\} = p_k$（$k = 1, 2, \cdots$）. 若级数 $\sum_{k=1}^{\infty} x_k p_k$ 绝对收敛, 则此级数之和称为随机变量 X 的**数学期望**, 简称**期望**或**均值**. 记为 $E(X)$, 即

$$E(X) = \sum_{k=1}^{\infty} x_k p_k.$$

定义 2.3.2 设 X 为一连续型随机变量, 其概率密度为 $p(x)$. 若广义积分 $\int_{-\infty}^{+\infty} xp(x)\mathrm{d}x$ 绝对收敛, 则称广义积分 $\int_{-\infty}^{+\infty} xp(x)\mathrm{d}x$ 的值为连续型随机变量 X 的**数学期望**或**均值**, 记为 $E(X)$, 即

$$E(X) = \int_{-\infty}^{+\infty} xp(x)\mathrm{d}x.$$

设 C 为常数, 随机变量 X, Y 的数学期望都存在. 关于数学期望有如下性质成立:

性质 1 $E(C) = C$;

性质 2 $E(CX) = CE(X)$;

性质 3 $E(X + Y) = E(X) + E(Y)$;

性质 4 如果随机变量 X 和 Y 相互独立, 则 $E(XY) = E(X)E(Y)$.

例 2.3.1 设离散型随机变量 X 的分布列为

X	−1	0	1
P	0.2	0.5	0.3

求随机变量 X 的数学期望.

解 由定义知,

$$E(X) = -1 \times 0.2 + 0 \times 0.5 + 1 \times 0.3 = 0.1.$$

例 2.3.1 实现程序：

```
>>XP=[-1 0 1;0.2 0.5 0.3];
>>EX=sum(XP(1,:).*XP(2,:))    %注意点乘与一般乘法的不同
EX=0.1000    %运行结果
```

2）随机变量函数的数学期望

定理 2.3.1 设随机变量 Y 是随机变量 X 的函数, $Y = g(X)$（其中 g 为一元连续函数）, 有

(1) X 是离散型随机变量, 概率分布列为 $P\{X = x_k\} = p_k$, $k = 1, 2, \cdots$, 则当无穷级数 $\sum_{k=1}^{\infty} g(x_k) p_k$ 绝对收敛时, 随机变量 Y 的数学期望为

$$E(Y) = E[g(X)] = \sum_{k=1}^{\infty} g(x_k) p_k;$$

(2) X 是连续型随机变量, 其概率密度为 $p(x)$, 则当广义积分 $\int_{-\infty}^{+\infty} g(x)p(x)\mathrm{d}x$ 绝对收敛时, 随机变量 Y 的数学期望为

$$E(Y) = E[g(X)] = \int_{-\infty}^{+\infty} g(x)p(x)\mathrm{d}x .$$

例 2.3.2　设离散型随机变量 X 的分布列列为

X	-1	0	1	2
P	0.1	0.3	0.4	0.2

求随机变量 $Y = 3X^2 - 2$ 的数学期望.

解　依题意, 可得

$$E(Y) = [3 \times (-1)^2 - 2] \times 0.1 + (3 \times 0^2 - 2) \times 0.3 + (3 \times 1^2 - 2) \times 0.4 + (3 \times 2^2 - 2) \times 0.2 = 1.9.$$

例 2.3.2 实现程序:

```
>> XP=[-1 0 1 2;0.1 0.3 0.4 0.2];
>>EY=sum((3*XP(1,:).^2-2).*XP(2,:))
EY=1.9000   %运行结果
```

例 2.3.3　随机变量 $X \sim N(0,1)$, 求 $Y = X^2$ 的数学期望.

解　依题意, 可得

$$E(Y) = E(X^2) = \int_{-\infty}^{+\infty} x^2 p(x)\mathrm{d}x = \int_{-\infty}^{+\infty} x^2 \frac{1}{\sqrt{2\pi}} \mathrm{e}^{-\frac{x^2}{2}} \mathrm{d}x = \frac{1}{\sqrt{2\pi}} \int_{-\infty}^{+\infty} x\mathrm{d}\mathrm{e}^{-\frac{x^2}{2}}$$

$$= \frac{1}{\sqrt{2\pi}} \left(x\mathrm{e}^{-\frac{x^2}{2}} \Big|_{-\infty}^{+\infty} - \int_{-\infty}^{+\infty} \mathrm{e}^{-\frac{x^2}{2}} \mathrm{d}x \right) = \frac{1}{\sqrt{2\pi}} \int_{-\infty}^{+\infty} \mathrm{e}^{-\frac{x^2}{2}} \mathrm{d}x = 1.$$

例 2.3.3 实现程序:

```
>> syms pi x
>>px=1/sqrt(2*pi)*exp(-x^2/2);
>>f=x^2*px;
>>EY=int(f,x,-inf,+inf)
EY=1   %运行结果
```

上述定理可以推广到两个或两个以上随机变量的函数上去, 我们有下面的定理.

定理 2.3.2　设随机变量 Z 是随机变量 (X,Y) 的函数, $Z = g(X,Y)$, 其中 g 为二元连续函数, 则

(1) 如果 (X,Y) 为二维离散型随机变量, 其分布列为 $P\{X = x_i, Y = y_j\} = p_{ij}$, $i, j = 1, 2, \cdots$, 且 $\sum\limits_{j=1}^{\infty}\sum\limits_{i=1}^{\infty} g(x_i, y_j)p_{ij}$ 绝对收敛, 则随机变量 $Z = g(X,Y)$ 的数学期望为

$$E(Z) = E[g(X,Y)] = \sum_{j=1}^{\infty}\sum_{i=1}^{\infty} g(x_i, y_j)p_{ij} ;$$

(2) 如果 (X,Y) 为二维连续型随机变量时, 概率密度为 $p(x,y)$, 且 $\int_{-\infty}^{+\infty}\int_{-\infty}^{+\infty} g(x,y)p(x,y)\mathrm{d}x\mathrm{d}y$ 绝对收敛, 则随机变量 $Z = g(X,Y)$ 的数学期望为

$$E(Z) = E[g(X,Y)] = \int_{-\infty}^{+\infty} \int_{-\infty}^{+\infty} g(x,y)p(x,y)\mathrm{d}x\mathrm{d}y.$$

例 2.3.4 设二维离散型随机变量 (X,Y) 的分布列为

X＼Y	0	1
0	0.1	0.3
1	0.4	0.2

求 $E(XY)$ 和 $E(Z)$，其中 $Z = \max(X,Y)$.

解 依题意，可得

$$E(XY) = 0 \times 0 \times 0.1 + 0 \times 1 \times 0.3 + 1 \times 0 \times 0.4 + 1 \times 1 \times 0.2 = 0.2;$$
$$E(Z) = 0 \times 0.1 + 1 \times 0.9 = 0.9.$$

例 2.3.4 实现程序：

```
>> X=[0 1];Y=[0 1];P=[0.1 0.3;0.4 0.2];
>>XY=zeros(2,2);
>>for i=1:2
    for j=i:2
        XY(i,j)=X(i)*Y(j)*P(i,j);
    end
>>end
>>XY;
>>EXY=sum(sum(XY))
EXY=0.2000    %运行结果
```

例 2.3.5 设二维连续型随机变量 (X,Y) 的概率密度为

$$p(x,y) = \begin{cases} 12y^2, & 0 \leqslant y \leqslant x \leqslant 1, \\ 0, & 其他, \end{cases}$$

求：(1) $E(XY)$；(2) $E(X^2)$.

解 (1) 由定理 2.3.2 得

$$E(XY) = \int_{-\infty}^{+\infty} \int_{-\infty}^{+\infty} xyp(x,y)\mathrm{d}x\mathrm{d}y = \int_0^1 x\mathrm{d}x \int_0^x y(12y^2)\mathrm{d}y = \frac{1}{2}.$$

(2) 将 X^2 看成是函数 $Z = g(X,Y)$ 的特殊情况，从而有

$$E(X^2) = \int_{-\infty}^{+\infty} \int_{-\infty}^{+\infty} x^2 p(x,y)\mathrm{d}x\mathrm{d}y = \int_0^1 x^2\mathrm{d}x \int_0^x 12y^2\mathrm{d}y = \frac{2}{3}.$$

例 2.3.5 实现程序：

```
>> syms x y
>>EXY=int(int(x*y*12*y^2,y,0,x),x,0,1)
>>EX2=int(int(x^2*12*y^2,y,0,x),x,0,1)
```

结果为

EXY=1/2

EX2=2/3

例 2.3.6 设随机变量 X 和 Y 相互独立，且各自的概率密度为

$$p_X(x) = \begin{cases} 3e^{-3x}, & x > 0, \\ 0, & \text{其他,} \end{cases} \qquad p_Y(y) = \begin{cases} 4e^{-4y}, & y > 0, \\ 0, & \text{其他,} \end{cases}$$

求 $E(XY)$.

解　由期望的性质 4 得

$$E(XY) = E(X)E(Y) = \int_0^{+\infty} 3xe^{-3x}\mathrm{d}x \cdot \int_0^{+\infty} 4ye^{-4y}\mathrm{d}y = \frac{1}{3} \times \frac{1}{4} = \frac{1}{12}.$$

例 2.3.6 实现程序：

```
>> syms x y
>>EXY=int(x*3*exp(-3*x),x,0,+inf)*int(y*4*exp(-4*y),y,0,+inf)
EXY=1/12    %运行结果
```

3）方差的定义与性质

定义 2.3.3　设 X 为一随机变量，如果随机变量 $[X - E(X)]^2$ 的数学期望存在，则称之为 X 的**方差**，记为 $D(X)$ 或 $\mathrm{Var}(X)$，即

$$D(X) = E\{[X - E(X)]^2\}.$$

称 $\sqrt{D(X)}$ 为随机变量 X 的**标准差**或**均方差**，记作 $\sigma(X)$.

如果 X 是离散型随机变量，其概率分布列为 $P\{X = x_k\} = p_k$，$k = 1, 2, \cdots$，则有

$$D(X) = E\{[X - E(X)]^2\} = \sum_{k=1}^{\infty} [x_k - E(X)]^2 p_k.$$

如果 X 为连续型随机变量，其概率密度为 $p(x)$，则有

$$D(X) = E\{[X - E(X)]^2\} = \int_{-\infty}^{+\infty} [x - E(X)]^2 p(x)\mathrm{d}x.$$

设 C 为常数，随机变量 X, Y 的方差都存在．关于方差有如下性质：

性质 1　$D(C) = 0$；

性质 2　$D(CX) = C^2 D(X)$；

性质 3　$D(X + C) = D(X)$；

性质 4　$D(X) = E(X^2) - [E(X)]^2$；

性质 5　如果随机变量 X, Y 相互独立，则 $D(X + Y) = D(X) + D(Y)$.

性质 6　随机变量 X 的方差 $D(X) = 0$ 的充分必要条件是：X 以概率 1 取值常数 C，即 $P\{X = C\} = 1$.

例 2.3.7　设离散型随机变量 X 的分布列为

X	−1	0	1	2
P	0.1	0.3	0.4	0.2

求 $D(X)$.

解 易得 $E(X) = 0.7$，则

$$D(X) = E(X^2) - [E(X)]^2 = 1.3 - 0.7^2 = 0.81.$$

例 2.3.7 实现程序：

```
>> X=[-1 0 1 2];P=[0.1 0.3 0.4 0.2];
>> EX=sum(X.*P);
>> EX2=sum(X.^2.*P);
>> DX=EX2-EX^2
DX=0.8100   %运行结果
```

4）常见分布期望方差的计算

前述的几个例子均是非常见分布的期望和方差的计算，在用 MATLAB 计算时需要自己动手编写个小程序；而对于常见分布，其期望和方差的计算有专门的命令，见表 2.3.1，其中命令返回值 M 就是期望，V 就是方差.

表 2.3.1 常见分布均值和期望的计算命令

命令调用形式	注　释
[M,V]=unifstat(a,b)	$[a,b]$上均匀分布（连续）的期望和方差
[M,V]=unidstat(n)	均匀分布（离散）的期望和方差
[M,V]=expstat(Lambda)	参数为 Lambda 的指数分布的期望和方差
[M,V]=normstat(mu,sigma)	参数为 mu,sigma 的正态分布的期望和方差
[M,V]=chi2stat(n)	自由度为 n 的卡方分布的期望和方差
[M,V]=tstat(n)	自由度为 n 的 t 分布的期望和方差
[M,V]=fstat(n₁,n₂)	自由度为 n_1,n_2 的 F 分布的期望和方差
[M,V]=gamstat(a,b)	参数为 a,b 的 γ 分布的期望和方差
[M,V]=betastat(a,b)	参数为 a,b 的 β 分布的期望和方差
[M,V]=lognstat(mu,sigma)	参数为 mu,sigma 的对数正态分布的期望和方差
[M,V]=nbinstat(R,P)	参数为 R,P 的负二项式分布的期望和方差
[M,V]=ncfstat(n₁,n₂,delta)	参数为 n_1,n_2,delta 的非中心 F 分布的期望和方差
[M,V]=nctstat(n,delta)	参数为 n,delta 的非中心 t 分布的期望和方差
[M,V]=ncx2stat(n,delta)	参数为 n,delta 的非中心卡方分布的期望和方差
[M,V]=raylstat(b)	参数为 b 的瑞利分布的期望和方差
[M,V]=weibstat(a,b)	参数为 a,b 的威布尔分布的期望和方差
[M,V]=binostat(n,p)	参数为 n,p 的二项分布的期望和方差
[M,V]=geostat(p)	参数为 p 的几何分布的期望和方差
[M,V]=hygestat(M,K,N)	参数为 M,K,N 的超几何分布的期望和方差
[M,V]=poisstat(Lambda)	参数为 Lambda 的泊松分布的期望和方差

下面看怎样利用这些命令去求解常见分布的期望和方差.

例 2.3.8　设随机变量 $X \sim B(n, p)$，其中 $n = 45, p = 0.35$，求 $E(X), D(X)$．

解　因为 $E(X) = np, D(X) = np(1 - p)$，所以
$$E(X) = 15.75, \ D(X) = 10.2375 .$$

例 2.3.8 实现程序：

```
>> [M,V]=binostat(45,0.35)
```

结果为

M=15.7500　　　　V=10.2375

例 2.3.9　设随机变量 X 服从区间 $(1,3)$ 上的均匀分布，求 $E(X), D(X)$．

解　因为 $E(X) = \dfrac{a + b}{2}, D(X) = \dfrac{(b - a)^2}{12}$，所以
$$E(X) = 2, \quad D(X) = \frac{1}{3} .$$

例 2.3.9 实现程序：

```
>> [M,V]=unifstat(1,3)
```

结果为

M=2　　　　　　V=0.3333

2.3.2　协方差与相关系数

1）协方差与相关系数的定义与性质

定义 2.3.4　设随机变量 X 与 Y 的数学期望 $E(X)$ 和 $E(Y)$ 都存在，如果随机变量 $[X - E(X)][Y - E(Y)]$ 的数学期望存在，则称之为随机变量 X 和 Y 的协方差，记作 $\text{Cov}(X,Y)$，即
$$\text{Cov}(X,Y) = E\{[X - E(X)][Y - E(Y)]\} .$$

容易验证，协方差有如下性质：

性质 1　$\text{Cov}(X,Y) = E(XY) - E(X)E(Y)$；

性质 2　$\text{Cov}(X,Y) = \text{Cov}(Y,X)$；

性质 3　$\text{Cov}(X,X) = D(X)$；

性质 4　$\text{Cov}(aX,bY) = ab\text{Cov}(X,Y)$，其中 a,b 为常数；

性质 5　$\text{Cov}(X + Y,Z) = \text{Cov}(X,Z) + \text{Cov}(Y,Z)$．

引入协方差的目的在于度量随机变量之间关系的强弱，但由于协方差有量纲，其数值受 X 和 Y 本身量纲的影响．为了克服这一缺点，人们引入一个能更好地度量随机变量之间关系强弱的数字特征：相关系数．

定义 2.3.5　设随机变量 X 和 Y 的方差都存在且不为零，X 和 Y 的协方差 $\text{Cov}(X,Y)$ 也存在，则称 $\dfrac{\text{Cov}(X,Y)}{\sqrt{DX}\sqrt{DY}}$ 为随机变量 X 和 Y 的相关系数，记作 ρ_{XY} 或 $\text{Corr}(X,Y)$，即
$$\rho_{XY} = \frac{\text{Cov}(X,Y)}{\sqrt{DX}\sqrt{DY}} .$$

如果 $\rho_{XY} = 0$，则称 X 和 Y 不相关；如果 $\rho_{XY} > 0$，则称 X 和 Y 正相关，特别地，如果 $\rho_{XY} = 1$，则称 X 和 Y 完全正相关；如果 $\rho_{XY} < 0$，则称 X 和 Y 负相关，特别地，如果 $\rho_{XY} = -1$，则称 X 和 Y 完全负相关．

容易验证, X 和 Y 的相关系数 ρ_{XY} 有如下性质:

性质 1　$|\rho_{XY}| \leqslant 1$;

性质 2　$|\rho_{XY}| = 1$ 的充分必要条件是: 存在常数 a, b 使得 $P\{Y = aX + b\} = 1$.

相关系数定量地刻画了 X 和 Y 的相关程度: $|\rho_{XY}|$ 越大, X 和 Y 的相关程度越大, $\rho_{XY} = 0$ 时相关程度最低. 需要说明的是: X 和 Y 相关的含义是指 X 和 Y 存在某种程度的线性关系. 因此, 若 X 和 Y 不相关, 只能说明 X 与 Y 之间不存在线性关系, 但并不排除 X 和 Y 之间存在其他关系.

对于随机变量 X 与 Y, 容易验证下列事实是等价的:

(1)　$\mathrm{Cov}(X, Y) = 0$;

(2)　X 和 Y 不相关;

(3)　$E(XY) = E(X)E(Y)$;

(4)　$D(X + Y) = D(X) + D(Y)$.

例 2.3.10　设 T 是 $[-\pi, \pi]$ 上均匀分布的随机变量, 又 $X = \sin T$, $Y = \cos T$, 求 X 与 Y 之间的相关系数.

解　由于

$$E(X) = \frac{1}{2\pi} \int_{-\pi}^{\pi} \sin x \mathrm{d}x = 0, \quad E(Y) = \frac{1}{2\pi} \int_{-\pi}^{\pi} \cos x \mathrm{d}x = 0,$$

$$E(X^2) = \frac{1}{2\pi} \int_{-\pi}^{\pi} \sin^2 x \mathrm{d}x = \frac{1}{2}, \quad E(Y^2) = \frac{1}{2\pi} \int_{-\pi}^{\pi} \cos^2 x \mathrm{d}x = \frac{1}{2},$$

$$E(XY) = \frac{1}{2\pi} \int_{-\pi}^{\pi} \sin x \cos x \mathrm{d}x = 0,$$

因此
$$\mathrm{Cov}(X, Y) = E(XY) - E(X)E(Y) = 0.$$

于是
$$\rho_{XY} = \frac{\mathrm{Cov}(X, Y)}{\sqrt{DX}\sqrt{DY}} = 0.$$

上例中 X 与 Y 是不相关的, 但显然有 $X^2 + Y^2 = 1$. 也就是说, X 与 Y 虽然没有线性关系, 但有另外一种函数关系, 从而 X 与 Y 是不独立的. 综上所述, 当 $\rho_{XY} = 0$ 时, X 与 Y 可能独立, 也可能不独立.

例 2.3.10 实现程序:

```
>> syms pi x
>>EX=1/(2*pi)*int(sin(x),x,-pi,pi);EY=1/(2*pi)*int(cos(x),x,-pi,pi);
>>EX2=1/(2*pi)*int((sin(x))^2,x,-pi,pi);EY2=1/(2*pi)*int((cos(x))^2,x,-pi,pi);
>>EXY=1/(2*pi)*int(sin(x)*cos(x),x,-pi,pi);
>>Cov=EXY-EX*EY
Cov=0   %运行结果
```

为了更好地描述随机变量的特征, 除了前面介绍过的数学期望、方差、协方差和相关系数等概念之外, 在本节最后, 我们还要介绍其他几个特征数.

2）其他几个特征数

(1) 原点矩与中心矩.

① 设 X 为随机变量, 如果 X^k 的数学期望存在, 则称之为随机变量 X 的 **k 阶原点矩**, 记作 μ_k, 即 $\mu_k = E(X^k)$, $k = 1, 2, \cdots$.

② 设 X 为随机变量, 如果随机变量 $[X - E(X)]^k$ 的数学期望存在, 则称之为随机变量 X 的 **k 阶中心矩**, 记为 ν_k, 即 $\nu_k = E\{[X - E(X)]^k\}$, $k = 1, 2, \cdots$.

显然, 随机变量 X 的数学期望 $E(X)$ 为一阶原点矩, 方差 $D(X)$ 为二阶中心矩.

(2) 偏度与峰度.

① **偏度系数**定义为 $\beta_1 = E\left[\left(\dfrac{X - E(X)}{\sqrt{D(X)}}\right)^3\right] = \dfrac{E\left[(X - E(X))^3\right]}{(D(X))^{3/2}}$.

偏度反映分布的对称性, $\beta_1 > 0$ 称为**右偏态**, 此时数据位于均值右边的比位于左边的多; $\beta_1 < 0$ 称为**左偏态**; 而 $\beta_1 = 0$ 则认为分布是**对称的**. 示意图分别如图 2.3.1 的(a), (b), (c) 所示.

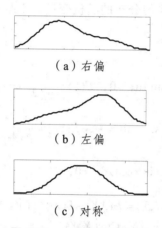

（a）右偏

（b）左偏

（c）对称

图 2.3.1　三种偏度示意图

图 2.3.1 实现程序:

```
>>x1=[6 7 8 9 10 11 12];x2=[7 8 9 10 11 14 17];x3=[1 4 7 8 9 10 11];
>>subplot(3,1,1);ksdensity(x1)    % ksdensity 是密度函数估计函数
>>subplot(3,1,2);ksdensity(x2)
>>subplot(3,1,3);ksdensity(x3)
```

从图 2.3.1 所用的数据中就更能直观感受左偏与右偏及对称的含义.

② **峰度系数**定义为 $\beta_2 = E\left[\left(\dfrac{X - E(X)}{\sqrt{D(X)}}\right)^4\right] = \dfrac{E\left[(X - E(X))^4\right]}{(D(X))^2}$.

峰度是分布形状的另一种度量. 正态分布的峰度为 3, 若 β_2 比 3 大得多, 表示分布有沉重的尾巴, 说明样本中含有较多远离均值的数据. 因而峰度可以用作衡量偏离正态分布的尺度之一.

(3) 变异系数.

变异系数的公式为 $\mathrm{CV}(X) = \dfrac{\sqrt{DX}}{EX}$.

变异系数以期望为单位来衡量随机变量 X 的波动程度, 并且没有量纲, 因此常用在比较多个随机变量的波动大小情形下.

(4) α 分位数.

对于 $0<\alpha<1$ 和随机变量 X，α 分位数有三类：

① 下侧 α 分位数 $x_\alpha^{\top}$ 满足：$P(X \leqslant x_\alpha^{\top}) = \alpha$，即满足左尾概率为 α 的点；

② 上侧 α 分位数 $x_\alpha^{\perp}$ 满足：$P(X > x_\alpha^{\perp}) = \alpha$，即满足右尾概率为 α 的点；

③（等尾）双侧 α 分位数 C_1 和 C_2 满足：$P(X \leqslant C_1) = P(X > C_2) = \dfrac{\alpha}{2}$，即同时使得左尾概率

和右尾概率均为 $\dfrac{\alpha}{2}$ 的两个点.

本书中所说分位数指下侧分位数，简称分位数，记为 x_α. 示意图如图 2.3.2 所示.

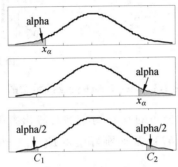

图 2.3.2　三种分位数示意图

图 2.3.2 实现程序：

```
>>x=normrnd(0,1,300,1);   %产生 300 个标准正态分布数据
>>alpha1=norminv(0.05,0,1);   %下侧 0.05 分位数点
>>alpha2=norminv(0.95,0,1);   %上侧 0.05 分位数点
>>alpha3=norminv(0.025,0,1);   %双侧的下侧 0.025 分位数点
>>alpha4=norminv(1-0.025,0,1);   %双侧的上侧 0.025 分位数点
>>subplot(3,1,1);capaplot(x,[-inf,alpha1]);axis([-3,3,0,0.5])
>>text(alpha1,-0.08, 'x_{\alpha}', 'fontsize', 12)   %在点(alpha1,-0.08)处标识
>>subplot(3,1,2);capaplot(x,[alpha2, inf]);axis([-3,3,0,0.5])
>>text(alpha2,-0.08, 'x_{\alpha}', 'fontsize', 12)   %在点(alpha2,-0.08)处标识
>>subplot(3,1,3);capaplot(x,[-inf,alpha3]);axis([-3,3,0,0.5])
>>text(alpha3,-0.08, 'C1', 'fontsize', 12)   %在点(alpha3,-0.08)处标识
>>hold on
>>capaplot(x, [alpha4, inf]);axis([-3,3,0,0.5])
>>text(alpha4,-0.08, 'C2', 'fontsize', 12)   %在点(alpha4,-0.08)处标识
>>hold off
```

由分布函数的定义知 $F(x_\alpha) = P(X \leqslant x_\alpha) = \alpha$，则 $x_\alpha = F^{-1}(\alpha)$. 当然，逆函数存在是前提. 又由于连续型分布的分布函数是单调增的，所以给定任何一个 $\alpha \in (0,1)$，均能找到对应的 x_α 使 $F(x_\alpha) = P(X \leqslant x_\alpha) = \alpha$；但离散型分布的分布函数是非严格增的，因此，在离散型分布中，

对于给定的 $\alpha \in (0,1)$，恰好使得 $F(x_\alpha) = P(X \leq x_\alpha) = \alpha$ 的 x_α 一般不能刚好对应，一般是找到 x_α 使之满足 $F(x_\alpha) = P(X \leq x_\alpha) \geq \alpha$．下例说明了这个问题．

例 2.3.11　请用 MATLAB 计算下面分布的 0.05 分位数，并画出示意图．

(1) 自由度为 5 的卡方分布的分位数 $\chi^2_{0.05}(5)$；

(2) 二项分布 $B(10, 0.6)$ 的分位数 $B_{0.05}$．

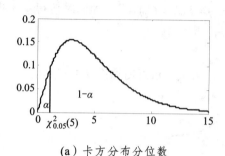　　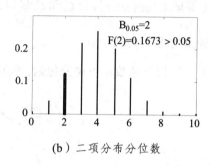

（a）卡方分布分位数　　　　　　　　（b）二项分布分位数

图 2.3.3　例 2.3.11 分位数示意图

从图 2.3.3(b)可以看出，二项分布的 0.05 分位数计算出来是 2，但是从 2 开始的左尾概率并不恰好等于 0.05，而是等于 0.1673，显然刚好使得 $F(x_{0.05}) = 0.05$ 的 $x_{0.05}$ 并不存在．卡方分布则不存在这个问题．

图 2.3.3(a）实现程序：

```
>>xa=chi2inv(0.05,5);   %计算卡方分布的 0.05 分位数
>>ya=chi2pdf(xa,5);   %计算相应 xa 的密度函数值.
>>x=0:0.05:15;   %限定绘图区域.
>>y=chi2pdf(x,5);   %计算相应 x 的密度函数值.
>>plot(x,y, [xa,xa],[0,ya])   %绘制密度函数图.
>>text(xa,-0.01, '{\chi}_{0.05}^2(5) ', 'fontsize', 12)
```

图 2.3.3(b）实现程序：

```
>>xa1=binoinv(0.05,10,0.4)   %计算二项分布的 0.05 分位数
>>ya1=binopdf(xa1,10,0.4);   %计算相应 xa 的密度函数值.
>>x1=0:11;   %限定绘图区域.
>>y1=binopdf(x1,10,0.4);   %计算相应 x 的密度函数值.
>>stem(x1,y1)   %绘制密度函数图
>>hold on
>>plot([xa1,xa1],[0,ya1])
>>hold off
>>text(xa1,0.02, 'B_{0.05}(10,0.4) ', 'fontsize', 12)
>>F=binocdf(xa1,10,0.4)
```

MATLAB 计算常见分布的分位数命令见表 2.3.2，其中的返回值 x 就是我们要求的 α 分位点．

表 2.3.2 常见分布逆累积分布函数的计算命令

命令调用形式	注 释
x=unifinv(alpha,a,b)	$[a,b]$上均匀分布（连续）的逆累积分布函数
x=unidinv(alpha,n)	均匀分布（离散）的逆累积分布函数
x=expinv(alpha,Lambda)	参数为 Lambda 的指数分布的逆累积分布函数
x=norminv(alpha,mu,sigma)	参数为 mu,sigma 的正态分布的逆累积分布函数
x=chi2inv(alpha,n)	自由度为 n 的卡方分布的逆累积分布函数
x=tinv(alpha,n)	自由度为 n 的 t 分布的逆累积分布函数
x=finv(alpha,n_1,n_2)	自由度为 n_1,n_2 的 F 分布的逆累积分布函数
x=gaminv(alpha,a,b)	参数为 a,b 的 γ 分布的逆累积分布函数
x=betainv(alpha,a,b)	参数为 a,b 的 β 分布的逆累积分布函数
x=logninv(alpha,mu,sigma)	参数为 mu,sigma 的对数正态分布的逆累积分布函数
x=nbininv(alpha,R,P)	参数为 R,P 的负二项式分布的逆累积分布函数
x=ncfinv(alpha,n_1,n_2,delta)	参数为 n_1,n_2,delta 的非中心 F 分布的逆累积分布函数
x=nctinv(alpha,n,delta)	参数为 n,delta 的非中心 t 分布的逆累积分布函数
x=ncx2inv(alpha,n,delta)	参数为 n,delta 的非中心卡方分布的逆累积分布函数
x=raylinv(alpha,b)	参数为 b 的瑞利分布的逆累积分布函数
x=weibinv(alpha,a,b)	参数为 a,b 的威布尔分布的逆累积分布函数
x=binoinv(alpha,n,p)	参数为 n,p 的二项分布的逆累积分布函数
x=geoinv(alpha,p)	参数为 p 的几何分布的逆累积分布函数
x=hygeinv(alpha,M,K,N)	参数为 M,K,N 的超几何分布的逆累积分布函数
x=poissinv(alpha,Lambda)	参数为 Lambda 的泊松分布的逆累积分布函数

2.3.3 大数定律

首先我们介绍证明大数定律的重要工具——切比雪夫（Chebyshev）不等式.

1）切比雪夫不等式

定理 2.3.3 设随机变量 X 的数学期望 $E(X)$ 和方差 $D(X)$ 都存在，则对任意给定的正数 ε，有

$$P\{|X-E(X)|\geqslant\varepsilon\}\leqslant\frac{D(X)}{\varepsilon^2},$$

成立，称之为切比雪夫不等式. 它的等价形式为

$$P\{|X-E(X)|<\varepsilon\}\geqslant1-\frac{D(X)}{\varepsilon^2}.$$

例 2.3.12 假设某电站供电网有10000盏电灯，夜晚每一盏灯开灯的概率都是0.7，并且每一盏灯开关时间彼此独立，试用切比雪夫不等式估计夜晚同时开灯的盏数在 6800～7200 的概率.

解 令 X 表示夜晚同时开灯的盏数，则 $X\sim B(n,p)$，$n=10000$，$p=0.7$，所以

$$E(X)=np=7000，\quad D(X)=np(1-p)=2100.$$

由切比雪夫不等式，有

$$P\{6800 < X < 7200\} = P\{|X - 7000| < 200\} \geqslant 1 - \frac{2100}{200^2} = 0.9475.$$

此例中，如果用二项分布直接计算，这个概率近似为 0.99999. 可见切比雪夫不等式的估计精确度不高. 切比雪夫不等式的意义在于它的理论价值，它是证明大数定律的重要工具.

例 2.3.12 实现程序:

```
>> n=10000;p=0.7;
>> [EX DX]=binostat(n,p)
>>P='P(6800<X<7200)=P(|X-EX|<200)'    %将引号中的对象作为符号，不进行运算
>>Pup=1-DX/200^2
```

运行结果为

EX=7000

DX=2.1000e+003

P=P(6800<X<7200)=P(|X-EX|<200)

Pup=0.9475

2）大数定律

首先给出一个收敛定义.

定义 2.3.6 设 $\{X_n\}_{n=1}^{\infty}$ 是一个随机变量序列，X 是一个随机变量，如果对于任意给定的正数 ε，恒有

$$\lim_{x \to \infty} P\{|X_n - X| > \varepsilon\} = 0,$$

则称随机变量序列 $\{X_n\}_{n=1}^{\infty}$ 依概率收敛于 X，记作 $X_n \xrightarrow{P} X$.

定理 2.3.4（伯努利大数定律） 设 n_A 是 n 重伯努利试验中事件 A 发生的次数，$p(0 < p < 1)$ 是事件 A 在一次试验中发生的概率，则对任意给定的正数 ε，有

$$\lim_{x \to \infty} P\left\{\left|\frac{n_A}{n} - p\right| < \varepsilon\right\} = 1.$$

由伯努利大数定律可以看出，当试验次数 n 充分大时，事件 A 发生的频率 $\frac{n_A}{n}$ 与其概率 p 能任意接近的可能性很大（概率趋近于 1），这为实际应用中用频率近似代替概率提供了理论依据.

定理 2.3.5（切比雪夫大数定律） 设 $\{X_n\}_{n=1}^{\infty}$ 是相互独立的随机变量序列，其数学期望与方差都存在，且方差一致有界，即存在正数 M，对任意 k（$k = 1, 2, \cdots$），有 $D(X_k) \leqslant M$，则对任意给定的正数 ε，恒有

$$\lim_{x \to \infty} P\left\{\left|\frac{1}{n}\sum_{i=1}^{n} X_i - \frac{1}{n}\sum_{i=1}^{n} E(X_i)\right| < \varepsilon\right\} = 1.$$

推论 设随机变量 $\{X_n\}_{n=1}^{\infty}$ 相互独立且服从相同的分布，期望 $E(X_k) = \mu$（$k = 1, 2, \cdots$）和方差 $D(X_k) = \sigma^2$（$k = 1, 2, \cdots$），则对任意给定的正数 ε，有

$$\lim_{x\to\infty} P\left\{\left|\frac{1}{n}\sum_{i=1}^{n} X_i - \mu\right| < \varepsilon\right\} = 1.$$

以上两个大数定律都要求随机变量的方差存在，但是进一步的研究表明，方差存在这个条件并不是必要的. 下面介绍的辛钦大数定律就表明了这一点.

定理 2.3.6 （辛钦（Khintchine）大数定律） 设随机变量序列 $\{X_n\}_{n=1}^{\infty}$ 相互独立且服从相同的分布，具有数学期望 $E(X_k) = \mu$, $k = 1, 2, \cdots$，则对任意给定的正数 ε，有

$$\lim_{x\to\infty} P\left\{\left|\frac{1}{n}\sum_{i=1}^{n} X_i - \mu\right| < \varepsilon\right\} = 1.$$

使用依概率收敛概念，伯努利大数定律表明：n 重伯努利试验中事件 A 发生的频率依概率收敛于事件 A 发生的概率，它以严格的数学形式阐述了频率具有稳定性的这一客观规律. 辛钦大数定律表明：n 个独立同分布的随机变量的算术平均值依概率收敛于随机变量的数学期望，这为实际问题中算术平均值的应用提供了理论依据.

2.3.4 中心极限定理

首先，看独立同分布下的中心极限定理.

定理 2.3.7 列维–林德伯格（Levy-Lindberg）定理

设随机变量 $\{X_n\}_{n=1}^{\infty}$ 相互独立且服从相同的分布，具有数学期望 $E(X_k) = \mu$ $(k = 1, 2, \cdots)$ 和方差 $D(X_k) = \sigma^2 > 0$ $(k = 1, 2, \cdots)$，则对任意实数 x，有

$$\lim_{x\to\infty} P\left\{\frac{\sum\limits_{i=1}^{n} X_i - n\mu}{\sqrt{n}\sigma} \leqslant x\right\} = \frac{1}{\sqrt{2\pi}} \int_{-\infty}^{x} e^{-\frac{t^2}{2}} dt = \Phi(x).$$

独立同分布的中心极限定理表明：只要 n 足够大，n 个独立同分布的随机变量之和就有

$$\sum_{k=1}^{n} X_k \overset{\text{近似}}{\sim} N(n\mu, n\sigma^2) \quad \text{或} \quad Y_n = \frac{\sum\limits_{i=1}^{n} X_i - n\mu}{\sqrt{n}\sigma} \overset{\text{近似}}{\sim} N(0,1).$$

定理 2.3.8 棣莫弗–拉普拉斯（De Moivre-Laplace）定理

设随机变量 Y_n 服从参数为 $n, p(0 < p < 1)$ 的二项分布，则对任意实数 x，恒有

$$\lim_{x\to\infty} P\left\{\frac{Y_n - np}{\sqrt{np(1-p)}} \leqslant x\right\} = \frac{1}{\sqrt{2\pi}} \int_{-\infty}^{x} e^{-\frac{t^2}{2}} dt = \Phi(x).$$

当 n 充分大时，可以利用该定理近似计算二项分布的概率.

例 2.3.13 某射击运动员在一次射击中所得的环数 X 具有如下的概率分布

X	6	7	8	9	10
P	0.05	0.05	0.1	0.3	0.5

求在 100 次独立射击中所得环数不超过 930 的概率.

解　设 X_i 表示第 $i(i=1,2,\cdots,100)$ 次射击的得分数，则 $X_1,X_2,\cdots,X_{100}$ 相互独立并且都与 X 的分布相同，计算可知

$$E(X_i)=9.15,\ D(X_i)=1.2275,\ i=1,2,\cdots,100,$$

于是由独立同分布的中心极限定理，所求概率为

$$p=P\left\{\sum_{i=1}^{100}X_i\leqslant 930\right\}=P\left\{\frac{\sum_{i=1}^{100}X_i-100\times9.15}{\sqrt{100\times1.2275}}\leqslant\frac{930-100\times9.15}{\sqrt{100\times1.2275}}\right\}\approx\Phi(1.35)=0.9115.$$

例 2.3.13 实现程序：

```
>> X=[6 7 8 9 10];P=[0.05 0.05 0.1 0.3 0.5];
>>EX=sum(X.*P)
>>EX2=sum(X.^2.*P);
>>DX=EX2-EX^2
>>Pjg=normcdf((930-100*EX)/sqrt(100*DX))
```

结果为

```
EX=9.1500
DX=1.2275
Pjg=0.9121
```

例 2.3.14　一条生产线生产的产品成箱包装，每箱的重量是一个随机变量，平均每箱重 50 千克，标准差 5 千克．若用最大载重量为 5000 千克的卡车承运，利用中心极限定理说明每辆车最多可装多少箱，才能保证不超载的概率大于 0.977？

解　设每辆车最多可装 n 箱，记 $X_i(i=1,2,\cdots,n)$ 为装运的第 i 箱的重量（千克），则 $X_1,X_2,\cdots,X_n$ 相互独立且分布相同，且

$$E(X_i)=50,\ D(X_i)=25,\ i=1,2,\cdots,n.$$

于是 n 箱的总重量为 $T_n=X_1+X_2+\cdots+X_n$，由独立同分布的中心极限定理，有

$$P\{T_n\leqslant 5000\}=P\left\{\frac{\sum_{i=1}^{n}X_i-50n}{\sqrt{25n}}\leqslant\frac{5000-50n}{\sqrt{25n}}\right\}\approx\Phi\left(\frac{5000-50n}{\sqrt{25n}}\right).$$

由题意，令 $\Phi\left(\dfrac{5000-50n}{\sqrt{25n}}\right)>0.977=\Phi(2)$，有

$$\frac{5000-50n}{\sqrt{25n}}>2,$$

解得 $n<98.02$，即每辆车最多可装 98 箱．

例 2.3.14 实现程序：

```
>> EX=50;DX=25;
```

\>\>a=norminv(0.977)   %求 $0.977 = \Phi(a)$ 中的 a

\>\>x=solve('((5000-50*n)/sqrt(25*n))-2=0');

\>\>b=vpa(x);   %将 x 表示为数据, 有效位数非常多, 但可以控制

\>\>n=floor(b)   %不超过 b 的最大整数

结果为

a=1.9954

n=98

最后, 介绍一个独立不同分布下的中心极限定理.

定理 2.3.9   李雅普诺夫 (Liapunov) 定理

设 $X_1, X_2, \cdots, X_n, \cdots$ 相互独立, 且具有数学期望 $E(X_k) = \mu_k$ 和方差 $D(X_k) = \sigma_k^2 \neq 0$ ($k = 1, 2, \cdots$), 记 $B_n^2 = \sum_{i=1}^{n} \sigma_i^2$, 若存在正数 δ, 使得 $n \to \infty$ 时, 有

$$\frac{1}{B_n^{2+\delta}} \sum_{k=1}^{n} E \left| X_k - \mu_k \right|^{2+\delta} \to 0 ,$$

则随机变量 $Z_n = \dfrac{\sum\limits_{i=1}^{n} X_i - \sum\limits_{i=1}^{n} \mu_i}{B_n}$ 的分布函数 $F_n(x)$ 对于任意实数 x, 恒有

$$\lim_{x \to \infty} F_n(x) = \lim_{x \to \infty} P \left\{ \frac{\sum\limits_{i=1}^{n} X_i - \sum\limits_{i=1}^{n} \mu_i}{B_n} \leqslant x \right\} = \frac{1}{\sqrt{2\pi}} \int_{-\infty}^{x} e^{-\frac{t^2}{2}} \mathrm{d}t = \Phi(x) .$$

2.4   有关常见分布的 MATLAB 模拟

在 MATLAB 模拟中, 不论原问题是什么, 最终都要通过产生随机数来解决. 这些随机数并不是真正的随机数, 而是依据一定的方法和分布通过计算机产生的, 常称之为**伪随机数**, 简称**随机数**. 在前面的章节中已经出现了随机数的产生命令, 下面把服从常见分布的随机数的产生函数命令作一总结, 见表 2.4.1, 其中的 r, w 分别是产生 r 行, w 列的矩阵, 比如第一个 A=unifrnd(a,b, r,w) 表示产生 r 行 w 列的服从均匀分布的随机数阵, 共 $r*w$ 个随机数.

表 2.4.1   常见分布随机数产生的计算命令

命令调用形式	注 释
A=unifrnd(a,b,r,w)	$[a,b]$ 上均匀分布 (连续) 的随机数
A=unidrnd(n,r,w)	均匀分布 (离散) 的随机数
A=exprnd(Lambda,r,w)	参数为 Lambda 的指数分布的随机数
A=normrnd(mu,sigma,r,w)	参数为 mu,sigma 的正态分布的随机数
A=chi2rnd(n,r,w)	自由度为 n 的卡方分布的随机数

续表 2.4.1

命令调用形式	注　释
A=trnd(n,r,w)	自由度为 n 的 t 分布的随机数
A=frnd(n_1,n_2,r,w)	自由度为 n_1,n_2 的 F 分布的随机数
A=gamrnd(a,b,r,w)	参数为 a,b 的 γ 分布的随机数
A=betarnd(a,b,r,w)	参数为 a,b 的 β 分布的随机数
A=lognrnd(mu,sigma,r,w)	参数为 mu,sigma 的对数正态分布的随机数
A=nbinrnd(R,P,r,w)	参数为 R,P 的负二项式分布的随机数
A=ncfrnd(n_1,n_2,delta,r,w)	参数为 n_1,n_2,delta 的非中心 F 分布的随机数
A=nctrnd(n,delta,r,w)	参数为 n,delta 的非中心 t 分布的随机数
A=ncx2rnd(n,delta,r,w)	参数为 n,delta 的非中心卡方分布的随机数
A=raylrnd(b,r,w)	参数为 b 的瑞利分布的随机数
A=weibrnd(a,b,r,w)	参数为 a,b 的威布尔分布的随机数
A=binornd(n,p,r,w)	参数为 n,p 的二项分布的随机数
A=geornd(p,r,w)	参数为 p 的几何分布的随机数
A=hygernd(M,K,N,r,w)	参数为 M,K,N 的超几何分布的随机数
A=poissrnd(Lambda,r,w)	参数为 Lambda 的泊松分布的随机数
A=mnrnd(n,[p1,...,pk],r)	参数为 $n,p_1,\cdots,p_k$ 的多项分布 $r*k$ 矩阵
A=mvnrnd(mu,sigma)	参数为 mu,sigma 的多元正态分布随机数

其中产生均匀分布随机数用得较多，除了表 2.4.1 中的相应命令外，还有一个常见的命令函数是 rand(r,w)，产生的是 r 行 w 列的[0,1]上的均匀分布随机数.

例 2.4.1（蒲丰（Buffon）投针问题）　在 1777 年出版的《或然性算术实验》一书中，蒲丰（Buffon）提出的一种计算圆周率 π 的方法——随机投针法，即著名的蒲丰投针问题.

这个实验方法的操作很简单：

(1) 取一张白纸，在上面画上许多条间距为 d 的平行线；

(2) 取一根长度为 $l(l < d)$ 的针，随机地向画有平行直线的纸上掷 n 次，观察针与直线相交的次数，记为 m. 示意图如图 2.4.1(a)所示.

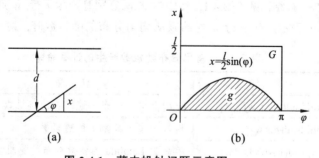

图 2.4.1　蒲丰投针问题示意图

图 2.4.1 实现程序：

```
>>subplot(1,2,1);plot([0 3],[1 1],[0 3],[3 3],[0.5 2.5],[0.5 2.5])
```

```
>>subplot(1,2,2);
>>phi=0:0.01*pi:pi;
>>x=1/2*sin(phi);
>>plot(phi,x)
>>hold on
>>plot([0 pi],[1 1],[pi,pi],[0 1])
>>fill(phi,x,'g')
>>hold off
```

(3) 计算针与直线相交的概率.

由分析知, 针与平行线相交的充要条件是

$$x \leqslant \frac{l}{2}\sin\varphi, \text{ 其中 } 0 \leqslant x \leqslant \frac{d}{2}, 0 \leqslant \varphi \leqslant \pi.$$

建立直角坐标系, 上述条件在坐标系下就是曲线所围成的曲边梯形区域, 如图 2.4.1(b) 所示的阴影部分（g), 则

$$P_{相交} = \frac{S_g}{S_G} = \frac{\dfrac{l}{2}\displaystyle\int_0^\pi \sin\varphi \mathrm{d}\varphi}{\dfrac{d}{2\pi}} = \frac{2l}{\pi d}.$$

(4) 若经统计实验估计出概率 $P_{相交} \approx \dfrac{m}{n}$, 则

$$\frac{2l}{\pi d} \approx \frac{m}{n}.$$

从而得

$$\pi \approx \frac{2ln}{md}.$$

利用这一公式, 可以用概率方法得到圆周率的近似值. 在一次实验中, 蒲丰投针 2212 次, 其中针与平行线相交 704 次, 这样求得圆周率的近似值为 $\dfrac{2212}{704} = 3.142$. 当实验中投的次数相当多时, 就可以得到 π 的更精确的值.

像投针实验一样, 通过概率实验所求的概率来估计我们感兴趣的一个量, 这样的方法称为蒙特卡罗方法（Monte Carlo method). 下面进行这个试验的模拟.

例 2.4.1 实现程序 1：

```
>> L=1;    %针的长度
>>d=2;   %平行线间的距离（d>L)
>>m=0;   %统计满足针与线相交条件的次数并赋初值
>>n=10000;   %投针试验次数
>>for k=1:n   %迭代次数
    x=unifrnd(0,d/2);   %随机产生数的长度,即投针之后针中点与平行线的距离
    p=unifrnd(0,pi);   %随机产生的针与线相交的角度
    if  x<=L*sin(p)/2   %针与线相交的条件
        m=m+1;   %针与线相交则记数
```

```
        else
      end
>>end
```

>>p=vpa(m/n,4)　%n 次中相交的概率, vpa( )以 4 位小数点显示出来

>>pi_m=vpa((2*L*n)/(m*d),15)　%估计 pi, vpa( )以 15 位小数点显示出来

结果为

p=0.314

pi_m=3.18471337579618

这个程序模拟计算圆周率的结果仅有一个, 我们也可以模拟多次, 然后取这些结果的平均值作为最后结果, 见例 2.4.1 的程序 2.

例 2.4.1 实现程序 2:

>>clear all;　%清除全部内存

>>N=10;　%循环迭代次数

>>P=zeros(1,N);　%每次循环迭之后的针与线相交的概率 p 的记录值, 初值

>>Pi_m=zeros(1,N);　%每次循环迭之后的圆周率 pi_m 的记录值, 初值

>>for i=1:N L=1;　%针的长度

　　d=2;　%平行线间的距离

　　m=0;　%统计满足针与线相交条件的次数并赋初值

　　n=10000;　%投针试验次数

　　>> for k=1:n　%迭代次数

　　　　x=unifrnd(0,d/2);　%随机产生数的长度, 即投针之后针中点与平行线的距离

　　　　p=unifrnd(0,pi);　%随机产生的针与线相交的角度

　　　　>> if　x<=L*sin(p)/2　%针与线相交的充要条件

　　　　　　m=m+1;　%针与线相交则记数

　　　　　　else

　　　　>>end

　　>>end

　　>> p=m/n;　%n 次中相交的概率

　　>>pi_m=(2*L*n)/(m*d);　%利用投针频率估计圆周率

　　>>P(1,i)=p;　%记录第 i 次循环之后的相交概率值

　　>>Pi_m(1,i)=(pi_m);　%记录第 i 次循环之后的圆周率 pi 值

　　>>i=i+1;　%进入下次循环迭代

>>end

>>P=P;　%无 ";" 则显示每次的相交概率值

>>Pi_m=Pi_m;　%无 ";" 则显示每次的圆周率 pi 值

>>P_mean=mean(P)　%显示 N 次迭代之后的相交概率均值

>>Pi_m_mean=mean(Pi_m)　%显示 N 次迭代之后的圆周率 pi 均值

结果为

P_mean=0.3169

Pi_m_mean=3.1562

例 2.4.2（赌徒输光问题）　两个赌徒甲和乙将进行一系列赌博. 在每一局中甲获胜的概率为 p，而乙获胜的概率为 $q(p+q=1)$. 在每一局后，失败者都要支付一元钱给胜利者. 在开始时甲拥有赌本 a 元，而乙拥有赌本 b 元，两个赌徒直到甲输光或乙输光为止. 求甲输光的概率.

解　通过理论分析可知，甲输光的概率是：

$$P=\begin{cases}\dfrac{b}{p+q}, & p=q=\dfrac{1}{2}, \\[3mm] \dfrac{1-(p/q)^b}{1-(p/q)^{a+b}}, & p,q\neq\dfrac{1}{2}.\end{cases}$$

模拟赌博过程的思路：在每一次模拟中，随机产生一个数，如果该数小于 p，说时赌徒甲获胜，相应甲得到一元钱，而乙付出一元钱；反之甲拿出一元钱给乙. 这里对甲的赌本 a，乙的赌本 b，甲赢的概率 p 取不同的数值进行 10000 次赌博过程模拟，相应程序如下：

例 2.4.2 实现程序：

```
>>clc;   %清除窗口内容
>>clear;  %清除内存
>>a=10;  %甲的赌本
>>b=3;   %乙的赌本
>>p=0.55;  %甲赢的概率
>>S=0;   %计数设置为 0
>>N=10000;  %模拟次数
>>m=6;  %设定随机数状态值（1 2 3 4 5 6), 改变这个值可以进行不同的实验
>>rand('state',m);  %设置随机数状态
>>for k=1:N;
    at=a;  %初始化甲的赌本
    bt=b;  %初始化乙的赌本
    >>while at>0.5&bt>0.5;  %模拟整个赌博过程
        r=[(rand<p)-0.5]*2;  %算输赢
        at=at+r;  %交换赌本
        bt=bt-r;  %交换赌本
    >>end
    S=S+(at<0.5);  %如甲输, 累加甲输的次数
>>end
>>P=S/N   %计算甲输的概率值
>>g=p/[1-p];
>>Po=[1-g^b]/[1-g^(a+b)]   %返回甲输光的概率理论值
```

运行结果为

P=0.0638

Po=0.0656

例 2.4.3（Galto 板实验）　一个 8 级 Galton 板实验系统如图 2.4.2(a)和(b)所示.

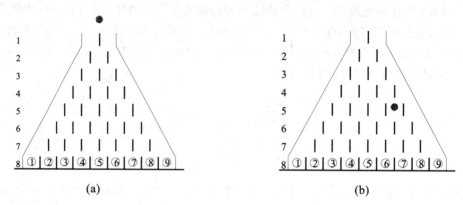

图 2.4.2　Galto 板实验示意图

在图(a)中，当小球从顶部向下降落时，遇到第一层竖隔板，此时小球分别向左右下落的概率各占一半（0.5）；当小球继续下落遇到第二层竖隔板时，小球仍以左右相同的概率往下落，以后每层均如此（如图(b)所示）．最后到了第 8 层底部，小球将落入底部 9 个槽中的一个，但是小球落入每个槽内的概率是不一样的．如将这个 9 个槽编号为：1，2，3，4，5，6，7，8，9，请计算小球落入第 9 个槽中的概率．

图 2.4.2(a) 实现程序：

```
>>clear; clc;
>>figure;
>>xlim([-1,9]); ylim([0,9]);
>>axis equal;
>>hold on;
>>L=0.8;
>>No=8;    % level number
>>for N=1:No;
   mN=No/2-[1+N]/2;
   >>for k=1:N;
           plot([mN+k]*[1,1],[0,0.7]+No-N,'k','linewidth',2);
           text(-0.9,No-N+0.3,num2str(N),'fontsize',12, 'fontname','times new roman');
   >>end
>>end
>>arg=linspace(0,pi*2,200);
>>col=[0.4,0.4,0.4];
>>fill(No/2+0.2*cos(arg),No+0.5+0.2*sin(arg),col, 'Edgecolor',col);
>>plot([No/2-1,No/2-1,-0.5,-0.5], [No-1+0.7,No-1,0.7,0],'k');
>>plot([No/2+1,No/2+1,No+0.5,No+0.5], [No-1+0.7,No-1,0.7,0],'k');
>>plot([-1,No+1],[0,0],'k','linewidth',2);
>>for k=1:No+1;
   text(k-1.1,0.4,num2str(k),'fontsize',14, 'fontname','times new roman');
```

```
    plot(k-1+0.24*cos(arg),0.4+0.24*sin(arg),'k');
>>end
>>set(gcf,'color','w','Position',[1 1 200 200]);
>>set(gca,'Position',[0.1 0.1 0.90 0.90])
>>axis off;
```

图 2.4.2(b）实现程序：

```
>>clear; clc;
>>figure;
>>xlim([-1,9]); ylim([0,9]);
>>axis equal;
>>hold on;
>>L=0.8;
>>No=8;    % level number
>>for N=1:No;
    mN=No/2-[1+N]/2;
    >>for k=1:N;
            plot([mN+k]*[1,1],[0,0.7]+No-N,'k','linewidth',2);
            text(-0.9,No-N+0.3,num2str(N),'fontsize',14, 'fontname','times new roman');
    >>end
>>end
>>arg=linspace(0,pi*2,200);
>>col=[0.4,0.4,0.4];
>>fill(No/2+1.5+0.2*cos(arg),No/2-0.5+0.2*sin(arg),col, 'Edgecolor',col);
>>plot([No/2-1,No/2-1,-0.5,-0.5],[No-1+0.7,No-1,0.7,0],'k');
>>plot([No/2+1,No/2+1,No+0.5,No+0.5],[No-1+0.7,No-1,0.7,0],'k');
>>plot([-1,No+1],[0,0],'k','linewidth',2);
>>for k=1:No+1;
    text(k-1.1,0.4,num2str(k),'fontsize',14,'fontname','times new roman');
    plot(k-1+0.24*cos(arg),0.4+0.24*sin(arg),'k');
>>end
>>set(gcf,'color','w','Position',[1 1 200 200]);
>>set(gca,'Position',[0.1 0.1 0.90 0.90])
>>axis off;
```

理论分析: 这是一个经典的二项分布概率模型. 考虑到第 k 层小球运动方向有两种可能, 用 X_k 表示, 则 X_k 服从二项分布. 这里用 $X_k=1$ 表示向右侧竖隔板方向运动, 用 $X_k=0$ 表示向左侧竖隔板方向运动, 它们发生的概率均为 0.5. 最终位置 X 由 $X = \sum_{k=0}^{8} X_k$ 决定, 即二项分布决定, 上述第 8 层即有 $X \sim B(8,0.5)$.

下面用 MATLAB 模拟小球下落到底部 9 个槽内的概率分布. 在各层中用 0 和 1 分别表示

向左和向右运动. 重复模拟小球下落过程 10000 次, 可以统计出小球落入各槽内的次数 (即频数). 画出 9 个频数数据的直方图, 如图 2.4.3 所示.

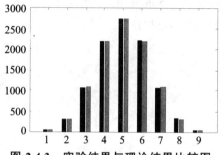

图 2.4.3　实验结果与理论结果比较图

从图 2.4.3 可以看出, 每个点处左侧的模拟结果和右侧的理论结果十分接近, 整个分布接近于正态分布.

图 2.4.3 实现程序:

```
>>clc; clear;
>>rand('state',0)    %固定随机数产生状态
>>R=unidrnd(2,8,10000)-1;   %产生 10000 个 1~7 的随机数
>>test=sum(R);   %对随机数求和
>>h=hist(test,9);    %统计各数出现的频数
>>bpdf=binopdf(0:8,8,0.5);    %计算二项分布出现各取值的理论值
>>bpdf=bpdf/max(bpdf)*max(h);    %使模拟数据与理论数据保持量级一致
>>b1=bar(1:9,[h;bpdf]');   %绘制直方图
>>set(b1(2),'facecolor','g');    %设置右侧的线条填充颜色为绿色
>>set(b1(1),'facecolor','k');    %把左侧线条填充颜色设置为黑色
```

例 2.4.4 （中心极限定理）　独立同分布的随机变量 $X_k (k=1,2,\cdots,n)$ 分别服从二项分布 $B(10,0.1)$, 均匀分布 $U(1,3)$, 正态分布 $N(3,2^2)$. 由中心极限定理知, 当 $n \to \infty$ 时, 它们的均值 $\bar{X} = \dfrac{1}{n}\sum_{i=1}^{n} X_i$ 服从正态分布.

对每个分布, 分别利用 MATLAB 计算 100000 个均值, 画出它们的直方图, 如图 2.4.4 所示.

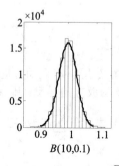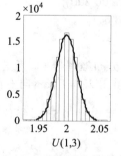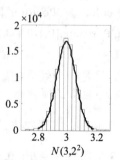

图 2.4.4　各分布的均值直方图

为了和正态分布进行比较, 在直方图中还多加了一条正态参考曲线, 由图 2.4.4 可知, 这些均值均服从正态分布. 当然可以进一步检验是否服从正态分布, 在后面章节中我们将介绍分布的拟合检验, 用那里的方法可以进一步确认是否是正态分布.

这个结论的 MATLAB 编程如下.

例 2.4.4 实现程序:

```
>>n=100000;   %循环次数, 即平均值个数
>>for i=1:n
    x1=binornd(10,0.1,1000,1);x2=unifrnd(1,3,1000,1);x3=normrnd(3,2,1000,1);
    x1_mean(i)=mean(x1); x2_mean(i)=mean(x2);x3_mean(i)=mean(x3);   %求均值
>>end
>>x1_mean;x2_mean;x3_mean;
>>subplot(1,3,1);histfit(x1_mean,20);   %画带正态参考线的直方图
>>subplot(1,3,2);histfit(x2_mean,20);
>>subplot(1,3,3);histfit(x3_mean,20);
```

习题 2

1. 设随机变量 X 服从参数为 λ 的 Poisson (泊松) 分布, 且 $P(X=0)=\dfrac{1}{2}$, 求 λ 和 $P(X>1)$.

2. 为了保证设备正常工作, 需要配备适当数量的维修人员. 根据经验每台设备发生故障的概率为 0.01, 各台设备工作情况相互独立.

(1) 若由 1 人负责维修 20 台设备, 求设备发生故障后不能及时维修的概率;

(2) 设有设备 100 台, 1 台发生故障由 1 人处理, 问至少需配备多少维修人员, 才能保证设备发生故障而不能及时维修的概率不超过 0.01?

3. 设某商店中每月销售某种商品的数量服从参数为 7 的泊松分布, 问在月初进货时应进多少件此种商品, 才能保证当月不脱销的概率为 0.999.

4. 设自动生产线在调整以后出现废品的概率为 $p=0.1$, 当生产过程中出现废品时立即进行调整, X 代表在两次调整之间生产的合格品数, 试求: (1)　X 的概率分布; (2)　$P(X \geqslant 5)$.

5. 设随机变量 X 服从 (0,5) 上的均匀分布, 求方程 $4x^2+4Xx+X+2=0$ 有实根的概率.

6. 设连续型随机变量 X 的概率密度为

$$p(x)=\begin{cases}2x, & 0 \leqslant x \leqslant 1, \\ 0, & \text{其他,}\end{cases}$$

以 Y 表示对 X 的三次独立重复试验中 "$X \leqslant \dfrac{1}{2}$" 出现的次数, 试求概率 $P(Y=2)$.

7. 设 $X \sim N(1,2^2)$, 试查表求出下列概率:

(1) $P(X \leqslant 2.2)$;　　(2) $P(-1.6 < X \leqslant 5.8)$;　　(3) $P(|X| \leqslant 3.5)$;　　(4) $P(|X| > 4.56)$.

8. 设 $X \sim N(2,\sigma^2)$, 若 $P(-1 \leqslant X \leqslant 2+\sigma)=0.6826$, 求 σ.

9. 测量到某一目标的距离时发生的随机误差 X（米） 具有概率密度

$$p(x) = \frac{1}{40\sqrt{2\pi}} e^{-\frac{(x-20)^2}{3200}},$$

求在 3 次独立的测量中至少有 1 次误差的绝对值不超过 30 米的概率.

10. 设离散随机变量 X 的分布函数为

$$F(x) = \begin{cases} 0, & x < -1, \\ 0.4, & -1 \leqslant x < 1, \\ 0.8, & 1 \leqslant x < 3, \\ 1, & x \geqslant 3, \end{cases}$$

试求: (1) X 的概率分布; (2) $P(X < 2 \mid X \neq 1)$.

11. 设二维随机向量 (X,Y) 服从矩形区域 $D = \{(x,y) \mid 0 \leqslant x \leqslant 2, 0 \leqslant y \leqslant 1\}$ 上的均匀分布, 且

$$U = \begin{cases} 0, & X \leqslant Y; \\ 1, & X > Y, \end{cases} \qquad V = \begin{cases} 0, & X \leqslant 2Y; \\ 1, & X > 2Y, \end{cases}$$

求 U 与 V 的联合概率分布, 它们是否独立?

12. 设 (X,Y) 的密度函数为

$$p(x,y) = \begin{cases} \dfrac{1}{2}, & 0 \leqslant x \leqslant 1,\ 0 \leqslant y \leqslant 2, \\ 0, & 其他, \end{cases}$$

求 X 与 Y 中至少有一个小于 $\dfrac{1}{2}$ 的概率.

13. 设随机变数 X 服从 $N(0,1)$ 分布, 求 $|X|$ 的分布密度.

14. 设随机变量 X 服从 $[a,b]$ 上的均匀分布, 令 $Y = cX + d\ (c \neq 0)$, 试求随机变量 Y 的密度函数.

15. 设随机变量 X,Y 独立, 求 $X+Y$ 的分布密度. 若(1) X,Y 分别服从 (a,b) 及 (α,β) 上的均匀分布, 且 $a < \alpha < b < \beta$; (2) X,Y 分别服从 $(-a,0)$ 及 $(0,a)$ 上的均匀分布, $a > 0$.

16. 设随机变量 X 的分布列为

X	0	1	2
P	$\dfrac{1}{4}$	$\dfrac{1}{2}$	$\dfrac{1}{4}$

求: $E(X)$, $E(X^2 + 2)$ 及 $D(X)$.

17. 设随机变量 X 的概率密度为

$$p(x) = \begin{cases} 2(1-x), & 0 < x < 1, \\ 0, & 其他, \end{cases}$$

求: $E(X)$ 和 $D(X)$.

18. 设随机变量 X 的概率密度为

$$p(x) = \begin{cases} \dfrac{1}{2} \cos \dfrac{x}{2}, & 0 < x < \pi, \\ 0, & 其他, \end{cases}$$

对 X 独立地观察 4 次, 用 Y 表示观察值大于 $\frac{\pi}{3}$ 的次数, 求 Y^2 的数学期望.

19. 设随机变量 X 的概率密度为

$$p(x) = \begin{cases} \dfrac{3}{8}x^2, & 0 < x < 2, \\ 0, & \text{其他}, \end{cases}$$

求: (1) $E\left(\dfrac{1}{X}\right)$; (2) $E(X^2)$.

20. 设 X 表示 10 次独立重复射击命中目标的次数, 每次射中目标的概率为 0.4, 求 $E(X^2)$.

21. 已知随机变量 X 服从参数为 2 的泊松分布, 求 $E(3X-2)$.

22. 设随机变量 X 和 Y 是相互独立的, 且服从同一分布, 已知 X 的分布列为

$$P(X = i) = \frac{1}{3}, \ i = 1,2,3.$$

又设 $\xi = \max(X,Y)$, $\eta = \min(X,Y)$, 求:

(1) 二维随机变量 (ξ, η) 的分布列;

(2) $E(\xi)$ 和 $E(\xi/\eta)$.

23. 设随机变量 (X,Y) 的概率密度为

$$p(x,y) = \frac{1}{8}(x+y), \ 0 < x, \ y < 2,$$

求: $E(X)$, $E(Y)$, $E(XY)$ 和 $E(X^2 + Y^2)$.

24. 设随机变量 X, Y 分别服从参数为 2 和 4 的指数分布,

(1) 求 $E(X+Y)$, $E(2X - 3Y^2)$;

(2) 设 X, Y 相互独立, 求 $E(XY)$, $D(X+Y)$.

25. 设 $X \sim N(1,2)$, $Y \sim N(0,1)$, 且 X 和 Y 相互独立, 求随机变量 $Z = 2X - Y + 3$ 的概率密度.

26. 设随机变量 X 和 Y 的联合概率密度为

X \ Y	−1	0	1
0	0.07	0.18	0.15
1	0.08	0.32	0.20

求: $E(X)$, $E(Y)$, $\text{Cov}(X,Y)$.

27. 设二维随机变量 (X,Y) 的概率密度为

$$p(x,y) = \begin{cases} 6, & 0 < x^2 < y < x < 1, \\ 0, & \text{其他}, \end{cases}$$

(1) 求 $\text{Cov}(X,Y)$; (2) 判断 X 和 Y 是否相互独立; (3) 判断 X 和 Y 是否相关.

28. 设随机变量 X 和 Y 相互独立, 且 $E(X) = E(Y) = 1$, $D(X) = 2$, $D(Y) = 3$, 求 $D(XY)$.

29. 设 $D(X) = 25$, $D(Y) = 36$, $\rho_{XY} = \dfrac{1}{6}$, 求: (1) $D(X+Y)$; (2) $D(X-Y)$.

30. 已知三个随机变量 X, Y 和 Z 满足

$$E(X) = E(Y) = E(Z) = -1, \quad D(X) = D(Y) = D(Z) = 1, \quad \rho_{XY} = 0, \quad \rho_{YZ} = -\frac{1}{2}.$$

求: (1) $E(X + Y + Z)$; (2) $D(X + Y + Z)$.

31. 假设随机变量 X 和 Y 相互独立, 且服从同一个正态分布 $N(\mu, \sigma^2)$, 令 $Z_1 = \alpha X + \beta Y$, $Z_2 = \alpha X - \beta Y$ (其中 α, β 为不为零的常数), 求 ρ_{Z_1, Z_2}.

32. 分别用切比雪夫不等式与德莫弗-拉普拉斯定理确定: 当掷一枚硬币时, 需要掷多少次才能保证出现正面的频率在 $0.4 \sim 0.6$ 的概率不少于 0.9?

33. 某保险公司有 3000 个同一年龄段的人参加人寿保险, 在一年中这些人的死亡率为 0.1%. 参加保险的人在一年的开始交付保险费 100 元, 死亡时家属可从保险公司领取 10000 元. 求:

(1) 保险公司一年获利不少于 240000 元的概率;

(2) 保险公司亏本的概率.

34. 计算器在进行加法时, 将每个加数舍入最靠近它的整数, 设所有舍入误差相互独立且在 $(-0.5, 0.5)$ 上服从均匀分布,

(1) 将 1500 个数相加, 问误差总和的绝对值超过 15 的概率是多少?

(2) 最多可有几个数相加使得误差总和的绝对值小于 10 的概率不小于 0.9?

35. 甲、乙两个戏院在竞争 1000 名观众, 假设每个观众可随意选择戏院, 观众之间相互独立, 问每个戏院应该设有多少座位才能保证因缺少座位而使观众离去的概率小于 1%.

36. 能找到原函数的定积分并不多, 因此大多数的积分常计算不出来, 我们可以用 MATLAB 进行模拟计算. 请模拟计算下面的积分 (为了检验模拟效果, 这里的积分仍然是能计算出来的).

(1) $\int_0^1 \frac{1}{\sqrt{2\pi}} e^{-x^2/2} dx$;

(2) $\iint\limits_D \sqrt{4 - x^2 - y^2} \, dxdy$, 其中 D 为 $y = \sqrt{2x - x^2}$ 与横轴所围成的闭区域.

3　样本描述及抽样分布

3.1　数据的整理和显示

3.1.1　总体　个体与样本

我们把所研究对象的全体称为**总体**，总体中的每个元素称为**个体**. 例如，研究某班学生的身高时，该班全体学生构成总体，其中每个学生都是一个个体.

在具体问题的讨论中，我们关心的往往是研究对象的某一数量指标（例如学生的身高），它是一个随机变量，因此，总体又是指刻画研究对象某一数量指标的随机变量 X. 当研究的指标不止一个时，可将其分成几个总体来研究. 今后，凡是提到总体就是指一个随机变量. 随机变量的分布函数以及分布列（离散型）或概率密度（连续型）也称为总体的分布函数以及分布列或概率密度，并统称为总体的分布.

从总体中抽取若干个个体的过程叫作**抽样**，抽取的若干个个体称为**样本**，样本中所含个体的数量称为**样本容量**.

样本具有二重性. 所谓**二重性**是指样本既可以看成具体的数值，也可以看成随机变量. 在完成抽样后，它是具体的数；在实施抽样前，它被看成随机变量. 因为在具体实施抽样之前无法预料抽样的结果，故可把它看成随机变量. 区别起见，今后用大写英文字母表示随机变量，用小写字母表示具体的观察值.

抽取样本是为了研究总体的性质，为了保证所抽取的样本在总体中具有代表性，抽样方法必须满足以下两个条件：

(1) 随机性. 每次抽取时，总体中每个个体被抽到的可能性均等；

(2) 独立性. 每次抽取是相互独立的，即每次抽取的结果既不影响其他各次抽取的结果，也不受其他各次抽取结果的影响.

这种随机的、独立的抽样方法称为**简单随机抽样**. 由此得到的样本称为**简单随机样本**.

对于有限总体而言，有放回抽样可以得到简单随机样本，但有放回抽样使用起来不方便. 在实际应用中，当总体容量 N 很大而样本容量 n 较小时（一般当 $N \geqslant 10n$ 时），可将不放回抽样近似当作有放回抽样来处理. 对于无限总体而言，抽取一个个体不会影响它的分布，因此，通常采取不放回抽样得到简单随机样本. 以后所涉及的抽样和样本都是指简单随机抽样和简单随机样本.

定义 3.1.1　设总体 X 的分布函数为 $F(x)$，若随机变量 $X_1, X_2, \cdots, X_n$ 相互独立，且都与总体 X 具有相同的分布函数，则称 $X_1, X_2, \cdots, X_n$ 是来自总体 X 的**简单随机样本**，简称为**样本**，n 称为**样本容量**. 在对总体 X 进行一次具体的抽样并作观测之后，得到样本 $X_1, X_2, \cdots, X_n$ 的确切数值 $x_1, x_2, \cdots, x_n$，称为**样本观测值**，简称为**样本值**或**实现值**.

若总体 X 的分布函数为 $F(x)$，$X_1, X_2, \cdots, X_n$ 是总体 X 的容量为 n 的样本，则由样本的定义知，$X_1, X_2, \cdots, X_n$ 的联合分布函数为：

$$F(x_1, x_2, \cdots, x_n) = \prod_{i=1}^{n} F(x_i).$$

若总体 X 是离散型随机变量，其分布列为 $p_i = P\{X = x_i\}$（$i = 1, 2, \cdots$），则 $X_1, X_2, \cdots, X_n$ 的联合分布列为：

$$P\{X_1 = x_1, X_2 = x_2, \cdots, X_n = x_n\} = \prod_{i=1}^{n} P(X_i = x_i) = \prod_{i=1}^{n} p_i.$$

若总体 X 是连续型随机变量，其概率密度为 $p(x)$，则 $X_1, X_2, \cdots, X_n$ 的联合概率密度为：

$$p(x_1, x_2, \cdots, x_n) = \prod_{i=1}^{n} p(x_i).$$

例 3.1.1　设总体 X 服从正态分布 $N(\mu, \sigma^2)$，其概率密度为

$$p(x) = \frac{1}{\sqrt{2\pi}\sigma} e^{-\frac{(x-\mu)^2}{2\sigma^2}}, \quad -\infty < x < +\infty.$$

则样本 $X_1, X_2, \cdots, X_n$ 的联合概率密度为：

$$p(x_1, x_2, \cdots, x_n) = \prod_{i=1}^{n} \frac{1}{\sigma\sqrt{2\pi}} \exp\left\{-\frac{1}{2}\left(\frac{x_i - \mu}{\sigma}\right)^2\right\} = \left(\frac{1}{\sigma\sqrt{2\pi}}\right)^n \exp\left\{-\frac{1}{2\sigma^2} \sum_{i=1}^{n} (x_i - \mu)^2\right\},$$

其中 $-\infty < x_i < +\infty$，$i = 1, 2, \cdots, n$.

3.1.2　样本经验分布函数

设总体 X 的分布函数为 $F(x)$，从总体 X 中抽取容量为 n 的样本 $X_1, X_2, \cdots, X_n$，样本值为 $x_1, x_2, \cdots, x_n$. 假设样本值 $x_1, x_2, \cdots, x_n$ 中有 k 个不相同的值，按由小到大的顺序依次记作 $x_{(1)} \leqslant x_{(2)} \leqslant \cdots \leqslant x_{(k)}$，并假设 $x_{(i)}$ 出现的频数为 n_i，则 $x_{(i)}$ 出现的频率为

$$f_i = \frac{n_i}{n}, \quad i = 1, 2, \cdots, \quad k, k \leqslant n.$$

显然有 $\sum_{i=1}^{k} n_i = n$，$\sum_{i=1}^{k} f_i = 1$. 设函数

$$F_n(x) = \begin{cases} 0, & x < x_{(1)}, \\ \sum_{j=1}^{i} f_j, & x_{(i)} \leqslant x < x_{(i+1)}, \ i = 1, 2, \cdots, k-1, \\ 1, & x \geqslant x_{(k)}, \end{cases}$$

称之为总体 X 的**经验（样本）分布函数**，其图形为一阶梯形曲线，如图 3.1.1 所示.

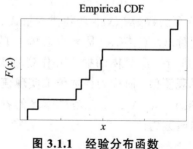

图 3.1.1　经验分布函数

根据经验分布函数的定义，易知 $F_n(x)$ 与总体的分布函数具有相同的性质.

图 3.1.1 实现程序：

```
>>y=unifrnd(-1,3,10,1);
>>cdfplot(y)
```

图 3.1.1 的程序是利用 MATLAB 提供的函数 cdfplot 来画的，很显然，它不符合定义，因为定义中的内部端点处是虚点，并且这个函数不能显示经验分布函数值. 我们可以自己编写程序，不仅能让其计算经验分布函数值，还能让其输出经验分布函数图，即下面例题中的程序.

例 3.1.2 从总体 X 中随机地抽取容量为 8 的样本进行观测，得到如下数据：

$$3, 2.5, 2.5, 3.5, 3, 2.7, 2.5, 2.$$

求 X 的经验分布函数，并画出图形.

解 将观测数据由小到大排列为

$$x_{(1)} = 2 < x_{(2)} = 2.5 < x_{(3)} = 2.7 < x_{(4)} = 3 < x_{(5)} = 3.5,$$

计算得

$$f_1 = \frac{1}{8}, \quad f_2 = \frac{3}{8}, \quad f_3 = \frac{1}{8}, \quad f_4 = \frac{2}{8}, \quad f_5 = \frac{1}{8}.$$

由定义知，经验分布函数为

$$F_8(x) = \begin{cases} 0, & x < 2, \\ 1/8, & 2 \leqslant x < 2.5, \\ 4/8, & 2.5 \leqslant x < 2.7, \\ 5/8, & 2.7 \leqslant x < 3, \\ 7/8, & 3 \leqslant x < 3.5, \\ 1, & x \geqslant 3.5. \end{cases}$$

图形见图 3.1.2.

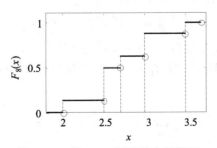

图 3.1.2 例 3.1.2 经验分布函数图

例 3.1.2 和图 3.1.2 的实现程序：

```
>> data=[3 2.5 2.5 3.5 3 2.7 2.5 2];
>>n=length(data);
>>data=reshape(data,n,1);    %把数据变成 1 列
```

```
>>data=sort(data);   %对数据进行排序
>> [x,a,b]=unique(data);   %数据唯一性
>>frequency=[a(1);diff(a)];   %数据出现的频率
>>disp('下面是经验分布函数值')
>>cumpr=cumsum(frequency)/n   %经验分布函数值
>>x;
>>xx=[min(data)-0.2;x;max(data)+0.2];
>>y=[0;cumpr];
>>s=length(xx);
>>for i=1:s-1
    plot([xx(i) xx(i+1)],[y(i), y(i)]);
    hold on
    plot([xx(i) xx(i)],[0 y(i)],'--');
    plot(xx(i+1),y(i),'o')
>>end
>>hold off
```

结果为

下面是经验分布函数值

cumpr=

  0.1250

  0.5000

  0.6250

  0.8750

  1.0000

对于固定的 x, 经验分布函数是依赖于样本观测值的, 由于样本的抽取是随机的, 因而 $F_n(x)$ 也是随机的. 当给定样本观测值 $x_1, x_2, \cdots, x_n$ 时, $F_n(x)$ 是在 n 次独立重复试验中事件 $\{X_i \leq x\}$ 发生的频率. 由于总体 X 的分布函数 $F(x)$ 是事件 $\{X \leq x\}$ 发生的概率, 根据伯努利大数定律可知, 当 $n \to \infty$ 时, 对于任意给定的正数 ε, 有 $\lim\limits_{n \to \infty} P\left\{\left|F_n(x) - F(x)\right| < \varepsilon\right\} = 1$. 更加深刻的结果也是存在的, 这就是格里纹科 (Glivenko) 定理.

定理 3.1.1 (格里纹科定理) 设 $X_1, X_2, \cdots, X_n$ 是取自总体 $F(x)$ 的样本, $F_n(x)$ 是其经验分布函数, 当 $n \to \infty$, 有

$$P\left\{\sup_{x \in \mathbf{R}}\left|F_n(x) - F(x)\right| \to 0\right\} = 1.$$

经典统计学中的一切统计推断都以样本为依据, 其理由就在于此定理.

3.1.3　频数频率分布表与直方图

1) 频数频率分布表

我们从一个例子开始介绍.

例 3.1.3　为研究某厂工人生产某种产品的能力，我们随机调查了 20 位工人某天生产的该种产品的数量，数据如下：

160	196	164	148	170
175	178	166	181	162
161	168	166	162	172
156	170	157	162	154

频数频率分布表整理如下：

(1) 对样本进行分组. 首先确定组数 k，一般地，组数为 5 ~ 20 个. 对容量较小的样本，通常将其分为 5 组或 6 组，容量为 100 左右的样本分为 7 ~ 10 组，容量为 200 左右的样本可分为 9 ~ 13 组，容量为 300 左右及以上的可分为 12 ~ 20 组，目的是使用足够的组来显示数据的变异. 但也有文献推荐分组公式 $k = [1.87(n-1)^{2/5}]$（这里 $[x]$ 表示不小于 x 的最小整数），命令为

k=ceil(1.87*$(n$-1)^0.4).

本例中 20 个数据，分 5 组，即 $k = 5$.

(2) 确定组距. 每组区间长度可以相同也可以不同，实际中常选用相同长度，各组的长度称为**组距**，其近似表示为

$$组距\ d \approx [\,\max(x_1, x_2, \cdots, x_n) - \min(x_1, x_2, \cdots, x_n)\,]/k\,.$$

本例中，组距 $d = (196 - 148)/5 = 9.6$. 方便计算起见，取组距为 10.

(3) 确定每组上下限. 各组端点为 $a_0, a_1 = a_0 + d, a_2 = a_0 + 2d, \cdots, a_k = a_0 + kd$，形成如下的区间

$$(a_0, a_1], (a_1, a_2], \cdots, (a_{k-1}, a_k],$$

其中 a_0 要略小于最小观测值，a_k 要略大于最大观测值.

本例中可取 $a_0 = 147$，$a_5 = 197$.

(4) 统计样本落入每个区间的个数（即频数）. 若记第 i 组频数为 n_i，累积频数为

$$N_i = \sum_{j=1}^{i} n_j, i = 1, 2, \cdots, k\,.$$

注：确定组距、端点值及各组频数的工作有命令 hist 完成，具体如下：

[ni,ak]=hist(data,k),

返回值 ni 为各组的频数，返回值 ak 为各组的组中值(即数组的两个端点的中间值，如记第 i 组为 $(a_{i-1}, a_i]$，则组中值为 $(a_{i-1} + a_i)/2$). 计算累积频数的命令为

Ni=cumsum(ni).

(5) 记第 i 组频率为 $f_i = n_i/n$，累积频率为 $F_i = \sum_{j=1}^{i} f_j, i = 1, 2, \cdots, k$.

注：计算频率命令为

fi=ni/n,

计算累积频率命令为

Fi=cumsum(fi).

(6) 绘制频数频率分布表, 命令为

biaoge=[[1:k]',ak',ni',Ni',fi',Fi'],

共 6 列, 自左至右依次是组序、组中值、频数、累积频数、频率、累积频率.

本例结果见表 3.1.1.

表 3.1.1　频数频率表

序号	组中值	频数	累积频数	频率	累积频率
1	151.428 6	2	2	0.1	0.1
2	158.285 7	4	6	0.2	0.3
3	165.142 9	7	13	0.35	0.65
4	172	4	17	0.2	0.85
5	178.857 1	2	19	0.1	0.95
6	185.714 3	0	19	0	0.95
7	192.571 4	1	20	0.05	1

例 3.1.3 实现程序:

```
>>data=[160      196      164      148      170
         175      178      166      181      162
         161      168      166      162      172
         156      170      157      162      154];
>>data=reshape(data,[],1);   %把数据变为一列
>>n=length(data);   %计算样本数据的长度
>>k=5;   %分组数
>> [ni,ak]=hist(data,k);   %计算各组的频数 ni 和中间值 ak
>>Ni=cumsum(ni);   %计算累积频数
>>fi=ni/n;   %计算频率
>>Fi=cumsum(fi);   %计算累积频率
>>disp('组序 组中值 频数 累积频数 频率 累积频率')
>>biaoge=[[1:k]',ak',ni',Ni',fi',Fi']   %绘制表格, 共 6 列
```

2）直方图

数据分析除了进行频数频率的表格显示, 通常还会借用图形进行直观地显示, 常用的是频数或频率直方图. 频数分布表常用直方图进行直观显示, 在组距相等的情形下常用长条矩形表示, 其中横轴（矩形的宽度）是每个组距的上下限, 纵轴（矩形的高低）就表示频数, 得到的图形称为**频数直方图**. 若将纵轴频数用频率去表示, 就得到频率直方图, 有时为了使矩形的面积和为 1, 可将纵轴取为频率/组距, 得到的图形称为**单位频率直方图**. 从分布形态上看频数和频率直方图, 区别不大, 且频数直方图较为直观, 所以 MATLAB 中现成的函数命令绘制的均是频数直方图, 当然我们也可以稍加加工即可编写出绘制频率直方图的程序.

下面以例 3.1.3 中的数据为例，分别绘制频数直方图、带参考线的频数直方图和频率直方图，分别如图 3.1.3 的（a), (b), (c）所示.

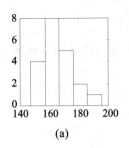 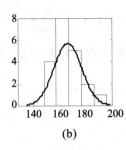 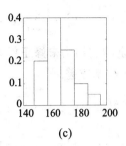

(a)   (b)   (c)

图 3.1.3　频数频率直方图

从图 3.1.3 可以看出，频率直方图（a）和频数直方图（c）从分布形态上看没什么区别，只是纵轴数据大小不一样，但它们在 MATLAB 中的画法却很不相同，前者有现成的命令，后者是没有的，需要自己写小程序.

图 3.1.3 实现程序：

```
>>data=[160      196      164      148      170
        175      178      166      181      162
        161      168      166      162      172
        156      170      157      162      154];
>>data=reshape(data,[],1);   %把数据变为一列
>>n=length(data);   %计算样本数据的长度
>>k=5;   %分组数
>> [ni,ak]=hist(data,k);   %计算各组的频数 ni 和中间值 ak
>>fi=ni/n;   %计算频率
>>subplot(1,3,1);hist(data,k);   %频数直方图
>>subplot(1,3,2);histfit(data,k);   %带参考线的频数直方图
>>subplot(1,3,3);bar(ak,fi);   %频率直方图
```

3.1.4　统计量

在实际应用中，人们对总体 X 的分布是毫无所知的，然而借助于总体 X 的样本 $X_1, X_2, \cdots, X_n$，可以对总体 X 的分布进行合理的推断，这类问题统称为**统计推断问题**. 利用样本对总体进行推断时，常常借助于样本的适当函数，利用这些函数所反映的总体分布的信息可以对总体的所属类型，或者对总体中所含的未知参数做出统计推断，通常把这样的函数称为统计量.

定义 3.1.2　设 $X_1, X_2, \cdots, X_n$ 是来自总体 X 的一个样本，$x_1, x_2, \cdots, x_n$ 是样本值，$g(X_1, X_2, \cdots, X_n)$ 是 $X_1, X_2, \cdots, X_n$ 的函数. 如果 $g(X_1, X_2, \cdots, X_n)$ 中不含未知参数，则称 $g(X_1, X_2, \cdots, X_n)$ 为**统计量**，而 $g(x_1, x_2, \cdots, x_n)$ 称为统计量的**观测值**.

下面介绍几种常用的统计量，设 $X_1, X_2, \cdots, X_n$ 是来自总体 X 的一个样本，$x_1, x_2, \cdots, x_n$ 是相应的样本值.

(1) 样本均值：$\bar{X} = \dfrac{1}{n}\sum_{i=1}^{n} X_i$.

(2) 样本方差：$S_0^2 = \dfrac{1}{n}\sum_{i=1}^{n}(X_i - \bar{X})^2$ 或 $S^2 = \dfrac{1}{n-1}\sum_{i=1}^{n}(X_i - \bar{X})^2$.

一般分别称它们为**未修正样本方差**和**修正样本方差**. 在数理统计中主要使用修正样本方差，并简称为**样本方差**.

(3) 样本标准差：$S_X = \sqrt{S^2} = \sqrt{\dfrac{1}{n-1}\sum_{i=1}^{n}(X_i - \bar{X})^2}$.

(4) 样本 k 阶原点矩：$A_k = \dfrac{1}{n}\sum_{i=1}^{n} X_i^k$，$k = 1,2,\cdots$.

显然，样本一阶原点矩就是样本均值，即 $A_1 = \bar{X}$.

(5) 样本 k 阶中心矩：$B_k = \dfrac{1}{n}\sum_{i=1}^{n}(X_i - \bar{X})^k$，$k = 1,2,\cdots$.

显然，样本二阶中心矩就是未修正样本方差，即 $B_2 = S_0^2$.

(6) 样本偏度 ν_1 和峰度 ν_2：$\nu_1 = \dfrac{\dfrac{1}{n}\sum_{i=1}^{n}(X_i - \bar{X})^3}{\sqrt{\dfrac{1}{n}\sum_{i=1}^{n}(X_i - \bar{X})^2}}$，$\nu_2 = \dfrac{\dfrac{1}{n}\sum_{i=1}^{n}(X_i - \bar{X})^4}{\left(\dfrac{1}{n}\sum_{i=1}^{n}(X_i - \bar{X})^2\right)^2}$.

(7) 样本 p-分位数：$m_p = \begin{cases} x_{([np+1])}, & \text{若}np\text{不是整数}, \\ (x_{(np)} + x_{(np+1)})/2, & \text{若}np\text{是整数}. \end{cases}$

特别地，样本中位数为：$m_{0.5} = \begin{cases} x_{\left(\frac{n+1}{2}\right)}, & n\text{为奇数}, \\ (x_{\left(\frac{n}{2}\right)} + x_{\left(\frac{n}{2}+1\right)})/2, & n\text{为偶数}. \end{cases}$

另外，分别称分位数 $m_{0.25}$，$m_{0.75}$ 为**下四分位数**和**上四分位数**，称它们的差 $m_{0.75} - m_{0.25}$ 为**四分位极差**.

(8) 顺序统计量与极差：

设 $x_1, x_2, \cdots, x_n$ 是样本 $X_1, X_2, \cdots, X_n$ 的一组观测值，将它们从小到大重新排序为 $x_{(1)} \leqslant x_{(2)} \leqslant \cdots \leqslant x_{(n)}$，称为总体 X 的**一组顺序统计量**，并称 $X_{(k)}$ 为**第 k 位顺序统计量**，称 $X_{(1)} = \min(X_1, X_2, \cdots, X_n)$ 和 $X_{(n)} = \max(X_1, X_2, \cdots, X_n)$ 分别为**样本最小统计量**和**样本最大统计量**.

称 $R = X_{(1)} - X_{(n)}$ 为**极差**.

(9) 五数概括与盒状图（也称箱线图）.

顺序统计量的应用之一就是五数概括与盒状图. 在得到有序样本后，容易计算下面的五个数值：$x_{(1)}, m_{0.25}, m_{0.5}, m_{0.75}, x_{(n)}$.

五数概括的图形表示称为**盒状图**，由箱子和线段组成，具体做法如下：

① 画一个箱子（长方形），箱子的左右线段位置分别为 $m_{0.25}$ 和 $m_{0.75}$，在中位数 $m_{0.5}$ 的位置画一条竖线段，它在箱子内. 这个箱子包含了样本 50% 的数据.

② 在箱子的左右两侧分别引出一条水平线, 分别至 $x_{(1)}$ 和 $x_{(n)}$, 每条线段包含了样本中 25% 的数据.

示意图如图 3.1.4 所示.

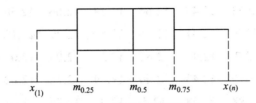

图 3.1.4 箱线图的示意图

从箱线图中可以看出以下几个方面:

① 数据的散布情况. 全部数据在箱线图中被分在 4 个区间 $[x_{(1)}, m_{0.25}]$, $[m_{0.25}, m_{0.5}]$, $[m_{0.5}, m_{0.75}]$ 和 $[m_{0.75}, x_{(n)}]$ 中, 各区间愈短, 表示数据愈集中, 反之分散.

② 偏态. 若矩形越靠近中间, 中位数越靠近矩形的中间, 则分布就越对称. 若矩形靠近左端, 中位数靠近左端, 则分布为右偏; 若矩形靠近右端, 中位数靠近右端, 则分布为左偏.

③ 离群点. 当矩形两端线段长度相差过大时, 表明长的一侧有极端值. 左边过长就用 "+" 标记, 而线段就会到次大的数值 $x_{(n-1)}$ 为止, 甚至可能终于 $x_{(n-2)}$ 等. 反之类似.

因此, 箱线图可用来对样本数据分布的形状进行大致的判断. 图 3.1.5 给出了三种常见的箱线图, 分别与分布的偏态对应.

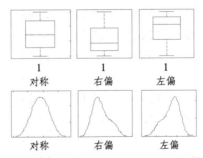

图 3.1.5 三种常见的箱线图及对应的分布形态

图 3.1.5 实现程序:
```
>>x1=[6 7 8 9 10 11 12];
>>x2=[7 8 9 10 11 14 17];
>>x3=[1 4 7 8 9 10 11];
>>subplot(2,3,1);boxplot(x1,'colors',[0 0 0],'symbol','k+','widths',2)
>>subplot(2,3,2);boxplot(x2,'colors',[0 0 0],'symbol','k+','widths',2)
>>subplot(2,3,3);boxplot(x3,'colors',[0 0 0],'symbol','k+','widths',2)
>>subplot(2,3,4);ksdensity(x1)
>>subplot(2,3,5);ksdensity(x2)
>>subplot(2,3,6);ksdensity(x3)
```

例 3.1.4　下列数据是某卷烟厂 2012 年 4 月抽检的某品牌兰州烟中烟丝的含水率数据.

12.43	12.31	12.37	12.55	12.35	12.41	12.85	12.71
12.21	12.46	12.5	12.56	12.79	12.58	12.91	12.48
12.74	12.43	12.45	12.65	12.59	12.66	12.56	12.38
12.67	12.7	12.31	12.26	12.59	12.77	12.12	12.37
12.78	12.7	12.47	12.87	12.37	12.08	12.04	12.19
12.36	12.19	12.43	12.44	12.49	12.28	12.02	12.55
12.6	11.98	12.58	12.5	12.34	12.26	11.62	12.44
12.67	12.81	12.18	12.58	12.25	12.14	11.84	12.76
12.71	12.51	12.4	12.01	12.27	12.44	11.51	12.37
12.7	12.62	12.18	12.21	12.83	12.37	12.14	12.45
12.91	12.51	12.23	12.59	12.23	12.32	12.31	12.26

请初步分析数据及其分布形态.

解　首先,我们对数据的位置参数、波动参数等进行分析,主要包括均值、标准差、上下四分位数、极差、偏度、峰度等;其次,我们画出数据的箱线图和频数直方图进行直观显示.

例 3.1.4 实现程序:

```
>>clear;clc;
>>x0=[12.43    12.31    12.37    12.55    12.35    12.41    12.85    12.71
      12.21    12.46    12.5     12.56    12.79    12.58    12.91    12.48
      12.74    12.43    12.45    12.65    12.59    12.66    12.56    12.38
      12.67    12.7     12.31    12.26    12.59    12.77    12.12    12.37
      12.78    12.7     12.47    12.87    12.37    12.08    12.04    12.19
      12.36    12.19    12.43    12.44    12.49    12.28    12.02    12.55
      12.6     11.98    12.58    12.5     12.34    12.26    11.62    12.44
      12.67    12.81    12.18    12.58    12.25    12.14    11.84    12.76
      12.71    12.51    12.4     12.01    12.27    12.44    11.51    12.37
      12.7     12.62    12.18    12.21    12.83    12.37    12.14    12.45
      12.91    12.51    12.23    12.59    12.23    12.32    12.31    12.26];
>>x=reshape(x0,[],1);    %把数据变为一列
>>disp('均值 标准差 上四分位数 下四分位数 极差 偏度 峰度')
>>xmiaoshu=[mean(x) std(x) prctile(x,0.75) prctile(x,0.25) range(x) skewness(x) kurtosis(x)]
>>subplot(1,2,1);histfit(x,7)
>>subplot(1,2,2);boxplot(x)
```

结果为:

均值	标准差	上四分位数	下四分位数	极差	偏度	峰度
12.4274	0.2674	12.5950	12.2600	1.4000	− 0.6794	4.0483

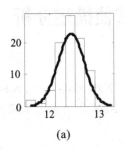 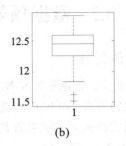

(a)   (b)

图 3.1.6　例 3.1.4 数据分布形态图

从结果来看, 标准差 (0.2647) 和极差 (1.4) 较小, 说明数据相对较为集中, 这点从上下四分位数距离很近也能反映出来. 偏度 (−0.6794) 为负, 说明数据有点左偏; 峰度 (4.0438) 比 3 大许多, 说明峰高, 数据集中. 这些数据显示的特点在图 3.1.6 中均显示了出来. 从图(a) 中能看出数据较为集中, 左边稍微有点拖尾, 说明数据中有几个较小的数据, 图形左偏, 和图(b)显示的结果一致. 图(b)中在较小的下侧连着两个加号, 说明存在两个极小值, 中位线明显高于均值线 12, 矩形靠近上侧, 数据分布左偏.

(10) 协方差与相关系数.

样本协方差为 $S_{XY} = \dfrac{1}{n}\sum_{i=1}^{n}(X_i - \bar{X})(Y_i - \bar{Y})$.

样本相关系数为 $\rho_{XY} = \dfrac{S_{XY}}{S_X S_Y}$.

MATLAB 计算这些常见统计量的函数命令见表 3.1.2.

表 3.1.2　数据描述命令

命令格式	功　能	命令格式	功　能
mean(X)	求均值	kurtosis(X)	求峰度
median(X)	求中位数	prctile(X,p)	求下侧 p% 经验分位数
std(X)	求标准差	iqr(X)	求内四分位数间距
var(X)	求方差	moment(X,n)	求 n 阶中心距
range(X)	求极差	cov(X)	求矩阵 X 的协方差阵
min(X)	求极小值	cov(X,Y)	求向量 X,Y 的协方差阵
max(X)	求极大值	corrcoef(X)	求矩阵 X 的相关系数阵
skewness(X)	求偏度	corrcoef(X,Y)	求向量 X,Y 的相关系数阵

以 mean(X)为例, 命令中的 X 若是向量, 返回结果是向量的均值; 若 X 是矩阵, 结果是矩阵的每一列的均值构成的行向量.

注: 样本标准差有两个: S_0 和 S, 其计算命令分别为

std(X,1)和 std(X).

同理对于样本方差的命令为

var(X,1)和 var(X).

3.2　数据预处理及其他描述分析

3.2.1　未知数据的处理

在实际的数据分析中, 常会遇见 NaN 这样的结果. NaN 意即 Not a Number（不是一个数）, 表示未经定义的算式的结果, 如 0/0. 在处理数据中, NaN 常用来表示未知数据或未能获得的数据. 所有与 NaN 有关的运算其结果都是 NaN. 如

>>x=[8 1 6;3 NaN 7;4 9 2];

>>sum(x)

ans=15 NaN 15

在做统计时, 常需要将 NaN 转化为可计算的数字或去掉, 以下是几种方法:

(1) i=find(~ isnan(x));x=x(i) 先找出值不是 NaN 的项的下标, 将这些元素保留.

(2) x=x(~ isnan(x)) 保留不是 NaN 的数据.

(3) x(isnan(x))=[] 消掉 NaN.

注: 判断一个值是否为 NaN, 只能用 isnan(), 而不可用 x==NaN.

例如, 对于上述的矩阵 x, 执行上述的 3 条命令中的任意一条, 结果均为

x=

　　　8

　　　3

　　　4

　　　1

　　　9

　　　6

　　　7

　　　2

3.2.2　数据的标准化处理

对于多元数据, 当各变量的量纲和数量级不一致时, 往往需要对数据进行变换处理, 以消除量纲和数量级的影响, 便于后续的统计分析. 下面介绍两种常用的数据变换方法: 标准化变换和极差归一化变换.

1) 标准化变换公式

设 p 维向量 $X = (X_1, \cdots, X_p)$ 的观测值阵为

$$x = \begin{bmatrix} x_{11}, x_{12}, \cdots, x_{1p} \\ x_{21}, x_{22}, \cdots, x_{2p} \\ \vdots \quad \vdots \qquad \vdots \\ x_{n1}, x_{n2}, \cdots, x_{np} \end{bmatrix},$$

标准化后的观测值阵为

$$x^* = \begin{bmatrix} x_{11}^*, x_{12}^*, \cdots, x_{1p}^* \\ x_{21}^*, x_{22}^*, \cdots, x_{2p}^* \\ \vdots \quad \vdots \qquad \vdots \\ x_{n1}^*, x_{n2}^*, \cdots, x_{np}^* \end{bmatrix},$$

其中 $x_{ij}^* = \dfrac{x_{ij} - \overline{x}_j}{\sqrt{s_{ij}}}$, $\overline{x}_j = \dfrac{1}{n}\sum_{i=1}^{n} x_{ij}$, $\sqrt{s_{ij}} = \sqrt{\dfrac{1}{n-1}\sum_{i=1}^{n}(x_{ij} - \overline{x}_j)^2}$, $i = 1, \cdots, n; j = 1, \cdots, p$. 变化后的矩阵 x^* 的各列均值为 0, 方差为 1.

2）极差归一化变换公式

对于（1）中的矩阵 x, 记极差归一化变换变换后的矩阵为

$$x^R = \begin{bmatrix} x_{11}^R, x_{12}^R, \cdots, x_{1p}^R \\ x_{21}^R, x_{22}^R, \cdots, x_{2p}^R \\ \vdots \quad \vdots \qquad \vdots \\ x_{n1}^R, x_{n2}^R, \cdots, x_{np}^R \end{bmatrix},$$

其中 $x_{ij}^R = \dfrac{x_{ij} - \min\limits_{1 \leq k \leq n} x_{kj}}{\max\limits_{1 \leq k \leq n} x_{ki} - \min\limits_{1 \leq k \leq n} x_{kj}}, i = 1, \cdots, n; j = 1, \cdots, p$. 经过极差归一化变换后, 矩阵 x^R 的每个元素的取值均在 0~1.

例 3.2.1　为了分析对我国粮食产量有较大影响的几个因素, 考虑表 3.2.1 中的因素和数据. 为了去除量纲的影响, 请对数据进行标准化处理.

表 3.2.1　我国粮食产量及其几个影响因素

年份	农业机械总动力（万千瓦）	国家财政用于农业的支出（亿元）	农用化肥施用折纯量（万吨）	粮食作物播种面积（千公顷）	粮食产量（万吨）
2000	52 573.61	1 231.5	4 146.4	108 462.5	46 217.5
2001	55 172.1	1 456.7	4 253.8	106 080.0	45 263.7
2002	57 929.85	1 580.8	4 339.4	103 890.8	45 705.8
2003	60 386.54	1 754.5	4 411.6	99 410.4	43 069.5
2004	64 027.91	2 337.6	4 636.6	101 606.0	46 947.0
2005	68 397.85	2 450.3	4 766.2	104 278.4	48 402.2
2006	72 522.12	3 173	4 927.7	104 957.7	49 804.2
2007	76 589.56	4 318.3	5 107.8	105 638.4	50 160.3
2008	82 190.41	5 955.5	5 239.0	106 792.7	52 870.9
2009	87 496.1	7 253.1	5 404.4	108 985.8	53 082.1
2010	92 780.48	8 579.7	5 561.7	109 876.1	54 647.7
2011	97 734.66	10 497.7	5 704.2	110 573.0	57 120.9
2012	102 558.96	NaN	5 838.9	111 204.6	58 958.0

解　从表 3.2.1 中能注意到，2012 年这一行中缺少一个数据，我们把这一行的数据去除后用剩下的数据进行变换.

例 3.2.1 实现程序:

```
>>clear;clc;
>>x=[52573.61      1231.5      4146.4      108462.5      46217.5
      55172.1      1456.7      4253.8      106080.0      45263.7
      57929.85     1580.8      4339.4      103890.8      45705.8
      60386.54     1754.5      4411.6       99410.4      43069.5
      64027.91     2337.6      4636.6      101606.0      46947.0
      68397.85     2450.3      4766.2      104278.4      48402.2
      72522.12     3173       4927.7      104957.7      49804.2
      76589.56     4318.3      5107.8      105638.4      50160.3
      82190.41     5955.5      5239.0      106792.7      52870.9
      87496.1      7253.1      5404.4      108985.8      53082.1
      92780.48     8579.7      5561.7      109876.1      54647.7
      97734.66    10497.7      5704.2      110573.0      57120.9
     102558.96     NaN        5838.9      111204.6      58958.0];
>> [m,n]=size(x)
>>x(any(isnan(x)'),:)=[];    %把含有 NaN 的行都去掉
>>xz=zscore(x)    %标准化变换结果,按列进行
>>x0=x';    %转置
>> [Y,PS]=mapminmax(x0,'YMIN',0,'YMAX',1);    %按行归一化处理在 0 ~ 1
>>xr=Y'    %返回原始矩阵的按列归一化处理
```

结果为

m=13

n=5

xz=

```
   -1.3023   -0.9523   -1.3688    0.7733   -0.7532
   -1.1309   -0.8804   -1.1670    0.0601   -0.9761
   -0.9490   -0.8408   -1.0062   -0.5953   -0.8728
   -0.7869   -0.7854   -0.8705   -1.9366   -1.4889
   -0.5468   -0.5993   -0.4477   -1.2793   -0.5828
   -0.2585   -0.5634   -0.2042   -0.4793   -0.2427
    0.0135   -0.3327    0.0992   -0.2759    0.0849
    0.2818    0.0327    0.4376   -0.0721    0.1681
    0.6513    0.5552    0.6841    0.2734    0.8015
    1.0013    0.9693    0.9949    0.9300    0.8508
    1.3498    1.3926    1.2904    1.1965    1.2167
    1.6766    2.0047    1.5582    1.4052    1.7946
```

xr=

0	0	0	0.8109	0.2240
0.0575	0.0243	0.0689	0.5975	0.1562
0.1186	0.0377	0.1239	0.4014	0.1876
0.1730	0.0564	0.1702	0	0
0.2536	0.1194	0.3147	0.1967	0.2760
0.3504	0.1315	0.3979	0.4361	0.3795
0.4417	0.2095	0.5015	0.4970	0.4793
0.5318	0.3331	0.6172	0.5579	0.5046
0.6558	0.5098	0.7014	0.6613	0.6975
0.7733	0.6498	0.8075	0.8578	0.7126
0.8903	0.7930	0.9085	0.9376	0.8240
1.0000	1.0000	1.0000	1.0000	1.0000

从结果来看,原来矩阵是 13 行,去掉最后一行后进行变换,结果均为 12*5 的矩阵.

3.2.3 数据的其他描述分析和显示

1）数据的其他描述分析

在实际处理数据中,除了前面介绍的一些数据描述方法和处理方法外,还有一些常用的方法,这在前面的题目中已经用到了,比如在求累积频数和累积频率时用到了累积求和命令 cumsum 等,下面作一总结,见表 3.2.2.

表 3.2.2 数据的描述分析

命令格式	功　能
mode(X)	求众数（出现次数最多的数）
cumprod(X)	求元素累积之积
[Y,I]=sort(X)	对 X 升序排列
sortrows(X)	对矩阵 X 的行进行排序
sum(X)	求元素之和
cumsum(X)	求元素累积之和
prod(X)	求元素之积
trimmean(X,p)	剔除上下各（$p/2$)%数据后的均值
fix(X)	截尾取整
floor(X)	不超过 X 的最大整数
ceil(X)	大于 X 的最小整数
round(X)	四舍五入取整
diff(X)	求一阶差分
diff(X,k)	求 k 阶差分

在表 3.2.2 中,注意排序命令

[Y,I]=sort(X).

若 X 是向量, Y 是 X 的升序排列, I 是 Y 对应的 X 各元素原来的编址; 若 X 是矩阵, Y 是 X 的每一列按升序排列形成的矩阵, I 是 Y 按列对应的 X 相应列的各元素原来的编址所构成的矩阵.

简单举几个例子, 说明一下部分命令的应用. 比如:

>> a=[-1.9, -0.2, 3.4, 5.6, 7, 2.4+3.6i];

>> fix(a)

ans=-1.0000　　0　　3.0000　　5.0000　　7.0000　　2.0000 + 3.0000i

>> floor(a)

ans=-2.0000　　-1.0000　　3.0000　　5.0000　　7.0000　　2.0000 + 3.0000i

>> ceil(a)

ans=-1.0000　　0　　4.0000　　6.0000　　7.0000　　3.0000 + 4.0000i

>> round(a)

ans=-2.0000　　0　　3.0000　　6.0000　　7.0000　　2.0000 + 4.0000i

对于按时间顺序排列的数据, 在日常处理中常需要进行差分处理, 即后一个数据减去前一个数据, 称为**一阶差分**, 若对一阶差分后的数据再进行一次差分, 称为**二阶差分**. 依此类推. 如

>>x=[1 2 3 4 5];

>>y=diff(x)

y=1　　1　　1　　1

>>z=diff(x,2)

z=0　　0　　0

2）数据的图形显示

除了直方图外, 还有几种常见的数据显示方法, 下面分别介绍.

(1) 柱状图.

记 $X = (x_1, x_2, \cdots, x_n)$, $Y = (y_1, y_2, \cdots, y_n)$ 为一列（或行）向量. $bar(X, Y)$ 以一维向量 X 的值为横坐标, 对应的 Y 为纵坐标画直方图. 但须注意这里 X 必须是严格递增的且和一维向量 Y 长度相同.

例 3.2.2　记 X=[2 3 4], Y=[8 9 5], 请绘制柱状图.

例 3.2.2 实现程序:

X=[2 3 4]; Y=[8 9 5];

>>bar(X,Y)　　%绘制出来的就是在坐标 x=2 时的柱高 8, x=3 时的柱高 9, x=4 时的柱高 5

结果如图 3.2.1 所示.

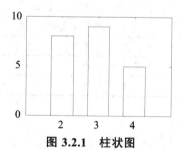

图 3.2.1　柱状图

(2) 饼图.

看一个例子.

例 3.2.3 设某班某课程的考试成绩如下: 90 分以上有 32 人, 81～90 有 58 人, 71～80 分有 27 人, 60～70 分为 21 人, 60 分以下有 16 人, 试画出饼图.

例 3.2.3 实现程序:

```
>> x=[32 58 27 21 16];
>>explode=[0,0,0,0,1];    %目的是把 60 分以下的人的比例饼图与其他部分分开
>>labels={'>=90','80-89','70-79','60-69','<60'};
>> subplot(2,2,1)
>> pie(x)    %只要饼图
>> subplot(2,2,2)
>>pie(x, labels)    %不要分割,要标签
>> subplot(2,2,3)
>>pie(x, explode)    %要分割,不要标签
>> subplot(2,2,4)
>>pie(x, explode, labels)    %要分割,要标签
```

结果如图 3.2.2 所示.

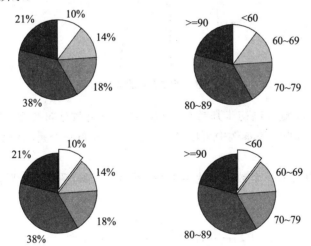

图 3.2.2 例 3.2.3 饼图

绘制饼图的是函数 pie, 它可以形象地表示出向量中各元素所占的比例. 在该命令

pie(x)

中, x 中的元素通过 x/sum(x) 进行归一化, 以确定饼图中的份额, 但需注意若 sum(x) ≤ 1, 画出的是一个不完整的饼图;

pie(x,explode),

explode 是定义哪一份要分割出来, 向量 explode 的长度和 x 的元素数相同, 其元素一般为 0 或 1, explode 中不为零的部分会被分开. 若想在饼图中的每一份额上加入标签, 还可以用命令为

pie(x, labels) 或 pie(x,explode,labels),

其中向量 labels={'标签 1','标签 2','标签 3',…}, 长度必须和向量 x 长度相等.

(3) 火柴杆图.

绘制火柴杆图的命令为

stem(x,y),

以点(*x*,*y*)绘制图形, 很类似于 plot(x,y), 但不同的是该命令绘制的图形是平行于纵轴的线段, 线段的端点一段在横轴上, 一段以空心圆点(*x*, *y*)结束.

例 3.2.4　某饭店在计算机上获得了 *n* = 908 名顾客在一个小时内打电话的数据:

打电话次数 *x*　　0　　　1　　　2　　　3

相应的人数 *y*　　490　334　68　16

请问顾客用电话可能服从什么分布?

例 3.2.4 实现程序:

```
>>x=[0      1      2      3];
>>y=[490    334    68    16];
>>stem(x,y)
```

结果如图 3.2.3 所示.

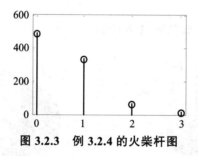

图 3.2.3　例 3.2.4 的火柴杆图

从图形中线段的高低可以初步判断和已知的哪一种离散分布类似, 然后利用分布拟合检验或其他方法进一步诊断. 像本例中可以进一步检验该分布是否是泊松分布等.

(4) 茎叶图.

茎叶图将数据中的每一个数据分为两部分, 前面一部分称为**茎**, 后面的部分称为**叶**. 如图 3.24 所示.

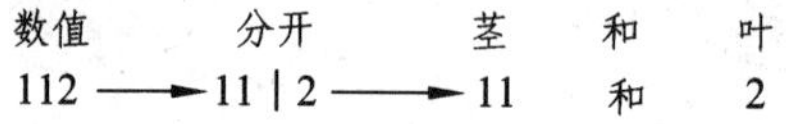

数值　　　　分开　　　茎　和　叶
112 ——→ 11 | 2 ——→ 11 　和　 2

图 3.2.4

茎叶图很像放倒的直方图, 不过茎叶图中用的是原始数据, 保留了数据中的全部信息, 使我们对数据的具体取值更加一目了然.

例 3.2.5　记 *x* = [44 46 47 49 63 64 66 68 68 72 72 75 76 81 84 88 106], 请做出茎叶图.

例 3.2.5 实现程序:

```
x=[44 46 47 49 63 64 66 68 68 72 72 75 76 81 84 88 106];
>>function jyt(x,mtp)
>>if nargin<2
    mtp=1;
>>end
```

```
>>a=x(:)*mtp;
>>a(isnan(a))=[];
>>b=a-mod(a,10);
>>b=unique(b);
>>b=sort(b);
>>N=length(b);
>>for k=1:N
    tmp=b(k);
    TT=sort(a');
    TT(TT<tmp)=[];
    TT(TT>=tmp+10)=[];
    ts=mat2str(mod(TT,10));
    ts(ts=='[')=[];
    ts(ts==']')=[];
    disp([int2str(tmp/mtp),'  :  ',ts]);
    >>end
>>end
>>jyt(x,1)
```
结果为
```
40：  4 6 7 9
60：  3 4 6 8 8
70：  2 2 5 6
80：  1 4 8
100：  6
```

通过这些描述分析和数据显示的学习, 读者能初步掌握数据基本形态的一般描述, 并为进一步深入分析奠定了基础.

3.3   抽样分布

统计量是一个随机变量, 它的分布通常称为**抽样分布**.

3.3.1   三大抽样分布

1）χ^2 分布

定义 3.3.1   设 $X_1, X_2, \cdots, X_n$ 是来自标准正态总体 $N(0,1)$ 的样本, 称随机变量

$$\chi^2 = X_1^2 + X_2^2 + \cdots + X_n^2$$

服从自由度为 n 的 χ^2 分布, 记作 $\chi^2 \sim \chi^2(n)$.

这里自由度 n 表示服从 $N(0,1)$ 的独立变量的个数. 其概率密度为

$$p(x) = \begin{cases} \dfrac{1}{2^{n/2}\,\Gamma(n/2)} x^{\frac{n}{2}-1} \mathrm{e}^{-\frac{x}{2}}, & x > 0, \\ 0 & x \leqslant 0. \end{cases}$$

$\chi^2(n)$ 分布的概率密度 $p(x)$ 的图像如图 3.3.1 所示.

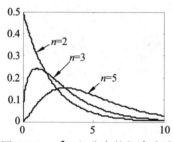

图 3.3.1　$\chi^2(n)$ 分布的概率密度

图 3.3.1 实现程序:

```
>>x=0:0.01:10;
>>y1=chi2pdf(x,2);   %自由度为 2 的卡方分布密度函数值
>>y2=chi2pdf(x,3);
>>y3=chi2pdf(x,5);
>>plot(x,y1,'k',x,y2,'r',x,y3,'b','linewidth',2)   %画图
```

χ^2 分布主要有以下几个性质.

性质 1　若 $\chi_1^2 \sim \chi^2(n_1)$，$\chi_2^2 \sim \chi^2(n_2)$，且 χ_1^2 和 χ_2^2 相互独立，则

$$\chi_1^2 + \chi_2^2 \sim \chi^2(n_1 + n_2).$$

性质 1 可以推广到有限个 χ^2 分布的情形.

性质 2　设 $\chi^2 \sim \chi^2(n)$，则对任意实数 x，有

$$\lim_{n \to \infty} P\left\{\frac{\chi^2 - n}{\sqrt{2n}} \leqslant x\right\} = \frac{1}{\sqrt{2\pi}} \int_{-\infty}^{x} \mathrm{e}^{-\frac{t^2}{2}} \mathrm{d}t.$$

例 3.3.1　设 X_1, X_2, X_3, X_4 是来自总体 $N(0,4)$ 的一个样本，问当 a,b 为何值时，$Y = a(X_1 - 2X_2)^2 + b(3X_3 - 4X_4)^2 \sim \chi^2(n)$，并确定 n 的值.

解　由于 X_1, X_2, X_3, X_4 独立同分布于 $N(0,4)$，所以

$$E(X_1 - 2X_2) = 0, \quad D(X_1 - 2X_2) = D(X_1) + (-2)^2 D(X_2) = 20,$$

$$E(3X_3 - 4X_4) = 0, \quad D(3X_3 - 4X_4) = 3^2 D(X_3) + (-4)^2 D(X_4) = 100.$$

于是 $\dfrac{X_1 - 2X_2}{\sqrt{20}} \sim N(0,1)$，$\dfrac{3X_3 - 4X_4}{10} \sim N(0,1)$，而且 $X_1 - 2X_2$ 与 $3X_3 - 4X_4$ 相互独立，所以

$$\frac{(X_1 - 2X_2)^2}{20} + \frac{(3X_3 - 4X_4)^2}{100} \sim \chi^2(2).$$

从而 $a = \dfrac{1}{20}$，$b = \dfrac{1}{100}$，$n = 2$．

2）t分布

定义 3.3.2　设 $X \sim N(0,1)$，$Y \sim \chi^2(n)$，且 X 和 Y 相互独立，称随机变量

$$t = \frac{X}{\sqrt{Y/n}}$$

服从自由度为 n 的 t 分布，记作 $t \sim t(n)$．t 分布又称学生氏（Student）分布．

$t(n)$ 分布的概率密度为

$$p(x) = \frac{\Gamma\left(\dfrac{n+1}{2}\right)}{\sqrt{n\pi}\,\Gamma\left(\dfrac{n}{2}\right)}\left(1 + \frac{x^2}{n}\right)^{-\frac{n+1}{2}}，\quad -\infty < x < +\infty．$$

并且当 $n \to \infty$ 时，$t(n)$ 分布的概率密度趋于标准正态分布的概率密度，即有

$$\lim_{n \to \infty} p(x) = \frac{1}{\sqrt{2\pi}}\mathrm{e}^{-\frac{x^2}{2}}，\quad -\infty < x < +\infty．$$

$p(x)$ 图像如图 3.3.2 所示．可以看出，$p(x)$ 的图像关于纵轴对称，并且 $p(x)$ 曲线的峰顶比标准正态曲线峰顶要低，两端较标准正态曲线要高，即厚尾尖峰的特点．此外，可以证明，

$$E(t) = 0 \quad (n > 1)，\quad D(t) = \frac{n}{n-2} \quad (n > 2)．$$

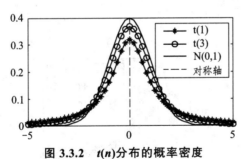

图 3.3.2　$t(n)$分布的概率密度

图 3.3.2 实现程序：

```
>>x=-5:0.2:5;
>>y1=tpdf(x,1);   %自由度为 2 的 t 分布密度函数值
>>y2=tpdf(x,3);
>>y3=normpdf(x,0,1);   %标准正态分布密度函数值
>>plot(x,y1,'k*-',x,y2,'ro-',x,y3,'b','linewidth',2)
>>hold on
>>plot([0 0],[0 0.4],'k--')
>>hold off
```

例 3.3.2　设总体 X 和 Y 相互独立且都服从 $N(0,3^2)$ 分布，而样本 $X_1, X_2, \cdots, X_9$ 和

$Y_1, Y_2, \cdots, Y_9$ 分别来自 X 和 Y，求统计量 $T = \dfrac{X_1 + X_2 + \cdots + X_9}{\sqrt{Y_1^2 + Y_2^2 + \cdots + Y_9^2}}$ 的分布.

解　由于

$$\bar{X} = \frac{1}{9}\sum_{i=1}^{9} X_i \sim N(0,1); \quad \frac{Y_i}{3} \sim N(0,1); \quad i = 1, 2, \cdots, 9; \quad Y = \sum_{i=1}^{9}\left(\frac{Y_i}{3}\right)^2 = \frac{1}{9}\sum_{i=1}^{9} Y_i^2 \sim \chi^2(9),$$

并且 X 和 Y 相互独立，由 t 分布的定义知

$$T = \frac{\bar{X}}{\sqrt{Y/9}} = \frac{\sum\limits_{i=1}^{9} X_i}{\sqrt{\sum\limits_{i=1}^{9} Y_i^2}} \sim t(9).$$

3）F 分布

定义 3.3.3　设 $X \sim \chi^2(n_1)$，$Y \sim \chi^2(n_2)$，且 X 和 Y 相互独立，称随机变量

$$F = \frac{X/n_1}{Y/n_2}$$

服从自由度为 (n_1, n_2) 的 F 分布，记为 $F \sim F(n_1, n_2)$.

概率密度为

$$p(x) = \begin{cases} \dfrac{\Gamma((n_1 + n_2)/2)}{\Gamma(n_1/2)\Gamma(n_2/2)} \left(\dfrac{n_1}{n_2}\right)^{\frac{n_1}{2}} x^{\frac{n_1}{2}-1} \left(1 + \dfrac{n_1}{n_2}x\right)^{-\frac{n_1+n_2}{2}}, & x > 0, \\ 0, & x \leqslant 0. \end{cases}$$

其图像如图 3.3.3 所示.

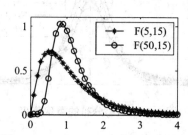

图 3.3.3　$F(n_1, n_2)$ 分布的概率密度

此外，可以证明，若 $F \sim F(n_1, n_2)$，则

$$E(F) = \frac{n_2}{n_2 - 2}, (n_2 > 2), \quad D(F) = \frac{n_2^2(2n_1 + 2n_2 - 4)}{n_1(n_2 - 2)^2(n_2 - 4)}, (n_2 > 4).$$

图 3.3.3 实现程序：

```
>>x=0:0.1:5;
>>y1=fpdf(x,5,15);   %自由度为 5,15 的 F 分布密度函数值
>>y2=fpdf(x,50,15);
>>plot(x,y1,'k*-',x,y2,'ko-','linewidth',2)
```

3.3.2　三大分布的分位点

设 $\chi^2 \sim \chi^2(n)$，对于给定的正数 $\alpha(0 < \alpha < 1)$，称满足条件

$$P\{\chi^2 < \chi_\alpha^2(n)\} = \int_{-\infty}^{\chi_\alpha^2(n)} p(x)\mathrm{d}x = \alpha$$

的点 $\chi_\alpha^2(n)$ 为 $\chi^2(n)$ 分布的（下）α 分位点（见图 3.3.4(a)）.

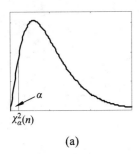
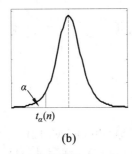
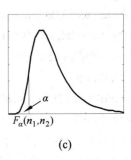

(a)　　　　　　　　　　(b)　　　　　　　　　　(c)

图 3.3.4　三大分布的（下）α 分位点

图 3.3.4 实现程序：

```
>>clear;   %清除内存
>>clc;   %清除窗口
>>alpha=0.05;
>>subplot(1,3,1);
>>x1=0:0.1:15;
>>y1=chi2pdf(x1,5);
>>plot(x1,y1,'k','linewidth',2)
>>a1=chi2inv(alpha,5);   %分位点
>>b1=chi2pdf(a1,5);
>>hold on
>>plot([a1 a1],[0 b1],'k')
>>hold off
>>text(a1,-0.01, '{\chi}_{0.05}^2(5) ', 'fontsize', 12)
>>subplot(1,3,2);
>>x2=-5:0.1:5;
>>y2=tpdf(x2,5);
>>plot(x2,y2,'k','linewidth',2)
>>a2=tinv(alpha,5);   %分位点
>>b2=tpdf(a2,5);
>>hold on
>>plot([a2 a2],[0 b2],'k')
>>plot([0 0],[0 tpdf(0,5)],'k--')
>>hold off
```

```
>>text(a2,-0.01, '{t}_{0.05}(5) ', 'fontsize', 12)
>>x22=-5:0.1:a2;
>>y22=tpdf(x22,5);
>>subplot(1,3,3);
>>x3=0:0.1:3;
>>y3=fpdf(x3,50,15);
>>plot(x3,y3,'k','linewidth',2)
>>a3=finv(alpha,50,15);   %分位点
>>b3=fpdf(a3,50,15);
>>hold on
>>plot([a3 a3],[0 b3],'k')
>>hold off
>>text(a3,-0.01, '{F}_{0.05}(50,15) ', 'fontsize', 12)
```

设 $t \sim t(n)$，对于给定的正数 $\alpha(0 < \alpha < 1)$，称满足条件

$$P\{t < t_\alpha(n)\} = \int_{-\infty}^{t_\alpha(n)} p(x)\mathrm{d}x = \alpha$$

的点 $t_\alpha(n)$ 为 $t(n)$ 分布的 α 分位点（见图 3.3.4(b)）.

由对称性知 $t_{1-\alpha}(n) = -t_\alpha(n)$.当 n 较大（通常 $n > 45$）时，$t_\alpha(n)$ 可以由标准正态分布的 α 分位点 u_α 来近似代替.

设 $F \sim F(n_1, n_2)$，对于给定的正数 $\alpha(0 < \alpha < 1)$，称满足条件

$$P\{F < F_\alpha(n_1, n_2)\} = \int_{-\infty}^{F_2(n_1, n_2)} p(x)\mathrm{d}x = \alpha$$

的点 $F_\alpha(n_1, n_2)$ 为 $F(n_1, n_2)$ 分布的 α 分位点（如图 3.3.4(c)）.

若 $F \sim F(n_1, n_2)$，则由 F 分布的定义知 $\dfrac{1}{F} \sim F(n_2, n_1)$，从而，我们有 $F_{1-\alpha}(n_1, n_2) = \dfrac{1}{F_\alpha(n_2, n_1)}$.

3.3.3　正态总体下的常用统计量的分布

定理 3.3.1　设 $X_1, X_2, \cdots, X_n$ 是来自正态总体 $X \sim N(\mu, \sigma^2)$ 的样本，则有

(1)　$\bar{X} \sim N\left(\mu, \dfrac{\sigma^2}{n}\right)$ 和 $U = \dfrac{\bar{X} - \mu}{\sigma / \sqrt{n}} \sim N(0,1)$；

(2)　$t = \dfrac{\bar{X} - \mu}{S / \sqrt{n}} \sim t(n-1)$；

(3)　$\bar{X}$ 与 S^2 独立；

(4)　$\dfrac{1}{\sigma^2} \sum_{i=1}^{n} (X_i - \mu)^2 \sim \chi^2(n)$；

(5)　$\dfrac{(n-1)S^2}{\sigma^2} \sim \chi^2(n-1)$.

例 3.3.3 在总体 $N(80,20^2)$ 中随机抽取一容量为 100 的样本，求样本均值 $\bar{X}$ 与总体均值之差的绝对值大于 3 的概率.

解 由定理 3.3.1 知

$$U = \frac{\bar{X}-80}{20/10} = \frac{\bar{X}-80}{2} \sim N(0,1),$$

于是

$$P\{|\bar{X}-80|>3\} = P\left\{\frac{|\bar{X}-80|}{2} > \frac{3}{2}\right\} = 2\left(1 - P\left\{\frac{\bar{X}-80}{2} \leqslant \frac{3}{2}\right\}\right)$$

$$= 2[1-\Phi(1.5)] = 2(1-0.9332) = 0.1336.$$

例 3.3.3 实现程序：

```
>> P=2*(1-normcdf(1.5))
P=0.1336   %结果
```

例 3.3.4 设总体 $X \sim N(3.4,6^2)$，$X_1, X_2, \cdots, X_n$ 为 X 的样本，若要使 $P\{1.4 < \bar{X} < 5.4\} \geqslant 0.95$，问样本容量 n 至少应取多大？

解 由定理 3.3.1 知

$$\frac{\bar{X}-3.4}{6/\sqrt{n}} \sim N(0,1).$$

又

$$P\{1.4 < \bar{X} < 5.4\} = P\{|\bar{X}-3.4| < 2\} = P\left\{\frac{|\bar{X}-3.4|}{6/\sqrt{n}} < \frac{\sqrt{n}}{3}\right\} = 2\Phi(\sqrt{n}/3) - 1,$$

所以，要使

$$P\{1.4 < \bar{X} < 5.4\} \geqslant 0.95,$$

只需

$$2\Phi(\sqrt{n}/3) - 1 \geqslant 0.95,$$

查正态分布表，得 $\sqrt{n}/3 \geqslant 1.96$，所以 $n = 35$.

例 3.3.4 实现程序：

```
>> x=norminv((0.95+1)/2)
x=1.9600   %结果
继续运行
>> nzhi=solve('sqrt(n)/3=1.96');
>>n=ceil(nzhi)   %向上取整
n=35   %结果
```

定理 3.3.2 设样本 $X_1, X_2, \cdots, X_{n_1}$ 和 $Y_1, Y_2, \cdots, Y_{n_2}$ 分别来自两个相互独立正态总体 $X \sim N(\mu_1, \sigma_1^2)$ 和 $Y \sim N(\mu_2, \sigma_2^2)$，则有：

(1) $U = \dfrac{\bar{X} - \bar{Y} - (\mu_1 - \mu_2)}{\sqrt{\sigma_1^2/n_1 + \sigma_2^2/n_2}} \sim N(0,1)$；

(2) 当 $\sigma_1 = \sigma_2$ 时，记 $S_w^2 = \dfrac{(n_1-1)S_1^2 + (n_2-1)S_2^2}{n_1+n_2-2}$，则有

$$T = \frac{(\overline{X} - \overline{Y}) - (\mu_1 - \mu_2)}{S_w \sqrt{1/n_1 + 1/n_2}} \sim t(n_1 + n_2 - 2);$$

(3) $F = \dfrac{\sigma_2^2}{\sigma_1^2} \cdot \dfrac{S_1^2}{S_2^2} \sim F(n_1 - 1, n_2 - 1)$.

习题 3

1. 某射手独立重复地射击 18 次，击中靶子的环数如下：

环数	10	9	8	7	6	5	4
频数	1	3	0	8	4	1	1

求经验分布函数并作图.

2. 学校随机抽取 100 名学生，测量他们的身高（cm）和体重（kg），所得数据如下表：

身高	体重	身高	体重	身高	体重	身高	体重	身高	体重
172	75	169	55	169	64	171	65	167	47
171	62	168	67	165	52	169	62	168	65
166	62	168	65	164	59	170	58	165	64
160	55	175	67	173	74	172	64	168	57
155	57	176	64	172	69	169	58	176	57
173	58	168	50	169	52	167	72	170	57
166	55	161	49	173	57	175	76	158	51
170	63	169	63	173	61	164	59	165	62
167	53	171	61	166	70	166	63	172	53
173	60	178	64	163	57	169	54	169	66
178	60	177	66	170	56	167	54	169	58
173	73	170	58	160	65	179	62	172	50
163	47	173	67	165	58	176	63	162	52
165	66	172	59	177	66	182	69	175	75
170	60	170	62	169	63	186	77	174	66
163	50	172	59	176	60	166	76	167	63
172	57	177	58	177	67	169	72	166	50
182	63	176	68	172	56	173	59	174	64
171	59	175	68	165	56	169	65	168	62
177	64	184	70	166	49	171	71	170	59

请绘制身高和体重的频数频率分布表和直方图，再结合箱线图初步分析体重和身高的分布特征.

3. 随机抽取 25 个网络用户, 得到他们的年龄数据如下: (单位: 周岁)

19	15	29	25	24
23	21	38	22	18
30	20	19	19	16
23	27	22	34	24
41	20	31	17	23

请计算众数、中位数、四分位数、平均数和标准差以及偏态系数和峰态系数, 对网民年龄的分布特征进行综合分析.

4. 某银行为缩短顾客到银行办理业务等待的时间, 准备采用两种排队方式进行试验: 一种是所有顾客都进入一个等待队列; 另一种是顾客在三个业务窗口处列队 3 排等待. 为比较哪种排队方式使顾客等待的时间更短, 两种排队方式各随机抽取 9 名顾客: 得到第一种排队方式的平均等待时间为 7.2 分钟, 标准差为 1.97 分钟; 第二种排队方式的等待时间 (单位: 分钟) 如下:

$$5.5 \quad 6.6 \quad 6.7 \quad 6.8 \quad 7.1 \quad 7.3 \quad 7.4 \quad 7.8 \quad 7.8$$

试完成下列问题:

(1) 画出第二种排队方式等待时间的茎叶图;

(2) 计算第二种排队时间的平均数和标准差, 比较两种排队方式等待时间的离散程度;

(3) 如果让你选择一种排队方式, 你会选择哪一种? 试说明理由.

5. 一项关于大学生体重状况的研究发现. 男生的平均体重为 60 kg, 标准差为 5 kg; 女生的平均体重为 50 kg, 标准差为 5 kg. 请回答下面的问题:

(1) 是男生的体重差异大还是女生的体重差异大? 为什么?

(2) 以磅为单位 (1 kg = 2.2 lb), 求体重的平均数和标准差.

(3) 粗略地估计一下, 男生中有百分之几的人体重在 55 ~ 65 kg?

(4) 粗略地估计一下, 女生中有百分之几的人体重在 40 ~ 60 kg?

6. 已知 1995—2004 年我国的国内生产总值数据如下 (按当年价格计算): (单位: 亿元)

年份	国内生产总值	第一产业	第二产业	第三产业
1995	58 478.1	11 993	28 538	17 947
1996	67 884.6	13 844.2	33 613	20 428
1997	74 462.6	14 211.2	37 223	23 029
1998	78 345.2	14 552.4	38 619	25 174
1999	82 067.5	14 471.96	40 558	27 038
2000	89 468.1	14 628.2	44 935	29 905
2001	97 314.8	15 411.8	48 750	33 153
2002	105 172.3	16 117.3	52 980	36 075
2003	117 390.2	16 928.1	61 274	39 188
2004	136 875.9	20 768.07	72 387	43 721

请完成:

(1) 绘制国内生产总值的线图;

(2) 统一坐标系下绘制第一、二、三产业国内生产总值的线图;

(3) 根据2004年的国内生产总值及其构成数据绘制饼图.

7. 设 $X \sim N(\mu, \sigma^2)$, 其中 μ 为已知, σ^2 未知, $X_1, X_2, \cdots, X_n$ 是总体 X 的样本, 问下列哪些是统计量? 哪些不是? 并简述理由.

(1) $X_1 + X_2 + \sigma$;　　　(2) $\sum_{i=1}^{n} (X_i - \mu)$;　　　(3) $\min\{X_1, X_2, X_3\}$;

(4) $\dfrac{X_1 + X_2 + X_3}{\sigma^2}$;　　　(5) $\sum_{i=1}^{n} \dfrac{(X_i - \mu)^2}{\sigma^2}$;　　　(6) $\sum_{i=1}^{n} \dfrac{(X_i - \mu)^2}{S^{*2}}$.

8. 查表求 $\chi^2_{0.99}(12)$, $\chi^2_{0.01}(12)$, $t_{0.99}(12)$, $t_{0.01}(12)$, $F_{0.025}(5,10)$, $F_{0.95}(10,5)$.

9. 查表求下列各式中 C 的值:

(1) 设 $X \sim \chi^2(24)$, $P(X > C) = 0.1$;　　　(2) 设 $X \sim \chi^2(40)$, $P(X < C) = 0.95$;

(3) 设 $X \sim t(6)$, $P(X > C) = 0.05$;　　　(4) 设 $X \sim F(10,10)$, $P(X > C) = 0.05$;

(5) 设 $X \sim t(10)$, $P(X > C) = 0.95$.

10. 当样本容量大小为 2 时, 求证: (1) $S^{*2} = \dfrac{1}{4}(X_1 - X_2)^2$; (2) $S^2 = 2S^{*2}$.

11. $X_1, X_2, \cdots, X_n$ 是总体 X 的样本, $\bar{X} = \dfrac{1}{n} \sum_{i=1}^{n} X_i$, $S^2 = \dfrac{1}{(n-1)} \sum_{i=1}^{n} (X_i - \bar{X})^2$, 若 (1) $X \sim N(\mu, \sigma^2)$; (2) $X \sim B(1, p)$, 试分别求 $E(\bar{X})$, $D(\bar{X})$, $E(S^2)$.

12. 从总体 $X \sim N(52, 6.3^2)$ 中抽取一容量为 36 的样本, 求样本均值 $\bar{X}$ 落在 $50.8 \sim 53.8$ 的概率.

13. 设 $X_1, X_2, \cdots, X_n$ 是来自正态总体 $N(0, \sigma^2)$ 的样本, 试证:

(1) $\dfrac{1}{\sigma^2} \sum_{i=1}^{n} X_i^2 \sim \chi^2(n)$;　　　(2) $\dfrac{1}{n\sigma^2} (\sum_{i=1}^{n} X_i)^2 \sim \chi^2(1)$.

14. 设 $X_1, X_2, \cdots, X_5$ 是独立且均服从 $N(0,1)$ 分布的随机变量.

(1) 试给出常数 c, 使得 $c(X_1^2 + X_2^2)$ 服从 χ^2 分布, 并指出它的自由度;

(2) 试给出常数 d, 使得 $\dfrac{d(X_1 + X_2)}{\sqrt{X_3^2 + X_4^2 + X_5^2}}$ 服从 t 分布, 并指出它的自由度.

15. 设 $X_1, \cdots, X_n, X_{n+1}, \cdots X_{n+m}$ 是来自正态总体 $N(0, \sigma^2)$ 的样本, 求下列统计量的抽样分布:

(1) $\dfrac{1}{\sigma^2} \sum_{i=1}^{n+m} X_i^2$;　　　(2) $\dfrac{\sqrt{m} \sum_{i=1}^{n} X_i}{\sqrt{n} \sqrt{\sum_{i=1}^{n+m} X_i^2}}$;　　　(3) $\dfrac{m \sum_{i=1}^{n} X_i^2}{n \sum_{i=n+1}^{m} X_i^2}$.

16. 设总体 $X \sim N(0, \sigma^2)$, X_1, X_2 为 X 的样本, 求证 $\dfrac{(X_1 + X_2)^2}{(X_1 - X_2)^2}$ 服从分布 $F(1,1)$.

4 参数估计与假设检验

4.1 参数估计

4.1.1 参数的点估计

如果总体分布中含有 k 个未知参数 $\theta_1,\cdots,\theta_k$，则需要构造 k 个统计量 $\hat{\theta}_1(X_1,X_2,\cdots,X_n),\cdots,$ $\hat{\theta}_k(X_1,X_2,\cdots,X_n)$ 分别作为 $\theta_1,\cdots,\theta_k$ 的估计量. 习惯上，称 $\hat{\theta}(X_1,X_2,\cdots,X_n)$ 为**参数 θ 的估计量**，称 $\hat{\theta}(x_1,x_2,\cdots,x_n)$ 为 **θ 的估计值**. 在不致混淆的情况下，估计量与估计值都简称为**估计**，简记为 $\hat{\theta}$. 容易看出，对于不同的样本值来说，由同一个估计量得出的估计值一般是不相同的. 在几何上，一个数值是数轴上的一个点，用 θ 的估计值 $\hat{\theta}$ 作为 θ 的近似值就像用一个点来估计 θ，故称为**点估计**. 点估计一般有**矩估计**和**最大似然估计**.

1）矩估计

一般来说，矩估计的性质没有最大似然估计的性质好，因此实际中常常使用最大似然估计. 同样，MATLAB 中也没有提供专门计算矩估计的命令，这类题目要自己编写程序，如下面的例子.

例 4.1.1 设总体 X 的概率密度函数为

$$p(x;\theta)=\begin{cases}(\theta+1)x^\theta, & 0<x<1,\\ 0, & \text{其他,}\end{cases}$$

$\theta>-1$，$X_1,X_2,\cdots,X_n$ 是总体 X 的一个样本，求参数 θ 的矩估计量.

解 首先，参数 θ 和总体期望（总体一阶原点矩）的关系为

$$E(X)=\int_0^1(\theta+1)x^{\theta+1}\mathrm{d}x=\frac{\theta+1}{\theta+2},$$

然后，替换有

$$E(X)=\bar{X},$$

即

$$\bar{X}=\frac{\theta+1}{\theta+2}.$$

解方程得 θ 的矩估计量为:

$$\hat{\theta}=\frac{2\bar{X}-1}{1-\bar{X}}.$$

如果我们获得一组样本观测值，其样本均值为 $\bar{x}=0.65$，则参数 θ 的矩估计值为

$$\hat{\theta}=\frac{2\times0.65-1}{1-0.65}=0.86.$$

例 4.1.1 实现程序：

```
>>syms a x    %以 a 代替参数 theta, x 代替样本均值
```

```
>> b=abs(a+1);    %求绝对值, 这里是将符号记为非负的, 便于下面积分
>>px=b*x^(b);
>>EX=int(px,x,0,1)
EX=1-1/(abs(a+1)+1)    %由 a > -1 知, abs(a+1)=a+1, 故 EX=(a+1)/(a+2)
```
下面再执行
```
>>solve('x=(a+1)/(a+2)')
ans=-(2*x-1)/(x-1)    %结果
```
执行下面语句
```
>> clear
>> x=0.65;
>>ahat=-(2*x-1)/(x-1)
ahat=0.8571    %结果
```
注: 计算简单起见, 一般寻求参数 θ 和总体矩的关系是从最简单的矩开始.

2) 最大似然估计 (MLE)

对于常见分布的 MLE 估计有专门的函数命令, 见表 4.1.1.

表 4.1.1　参数 MLE 估计函数表

调用形式	函数说明
[phat, pci]=binofit (X, N, alpha)	二项分布的参数 p 的点估计和置信区间
[lamhat, lamaci]=poissfit (X, alpha)	泊松分布参数 λ 的点估计和置信区间
[m,s,mci,sci]=normfit(X, alpha)	正态分布的期望,方差的点估计和置信区间
[phat, pci]=betafit (X, alpha)	β 分布参数 a 和 b 的点估计和置信区间
[ahat,bhat,aci,bci]=unifit(X, alpha)	均匀分布参数 a 和 b 的点估计和置信区间
[muhat,muci]=expfit(X,alpha)	指数分布参数 λ 的点估计和置信区间
[phat,pci]=gamfit(X,alpha)	γ 分布参数 a 和 λ 的点估计和置信区间
[phat,pci]=weibfit(X,alpha)	威尔尔分布参数的点估计和置信区间
phat=mle('dist',data)	分布函数名为 dist 的最大似然估计
[phat,pci]=mle('dist',data)	置信度为 95% 的参数估计和置信区间
[phat,pci]=mle('dist',data,alpha)	返回水平 α 的最大似然估计值和置信区间
[phat,pci]=mle('dist',data,alpha,p1)	仅用于二项分布, pl 为试验总次数

说明: 各函数返回已给数据向量 X 的参数最大似然估计值和置信度为 $(1-\alpha)\times100\%$ 的置信区间. α 的默认值为 0.05, 即置信度为 95%.

例 4.1.2　下面列出了 84 个伊特拉斯坎 (Etruscan) 人男子头颅的最大宽度 (mm), 假设这些数据来自正态总体, 请估计其均值和标准差.

　　　141　148　132　138　154　142　150　146　155　158
　　　150　140　147　148　144　150　149　145　149　158

143	141	144	144	126	140	144	142	141	140
145	135	147	146	141	136	140	146	142	137
148	154	137	139	143	140	131	143	141	149
148	135	148	152	143	144	141	143	147	146
150	132	142	142	143	153	149	146	149	138
142	149	142	137	134	144	146	147	140	142
140	137	152	145						

例 4.1.2 实现程序:

```
>> x=[141  148  132  138  154  142  150  146  155  158
      150  140  147  148  144  150  149  145  149  158
      143  141  144  144  126  140  144  142  141  140
      145  135  147  146  141  136  140  146  142  137
      148  154  137  139  143  140  131  143  141  149
      148  135  148  152  143  144  141  143  147  146
      150  132  142  142  143  153  149  146  149  138
      142  149  142  137  134  144  146  147  140  142
      140  137  152  145  NaN  NaN  NaN  NaN  NaN  NaN];
>>x=x(~isnan(x));    %保留不是 NaN 的数据
>>length(x)    %检查数据长度是否为 84
>> [muhat,sigmahat]=normfit(x)%估计参数
>> [muhat,sigmahat,muci,sigmaci]=normfit(x, 0.1)    %估计参数及 90%置信区间
ans=84    %数据长度为 84
muhat=143.7738    %均值的估计值
sigmahat=5.9705    %标准差的估计值
muhat=143.7738
sigmahat=5.9705
muci= %均值的 0.90 置信区间
   142.6902
   144.8574
sigmaci= %标准差的 0.90 置信区间
   5.3016
   6.8528
```

4.1.2 区间估计

定义 4.1.1 设 $X_1,\cdots,X_n$ 是取自总体 X 的一个样本, θ 为总体分布中所含的未知参数, $\theta \in \Theta$. 对于给定的 α ($0 < \alpha < 1$), 若存在两个统计量 $\underline{\theta} = \underline{\theta}(X_1,\cdots,X_n)$ 和 $\overline{\theta} = \overline{\theta}(X_1,\cdots,X_n)$, 使得

$$P\{\underline{\theta} < \theta < \overline{\theta}\} = 1 - \alpha,$$

则称随机区间 $(\underline{\theta},\overline{\theta})$ 是 θ 的置信水平为 $1-\alpha$ 的**双侧置信区间**, $\underline{\theta}$ 和 $\overline{\theta}$ 分别称为 θ 的**置信下限**和**置信上限**.

　　有时在一些实际问题中，我们只关心参数 θ 的上限或下限，因此有必要讨论参数 θ 的单侧置信区间.

　　定义 4.1.2　设 $X_1,\cdots,X_n$ 是取自总体 X 的一个样本，θ 为总体分布中所含的未知参数，$\theta \in \Theta$. 对于给定的 α（$0 < \alpha < 1$），若存在统计量 $\underline{\theta} = \underline{\theta}(X_1,\cdots,X_n)$ 或 $\bar{\theta} = \bar{\theta}(X_1,\cdots,X_n)$，使得

$$P\{\theta > \underline{\theta}\} = 1 - \alpha \quad \text{或} \quad P\{\theta < \bar{\theta}\} = 1 - \alpha$$

成立，则称随机区间 $(\underline{\theta}, +\infty)$（或 $(-\infty, \bar{\theta})$）是 θ 的置信水平为 $1 - \alpha$ 的**单侧置信区间**，$\underline{\theta}$ 称为 θ 的**单侧置信下限**（$\bar{\theta}$ 称为 θ 的**单侧置信上限**）.

1）单个正态总体均值与方差的置信区间

　　设 $X \sim N(\mu, \sigma^2)$，$X_1, X_2, \cdots, X_n$ 是取自总体 X 的一个样本.

　　(1) 方差 σ^2 已知时 μ 的置信区间.

　　枢轴量为 $U = \dfrac{\bar{X} - \mu}{\sigma / \sqrt{n}} \sim N(0,1)$，$1 - \alpha$ 的置信区间为

$$(\bar{X} - u_{1-\alpha/2} \sigma / \sqrt{n}, \ \bar{X} + u_{1-\alpha/2} \sigma / \sqrt{n}),$$

简记为
$$(\bar{X} \pm u_{1-\alpha/2} \sigma / \sqrt{n}).$$

　　类似地，我们有置信水平为 $1 - \alpha$ 的左侧置信区间：$(-\infty, \bar{X} + u_{1-\alpha} \sigma / \sqrt{n})$，和右侧置信区间：$(\bar{X} - u_{1-\alpha} \sigma / \sqrt{n}, +\infty)$.

　　MATLAB 实现命令为：

　　[h,p,ci]=ztest(x,mu,sigma,alpha,tail),

其中 x 为数据向量；mu 为数据 x 的均值；sigma 为已知的方差；alpha 为置信水平；tail 为哪侧区间，分别取值'both', 'right', 'left'；返回值 ci 即分别为双侧、右侧、左侧置信区间. 或者依据区间估计进行编程.

　　(2) 方差 σ^2 未知时 μ 的置信区间.

　　枢轴量为 $T = \dfrac{\bar{X} - \mu}{S / \sqrt{n}} \sim t(n-1)$，$1 - \alpha$ 的置信区间为

$$(\bar{X} - t_{1-\alpha/2}(n-1) S / \sqrt{n}, \ \ \bar{X} + t_{1-\alpha/2}(n-1) S / \sqrt{n}),$$

简记为
$$(\bar{X} \pm t_{1-\alpha/2}(n-1) S / \sqrt{n}).$$

　　类似地，有置信水平为 $1 - \alpha$ 的左侧置信区间：$(-\infty, \bar{X} + t_{1-\alpha}(n-1) S / \sqrt{n})$，和右侧置信区间：$(\bar{X} - t_{1-\alpha}(n-1) S / \sqrt{n}, +\infty)$.

　　MATLAB 实现命令为：

　　[m,s,mci,sci]=normfit(x, alpha),

返回值 mci 为所求双侧置信区间，但该命令只能求双侧区间.

　　另外方法用命令

　　[h,p,ci]=ttest(x,mu,alpha,tail),

其中 x 为数据向量；mu 为数据 x 的均值；alpha 为置信水平；tail 为哪侧区间，分别取值'both', 'right', 'left'；返回值 ci 即分别为双侧、右侧、左侧置信区间.

(3) μ 已知时 σ^2 的置信区间.

枢轴量为 $\chi^2 = \sum_{i=1}^{n} \dfrac{(X_i - \mu)^2}{\sigma^2} \sim \chi^2(n)$, $1-\alpha$ 的置信区间为

$$\left(\sum_{i=1}^{n}(X_i - \mu)^2 / \chi^2_{1-\alpha/2}(n), \sum_{i=1}^{n}(X_i - \mu)^2 / \chi^2_{\alpha/2}(n) \right).$$

我们也得到 σ 的置信水平为 $1-\alpha$ 的置信区间为

$$\left(\sqrt{\sum_{i=1}^{n}(X_i - \mu)^2 / \chi^2_{1-\alpha/2}(n)}, \sqrt{\sum_{i=1}^{n}(X_i - \mu)^2 / \chi^2_{\alpha/2}(n)} \right).$$

类似地, 有 σ^2 置信水平为 $1-\alpha$ 的左侧置信区间: $\left(-\infty, \sqrt{\sum_{i=1}^{n}(X_i - \mu)^2 / \chi^2_{\alpha}(n)} \right)$, 和右侧置信

区间: $\left(\sqrt{\sum_{i=1}^{n}(X_i - \mu)^2 / \chi^2_{1-\alpha}(n)}, +\infty \right)$.

MATLAB 中没有实现命令, 应根据区间估计编写程序.

(4) μ 未知时 σ^2 的置信区间.

枢轴量为 $\chi^2 = \dfrac{1}{\sigma^2}\sum_{i=1}^{n}(X_i - \bar{X})^2 = \dfrac{(n-1)S^2}{\sigma^2} \sim \chi^2(n-1)$, $1-\alpha$ 的置信区间为

$$((n-1)S^2 / \chi^2_{1-\alpha/2}(n-1), (n-1)S^2 / \chi^2_{\alpha/2}(n-1)),$$

σ 的置信水平为 $1-\alpha$ 的置信区间为

$$(\sqrt{(n-1)S^2 / \chi^2_{1-\alpha/2}(n-1)}, \sqrt{(n-1)S^2 / \chi^2_{\alpha/2}(n-1)}).$$

类似地, σ^2 有置信水平为 $1-\alpha$ 的左侧置信区间: $(-\infty, \sqrt{(n-1)}S / \sqrt{\chi^2_{\alpha}(n-1)})$, 和右侧置信

区间为 $(\sqrt{(n-1)}S / \sqrt{\chi^2_{1-\alpha}(n-1)}, +\infty)$.

MATLAB 实现命令为:

[m,s,mci,sci]=normfit(X, alpha),

返回值 sci 为所求区间, 但该命令只能求双侧区间.

另外方法用命令

[h,p,ci]=vartest(x,V,alpha,tail),

其中 x 为数据向量; V 为数据 x 的方差; alpha 为置信水平; tail 为哪侧区间, 分别取值'both', 'right', 'left'; 返回值 ci 即分别为双侧、右侧、左侧置信区间.

例 4.1.3 假设轮胎的寿命 $X \sim N(\mu, \sigma^2)$. 为估计它的平均寿命, 现随机抽取 12 只, 测得它们的寿命为（单位: 万千米）

4.68	4.85	4.32	4.85	4.61	5.02
5.20	4.60	4.58	4.72	4.38	4.70

求 μ, σ^2 的置信水平为 0.95 的双侧置信区间.

解　由题意

$$n = 12，\bar{x} = 4.7092，s^2 = 0.0615，1-\alpha = 95\%，\alpha = 0.05.$$

查表得 $t_{0.025}(11) = 2.2010$. 从而 μ 的置信水平为 0.95 的置信区间为

$$(\bar{x} - t_{1-0.025}(11)s/\sqrt{n}, \bar{x} + t_{1-0.025}(11)s/\sqrt{n}) = (4.5516, 4.8668).$$

又 $(n-1)s^2 = 0.6765$，查表得

$$\chi^2_{1-0.025}(11) = 21.920，\chi^2_{1-0.975}(11) = 3.816.$$

从而算得 σ^2 的置信水平为 0.95 的置信区间为(0.03086, 0.17728).

例 4.1.3 实现程序：

```
>> a=[4.68    4.85    4.32    4.85    4.61    5.02
      5.20    4.60    4.58    4.72    4.38    4.70];
>>x=reshape(a,[],1);   %把数据变为一列
>>[muhat,sigmahat,muci,sigmaci]=normfit(x)   %参数估计，默认 alpha=0.95
muhat=4.7092   %均值估计值
sigmahat=0.2480   %标准差估计值
muci= %均值估计区间
    4.5516
    4.8667
sigmaci= %标准差估计区间
    0.1757
    0.4211
```

%要想得到 σ^2 的置信水平为 0.95 的置信区间，只需平方上述结果即可，即

```
>> sigma2ci=sigmaci.^2
```

结果为

```
sigma2ci=
   0.0309
   0.1773
```

例 4.1.4　某种电子元件的寿命 x（以小时计）服从正态分布，μ, σ^2 均未知. 现得 16 只元件的寿命如下：

$$159 \quad 280 \quad 101 \quad 212 \quad 224 \quad 379 \quad 179 \quad 264$$
$$222 \quad 362 \quad 168 \quad 250 \quad 149 \quad 260 \quad 485 \quad 170$$

请估计总体平均寿命 μ 及平均寿命的右侧 0.95 置信区间.

解　因为 MATLAB 中没有提供求正态分布参数单侧置信区间的参数，所以这类题目可以考虑用两种办法来解决：一个是自己编程，另一个是利用置信区间和假设检验中拒绝域的关系进行求解. 本例我们分别用这两种方法解决.

例 4.1.4 实现程序一：依据理论编程：

```
>> a=[159   280   101   212   224   379   179   264
```

```
              222   362   168   250   149   260   485   170];
>>x=reshape(a,[],1);
>>n=length(x);
>>alpha=0.05;
>>mu=mean(x)
>>s=std(x);
>>low=mu-tinv(1-alpha,n-1)*s/sqrt(n);
>>CI=[low,+inf]
```

结果为

mu= %均值估计值

  241.5000

CI= %均值的 0.95 单侧置信区间

  198.2321　　　　　Inf

例 4.1.4 实现程序二: 依据假设检验中拒绝域与置信区间的关系

```
>> a=[159   280   101   212   224   379   179   264
             222   362   168   250   149   260   485   170];
>>x=reshape(a,[],1);
>>alpha=0.05;
>>mu=mean(x)
[h,p,ci]=ttest(x,mu,alpha,'right')
```

结果为

mu=241.5000

h=0

p=0.5000

ci=

  198.2321

     Inf

我们看到这两种方法的结果一样, 只是利用假设检验命令来计算时还会有其他一些输出结果, 这些我们不用理会, 只关注需要的区间即可.

例 4.1.5　假设例 4.1.3 中 $\sigma^2 = 0.25$ 已知, 求 μ 的置信水平为 0.99 的双侧置信区间和单侧置信区间.

解　利用假设检验中的命令进行计算, 因为是寿命, 单侧的我们考虑右侧置信区间.

例 4.1.5 实现程序:

```
>> a=[4.68   4.85   4.32   4.85   4.61   5.02
             5.20   4.60   4.58   4.72   4.38   4.70];
>>x=reshape(a,[],1);
>>m=mean(x);
>>s=0.5;
>>alpha=0.01;
```

```
>> [h p ci]=ztest(x,m,s,alpha,'both')
>> [h p ci]=ztest(x,m,s,alpha,'right')
```
结果为

h=0

p=1

ci= %双侧置信区间

　　 4.3374

　　　 5.0810

h=0

p=0.5000

ci= %单侧置信区间

　　 4.3734

　　　　 Inf

2）两个正态总体均值差与方差比的置信区间

设 $X \sim N(\mu_1, \sigma_1^2)$，$Y \sim N(\mu_2, \sigma_2^2)$，从总体 X 和 Y 中，分别独立地取出样本 $X_1, X_2, \cdots, X_n$ 和 $Y_1, Y_2, \cdots, Y_m$，样本均值依次记为 $\bar{X}$ 和 $\bar{Y}$，样本方差依次记为 S_1^2 和 S_2^2.

（1）σ_1^2 和 σ_2^2 已知时 $\mu_1 - \mu_2$ 的置信区间.

枢轴量 $U = \dfrac{\bar{X} - \bar{Y} - (\mu_1 - \mu_2)}{\sqrt{\sigma_1^2/n + \sigma_2^2/m}} \sim N(0,1)$，$\mu_1 - \mu_2$ 的置信水平为 $1-\alpha$ 的置信区间为

$$\left(\bar{X} - \bar{Y} - u_{1-\alpha/2}\sqrt{\sigma_1^2/n + \sigma_2^2/m}, \bar{X} - \bar{Y} + u_{1-\alpha/2}\sqrt{\sigma_1^2/n + \sigma_2^2/m} \right).$$

类似地，分别有置信水平为 $1-\alpha$ 的左侧和右侧置信区间：

$$\left(-\infty, \bar{X} - \bar{Y} + u_{1-\alpha}\sqrt{\sigma_1^2/n + \sigma_2^2/m} \right), \quad \left(\bar{X} - \bar{Y} - u_{1-\alpha}\sqrt{\sigma_1^2/n + \sigma_2^2/m}, +\infty \right).$$

MATLAB 中没有实现命令，应根据区间估计编写程序.

例 4.1.6　分别从 $X \sim N(\mu_1, 4)$，$Y \sim N(\mu_2, 6)$ 中独立地取出样本容量为 16 和 24 的两样本，已知 $\bar{x} = 16.9$，$\bar{y} = 15.3$，求 $\mu_1 - \mu_2$ 的置信水平为 0.95 的置信区间.

解　因

$$n = 16,\ m = 24,\ \bar{x} = 16.9,\ \bar{y} = 15.3,\ 1-\alpha = 95\%,\ \alpha = 0.05,\ \sigma_1^2 = 4,\ \sigma_2^2 = 6,$$

查表得 $u_{1-\alpha/2} = u_{1-0.025} = 1.96$. 因此 $\mu_1 - \mu_2$ 的置信水平为 0.95 的置信区间为

$$\left(16.9 - 15.3 - 1.96 \times \sqrt{\frac{4}{16} + \frac{6}{24}},\ 16.9 - 15.3 + 1.96 \times \sqrt{\frac{4}{16} + \frac{6}{24}} \right) = (0.214, 2.986).$$

例 4.1.6 实现程序：

```
>> n=16;m=24;
>>x_mean=16.9;y_mean=15.3;
>>alpha=0.05;
```

```
>>sigma21=4;sigma22=6;
>>u=norminv(1-alpha/2);
>>up=x_mean-y_mean-u*sqrt(sigma21/n+sigma22/m);
>>low=x_mean-y_mean+u*sqrt(sigma21/n+sigma22/m);
>>CI=[up low]
```

结果为

CI=0.2141   2.9859

注：MATLAB 中提供的命令 normfit 是计算两个参数 mu 和 sigma 均未知时使用的，像这种已经知道了一个参数的情形，我们可以根据区间估计自己编写程序. 另外，在假设检验中也没有提供方差已知情形下均值差的检验，因此也不能利用假设检验的命令来解决这个问题.

(2) $\sigma_1^2 = \sigma_2^2 = \sigma^2$ 未知时 $\mu_1 - \mu_2$ 的置信区间.

记 $S_w^2 = \dfrac{(n-1)S_1^2 + (m-1)S_2^2}{n+m-2}$，则取枢轴量为 $T = \dfrac{\overline{X} - \overline{Y} - (\mu_1 - \mu_2)}{S_w\sqrt{1/n + 1/m}}$，有

$$T \sim t(n+m-2).$$

从而 $\mu_1 - \mu_2$ 的置信水平为 $1-\alpha$ 的置信区间为

$$\left(\overline{X} - \overline{Y} - t_{1-\alpha/2}(n+m-2)S_w\sqrt{1/n + 1/m}, \overline{X} - \overline{Y} + t_{1-\alpha/2}(n+m-2)S_w\sqrt{1/n + 1/m}\right).$$

类似地，分别有置信水平为 $1-\alpha$ 的左侧和右侧置信区间：

$$\left(-\infty, \overline{X} - \overline{Y} + t_{1-\alpha}(n+m-2)S_w\sqrt{1/n + 1/m}\right), \quad \left(\overline{X} - \overline{Y} - t_{1-\alpha}(n+m-2)S_w\sqrt{1/n + 1/m}, +\infty\right)$$

MATLAB 实现命令：

[h,p,ci]=ttest2(x,y,alpha,tail,'equal'),

其中 x, y 分别为数据向量；tail 为哪侧区间，分别取值'both', 'right', 'left'；返回值 ci 即分别为双侧、右侧、左侧置信区间. 或者依据区间估计再依具体情况进行编程.

例 4.1.7 为了估计磷肥对某农作物增产的作用，现选用 20 块条件大致相同的地块进行对比试验. 其中 10 块地施磷肥，另外 10 块地不施磷肥，得到单位面积的产量如下（单位：公斤）：

施磷肥: 620, 570, 650, 600, 630, 580, 570, 600, 600, 580;

不施磷肥: 560, 590, 560, 570, 580, 570, 600, 550, 570, 550.

设施磷肥的地块的单位面积的产量 $X \sim N(\mu_1, \sigma^2)$，不施磷肥的地块的单位面积的产量 $Y \sim N(\mu_2, \sigma^2)$，求 $\mu_1 - \mu_2$ 的置信水平为 0.95 的置信区间.

解

$$n = m = 10，\quad 1-\alpha = 95\%，\quad \alpha = 0.05，\quad \overline{x} = 600，\quad \overline{y} = 570，\quad s_1^2 = \frac{6400}{9}，\quad s_2^2 = \frac{2400}{9}，$$

$$s_w^2 = \frac{(n-1)s_1^2 + (m-1)s_2^2}{n+m-2} = 22^2，$$

查表得 $t_{1-0.025}(18) = 2.1010$. 因此，$\mu_1 - \mu_2$ 的置信水平为 0.95 的置信区间为

$$\left(600-570-22\times 2.1010\times\sqrt{\frac{1}{10}+\frac{1}{10}}, 600-570+22\times 2.1010\times\sqrt{\frac{1}{10}+\frac{1}{10}}\right)=(9.23,50.77).$$

例 4.1.7 实现程序:

```
>> x=[620, 570, 650, 600, 630, 580, 570, 600, 600, 580];
>>y=[560, 590, 560, 570, 580, 570, 600, 550, 570, 550];
>>alpha=0.05;
>>[h,p,ci]=ttest2(x,y,alpha,'both','equal');
>>ci
```

ci=9.2255　　50.7745　　%结果

(3) μ_1 和 μ_2 已知时 σ_1^2/σ_2^2 的置信区间.

枢轴量为 $F=\dfrac{m}{n}\cdot\dfrac{\sigma_2^2}{\sigma_1^2}\cdot\dfrac{\sum\limits_{i=1}^{n}(X_i-\mu_1)^2}{\sum\limits_{i=1}^{m}(Y_i-\mu_2)^2}\sim F(n,m)$, σ_1^2/σ_2^2 的 $1-\alpha$ 的置信区间为

$$\left(m\sum_{i=1}^{n}(X_i-\mu_1)^2\bigg/\left[n\sum_{i=1}^{m}(Y_i-\mu_2)^2 F_{1-\alpha/2}(n,m)\right], m\sum_{i=1}^{n}(X_i-\mu_1)^2\bigg/\left[F_{\alpha/2}(n,m)n\sum_{i=1}^{m}(Y_i-\mu_2)^2\right]\right).$$

类似地,置信水平为 $1-\alpha$ 的左侧和右侧置信区间分别为

$$\left(-\infty, m\sum_{i=1}^{n}(X_i-\mu_1)^2\bigg/\left[n\sum_{i=1}^{m}(Y_i-\mu_2)^2 F_{\alpha}(n,m)\right]\right),$$

$$\left(m\sum_{i=1}^{n}(X_i-\mu_1)^2\bigg/\left[n\sum_{i=1}^{m}(Y_i-\mu_2)^2 F_{1-\alpha}(n,m)\right], +\infty\right).$$

MATLAB 中没有实现命令,应根据区间估计编写程序.

(4) μ_1 和 μ_2 未知时 σ_1^2/σ_2^2 的置信区间.

枢轴量 $F=[S_1^2/S_2^2]\cdot[\sigma_2^2/\sigma_1^2]\sim F(n-1,m-1)$, σ_1^2/σ_2^2 的 $1-\alpha$ 的置信区间为

$$(S_1^2/[F_{1-\alpha/2}(n-1,m-1)S_2^2], S_1^2/[F_{\alpha/2}(n-1,m-1)S_2^2]).$$

类似地,置信水平为 $1-\alpha$ 的左侧和右侧置信区间分别为

$$(-\infty, S_1^2/[F_{\alpha}(n-1,m-1)S_2^2]), \quad (S_1^2/[F_{1-\alpha}(n-1,m-1)S_2^2], +\infty).$$

MATLAB 中没有实现命令,应根据区间估计编写程序.

例 4.1.8　某车间有甲、乙两台机床加工同类零件,假设此类零件直径服从正态分布. 现分别从由甲机床和乙机床加工出的产品中取出 5 个和 6 个,进行检查,得其直径数据(单位:毫米):

甲: 5.06, 5.08, 5.03, 5.00, 5.07;

乙: 4.98, 5.03, 4.97, 4.99, 5.02, 4.95.

试求 $\sigma_甲^2/\sigma_乙^2$ 的置信水平为 0.95 的置信区间.

解 $n = 5, m = 6, 1 - \alpha = 95\%, \alpha = 0.05, s_甲^2 = 0.00107, s_乙^2 = 0.00092,$

查表得 $F_{1-0.025}(4,5) = 7.39$，于是

$$F_{1-0.975}(4,5) = \frac{1}{F_{1-0.025}(5,4)} = \frac{1}{9.36} = 0.1068.$$

因此 $\sigma_甲^2 / \sigma_乙^2$ 的置信水平为 0.95 的置信区间为

$$\left(\frac{0.00107}{0.00092} \cdot \frac{1}{7.39}, \frac{0.00107}{0.00092} \cdot \frac{1}{0.1068} \right) = (0.15738, 10.8899).$$

例 4.1.8 实现程序：

```
>> x=[5.06, 5.08, 5.03, 5.00, 5.07];y=[4.98, 5.03, 4.97, 4.99, 5.02, 4.95];
>>n=5;m=6;alpha=0.05;
>>s1=var(x);s2=var(y);
>>F1=finv(1-alpha/2,n-1,m-1);F2=finv(alpha/2,n-1,m-1);
>>low=s1/(F1*s2);up=s1/(F2*s2);CI=[low up]
CI=0.1574     10.8913    %结果
```

最后，对于常见分布的区间估计，除了正态分布，其他分布的双侧区间估计可以参考表 4.1.1.

4.2 正态总体参数的假设检验

统计推断的另一个问题是假设检验，即在总体的分布未知或总体的分布形式已知但参数未知的情况下，为推断总体的某些性质，提出关于总体的某种假设，然后根据抽样得到样本的观测值，运用统计分析的方法，对所提的假设做出接受还是拒绝的决策，这一决策过程称为**假设检验**. 假设检验分为**参数假设检验**和**非参数假设检验**. 仅涉及总体分布的未知参数的假设检验称为**参数假设检验**，不同于参数假设检验的称为**非参数假设检验**.

4.2.1 假设检验的概念

1）假设检验的主要依据

假设检验的主要依据是实际推断原理. 简单地说，就是小概率事件在一次试验中是不会发生的.

2）假设检验的步骤

假设检验的一般步骤为：
(1) 根据实际问题提出原假设 H_0 和备择假设 H_1；
(2) 确定检验统计量 G；
(3) 对于给定的显著性水平 α，在 H_0 为真的假定下利用检验统计量确定拒绝域 W；
(4) 由样本值算出检验统计量的观测值 g，当 $g \in W$ 时，拒绝 H_0，当 $g \notin W$ 时，接受 H_0.

在参数 θ 的假设检验中, 形如 $H_0 : \theta = \theta_0, H_1 : \theta \neq \theta_0$ 的假设检验称为**双边（双侧）检验**. 在实际问题中, 有些被检验的参数, 如电子元件的寿命越大越好, 而一些指标如原材料的消耗越低越好, 因此, 需要讨论如下形式的假设检验

$$H_0 : \theta \leqslant \theta_0, \quad H_1 : \theta > \theta_0 \quad 或 \quad H_0 : \theta \geqslant \theta_0, \quad H_1 : \theta < \theta_0,$$

我们分别称为**右侧检验**和**左侧检验**, 统称为**单侧检验**.

3）两类错误

由于假设检验是依据实际推断原理和一个样本值作出判断的, 因此, 所作的判断可能会出现错误. 如原假设 H_0 客观上是真的, 我们仍有可能以 α 的概率作出拒绝 H_0 的判断, 从而犯了"弃真"的错误, 这种错误称为**第一类错误**. 犯这个错误的概率不超过给定的显著性水平 α, 为简单起见, 记为

$$P\{拒绝 H_0 \,|\, H_0 成立\} = \alpha .$$

另外, 当原假设 H_0 客观上是假的, 由于随机性而接受 H_0, 这就犯了"取伪"的错误, 这种错误称为**第二类错误**. 犯第二类错误的概率记为 β, 即

$$P\{接受 H_0 \,|\, H_1 成立\} = \beta .$$

在检验一个假设时, 人们总是希望犯这两类错误的概率都尽量小, 但当样本容量 n 确定后, 不可能同时做到犯这两类错误的概率都很小, 因此, 通常的做法是利用事前给定的显著性水平 α 来限制第一类错误, 再力求使犯第二类错误的概率 β 尽量小, 这类假设检验称为**显著性检验**, 并称此时的 α 为**显著性水平**.

为明确起见, 我们把两类错误列于表 4.2.1 中.

表 4.2.1　假设检验的两类错误

真实情况 判断	H_0 成立	H_1 成立
拒绝 H_0	犯第一类错误	判断正确
接受 H_0	判断正确	犯第二类错误

4.2.2　单个正态总体的均值与方差的假设检验

设 $X_1, X_2, \cdots, X_n$ 是来自正态总体 $N(\mu, \sigma^2)$ 的一个样本, 样本均值为 $\bar{X}$, 样本方差为 S^2.

1）σ^2 已知时, 关于 μ 的假设检验

原假设为 $H_0 : \mu = \mu_0$, 取检验统计量

$$U = \frac{\bar{X} - \mu_0}{\sigma / \sqrt{n}} \sim N(0, 1) .$$

对备择假设 $H_1 : \mu \neq \mu_0$, 拒绝域为 $W = \{|u| \geqslant u_{1-\alpha/2}\}$.
对假设 $H_1 : \mu > \mu_0$, 拒绝域为 $W = \{u \geqslant u_{1-\alpha}\}$.

对假设 $H_1 : \mu < \mu_0$，拒绝域为 $W = \{u \leqslant -u_{1-\alpha}\}$.

在上述检验中，我们都用到统计量 $U = \dfrac{\overline{X} - \mu_0}{\sigma / \sqrt{n}}$ 来确定检验的拒绝域，这种方法称为 **U 检验**.

MATLAB 实现命令为：

[h,p,ci,zval]=ztest(x,mu0, sigma, alpha,tail),

其中 x 表示数据向量；mu0 是原假设中的均值假设值；sigma 是已知的总体标准差；alpha 是显著性水平；tail 是检验中备择假设方向，有'both', 'right', 'left'三种情况. 返回值 $h = 0$ 表示不能拒绝原假设，$h = 1$ 表示拒绝原假设；$p <$ alpha 表示拒绝原假设，反之不能拒绝；ci 表示水平为 alpha 的置信区间，反之为拒绝域；zval 表示检验统计量的值.

例 4.2.1 某车间用一台包装机包装糖果. 包得的袋装糖重是一个随机变量，它服从正态分布. 当机器正常时，其均值为 0.5 千克，标准差为 0.015 千克. 某日开工后为检验包装机是否正常，随机地抽取它所包装的糖 9 袋，称得净重为（千克）：

0.497　0.506　0.518　0.524　0.498　0.511　0.520　0.515　0.512

问机器是否正常？

解 总体 σ 已知，$X \sim N(\mu, 0.015^2)$，提出假设 $H_0 : \mu = \mu_0 = 0.5$ 和 $H_1 : \mu \neq 0.5$.

例 4.2.1 实现程序：

```
>> x=[0.497  0.506  0.518  0.524  0.498  0.511  0.520  0.515  0.512];
>>mu0=0.5;sigma=0.015;
>>alpha=0.05;
>> [h,p,ci, zval]=ztest(x,mu0, sigma, alpha,'both')
```

结果为

h=1

p=0.0248

ci=0.5014　　　0.5210

zval=2.2444

从结果看，$h = 1$，$p = 0.0248 <$ alpha $= 0.05$，因此拒绝原假设，即认为机器不正常.

2）σ^2 未知时，关于 μ 的假设检验

考虑假设 $H_0 : \mu = \mu_0$，取检验统计量为

$$T = \frac{\overline{X} - \mu_0}{S / \sqrt{n}} \sim t(n-1).$$

对备择假设 $H_1 : \mu \neq \mu_0$，拒绝域为 $W = \{|t| \geqslant t_{1-\alpha/2}(n-1)\}$.

同样，对假设 $H_1 : \mu < \mu_0$，拒绝域为 $W = \{t \leqslant -t_{1-\alpha}(n-1)\}$.

对假设 $H_1 : \mu > \mu_0$，拒绝域为 $W = \{t \geqslant t_{1-\alpha}(n-1)\}$.

称上述检验方法为 **t 检验**.

MATLAB 实现命令为：

[h,p,ci,stats]=ttest(x,mu0, alpha,tail),

其中 x 表示数据向量；mu0 是原假设中的均值假设值；alpha 是显著性水平；tail 是检验中备择假设方向，有'both', 'right', 'left'三种情况. 返回值 $h = 0$ 表示不能拒绝原假设，$h = 1$ 表示拒绝

原假设; $p <$ alpha 表示拒绝原假设, 反之不能拒绝; ci 表示水平为 alpha 的置信区间, 反之为拒绝域; stats 表示检验情况描述, 含三个参量: tstat (检验统计量 t 值), df (自由度), sd (样本标准差).

例 4.2.2　在某砖厂生产的一批砖中, 随机地抽取 6 块进行抗断强度试验, 测得结果 (单位: kg/cm^2) 为

$$32.56 \quad 29.66 \quad 32.64 \quad 30.00 \quad 31.87 \quad 32.03.$$

设砖的抗断强度服从正态分布, 问这批转的平均抗断强度是否不大于 $32.50(\ kg/cm^2)$?　(取 $\alpha = 0.05$).

解　建立假设 $H_0 : \mu \leqslant 32.5$, $H_1 : \mu > 32.5$.

例 4.2.2 实现程序:

```
>> x=[32.56   29.66   32.64   30.00   31.87   32.03];
>>mu0=32.5;alpha=0.05;
>> [h,p,ci, stats]=ttest(x,mu0, alpha,'right')
```

结果为

h=0

p=0.9462

ci=30.3895　Inf

stats=

　　　tstat: -1.9576

　　　　df: 5

　　　　sd: 1.3013

从结果看, $h = 0$, $p = 0.9462 > 0.05$, 不能拒绝原假设, 即认为这批转的平均抗断强度不大于 $32.50\ kg.cm^2$.

3）μ 已知时, 关于 σ^2 的假设检验

对于原假设 $H_0 : \sigma^2 = \sigma_0^2$, 选取检验统计量为

$$\chi^2 = \frac{1}{\sigma_0^2} \sum_{i=1}^{n} (X_i - \mu)^2 \sim \chi^2(n) .$$

对假设 $H_1 : \sigma^2 \neq \sigma_0^2$, 拒绝域为 $W = \{\chi^2 \leqslant \chi_{\alpha/2}^2(n) \text{或} \chi^2 \geqslant \chi_{1-\alpha/2}^2(n)\}$.

对假设 $H_1 : \sigma^2 < \sigma_0^2$, 拒绝域为 $W = \{\chi^2 \leqslant \chi_{\alpha}^2(n)\}$.

对假设 $H_1 : \sigma^2 > \sigma_0^2$, 拒绝域为 $W = \{\chi^2 \geqslant \chi_{1-\alpha}^2(n)\}$.

MATLAB 中没有相应的命令函数, 需依据理论进行编程.

4）μ 未知时, 关于 σ^2 的假设检验

对检验假设 $H_0 : \sigma^2 = \sigma_0^2$, 选取检验统计量为

$$\chi^2 = \frac{(n-1)S^2}{\sigma_0^2} \sim \chi^2(n-1) .$$

对假设 $H_1 : \sigma^2 \neq \sigma_0^2$, 拒绝域为 $W = \{\chi^2 \leqslant \chi_{\alpha/2}^2(n-1) \text{或} \chi^2 \geqslant \chi_{1-\alpha/2}^2(n-1)\}$.

对假设 $H_1 : \sigma^2 < \sigma_0^2$，拒绝域为 $W = \{\chi^2 \leqslant \chi_\alpha^2(n-1)\}$.

对假设 $H_1 : \sigma^2 > \sigma_0^2$，拒绝域为 $W = \{\chi^2 \geqslant \chi_{1-\alpha}^2(n-1)\}$.

上述检验方法称为 χ^2 检验.

MATLAB 实现命令为:

[h,p,ci,stats]=vartest(x,V,alpha,tail),

其中 x 表示数据向量; V 是原假设中的方差假设值; alpha 是显著性水平; tail 是检验中备择假设方向, 有'both', 'right', 'left'三种情况. 返回值 $h = 0$ 表示不能拒绝原假设, $h = 1$ 表示拒绝原假设; $p <$ alpha 表示拒绝原假设, 反之不能拒绝; ci 表示水平为 alpha 的置信区间, 反之为拒绝域; stats 表示检验情况描述, 含两个参量: 'chisqstat'（检验统计量卡方值）, df（自由度）.

例 4.2.3 某厂生产螺钉, 生产一直比较稳定, 长期以来, 螺钉的直径服从方差为 $0.0002\ \text{cm}^2$ 的正态分布. 现从产品中随机抽取 10 只进行测量, 得到螺钉直径数据（单位: cm）如下:

$$1.19 \quad 1.21 \quad 1.21 \quad 1.18 \quad 1.17 \quad 1.20 \quad 1.20 \quad 1.17 \quad 1.19 \quad 1.18$$

取显著性水平 $\alpha = 0.05$, 问是否可以认为该厂生产的螺钉直径的方差为 $0.0002\ \text{cm}^2$?

解 检验假设 $H_0 : \sigma^2 = 0.0002, H_1 : \sigma^2 \neq 0.0002$.

例 4.2.3 实现程序:

```
>> x=[1.19 1.21 1.21 1.18 1.17 1.20 1.20 1.17 1.19 1.18];
>>alpha=0.05;V=0.0002;
>>[h,p,ci,stats]=vartest(x,V,alpha,'both')
```

结果为

h=0

p=0.7010

ci=

  1.0e-003 *

   0.1051 0.7406

STATS=

  chisqstat: 10.0000

    df: 9

从结果看, $h = 0$, $p = 0.7010 > 0.05$, 故在 0.05 水平下接受原假设, 认为该厂生产的螺钉直径的方差为 $0.0002\ \text{cm}^2$.

4.2.3 两个正态总体的均值与方差的假设检验

设 $X \sim N(\mu_1, \sigma_1^2)$, $Y \sim N(\mu_2, \sigma_2^2)$, 从总体 X 和 Y 中, 分别独立地取出样本 $X_1, X_2, \cdots, X_n$ 和 $Y_1, Y_2, \cdots, Y_m$, 样本均值依次记为 $\bar{X}$ 和 $\bar{Y}$, 样本方差依次记为 S_1^2 和 S_2^2.

1）σ_1^2 与 σ_2^2 已知时, 关于 $\mu_1 - \mu_2$ 的假设检验

对原假设 $H_0 : \mu_1 - \mu_2 = 0$, 选取检验统计量

$$U = \frac{\bar{X} - \bar{Y}}{\sqrt{\sigma_1^2/n + \sigma_2^2/m}} \sim N(0,1).$$

对假设 $H_1: \mu_1 - \mu_2 \neq 0$，拒绝域为 $W = \{|u| \geqslant u_{1-\alpha/2}\}$.

对假设 $H_1: \mu_1 < \mu_2$，拒绝域为 $W = \{u < -u_{1-\alpha}\}$.

对假设 $H_1: \mu_1 > \mu_2$，拒绝域为 $W = \{u > u_{1-\alpha}\}$.

上述检验方法称为 U **检验**.

MATLAB 中没有相应的命令函数，需依据理论进行编程.

例 4.2.4　某苗圃采用两种育苗方案作育苗试验，已知苗高服从正态分布. 在两组育苗试验中，苗高的标准差分别为 $\sigma_1 = 18$，$\sigma_2 = 20$. 现都取 60 株苗作为样本，测得样本均值分别为 $\bar{x} = 59.34$ cm 和 $\bar{y} = 49.16$ cm. 取显著性水平为 $\alpha = 0.05$，试判断这两种育苗方案对育苗的高度有无显著性影响.

解　建立假设 $H_0: \mu_1 = \mu_2$，$H_1: \mu_1 \neq \mu_2$. 由题中给出的数据，算出统计量的观测值为

$$u = \frac{59.34 - 49.16}{\sqrt{18^2/60 + 20^2/60}} = 2.93.$$

又 $\alpha = 0.05$，$u_{1-\alpha/2} = u_{1-0.025} = 1.96$，因 $|u| = 2.93 > 1.96$，故拒绝 $H_0: \mu_1 = \mu_2$，认为这两种育苗方案对育苗的高度有显著性影响.

例 4.2.4 实现程序：

```
>> s1=18;s2=20;n=60;alpha=0.05;
>>m1=59.34;m2=49.16;
>>u=(m1-m2)/sqrt(s1^2/n+s2^2/n)
>>c=norminv(1-alpha/2)
>>if abs(u)>c
    disp('拒绝原假设');
>>else
    disp('接受原假设');
>>end
```

结果为

u=2.9306

c=1.9600

拒绝原假设

2）σ_1^2 与 σ_2^2 未知但 $\sigma_1^2 = \sigma_2^2 = \sigma^2$ 时，关于 $\mu_1 - \mu_2$ 的假设检验

对原假设 $H_0: \mu_1 - \mu_2 = 0$，取检验统计量

$$T = \frac{\bar{X} - \bar{Y}}{S_w \sqrt{1/n + 1/m}} \sim t(n+m-2).$$

其中，

$$S_w^2 = \frac{(n-1)S_1^2 + (m-1)S_2^2}{n+m-2}.$$

对假设 $H_1: \mu_1 - \mu_2 \neq 0$，拒绝域为 $W = \{|t| \geqslant t_{1-\alpha/2}(n+m-2)\}$.

左侧检验 $H_1 : \mu_1 < \mu_2$ 的拒绝域为 $W = \{t < -t_{1-\alpha}(n+m-2)\}$.

右侧检验 $H_1 : \mu_1 > \mu_2$ 的拒绝域为 $W = \{t > t_{1-\alpha}(n+m-2)\}$.

MATLAB 实现命令为：

[h,p,ci,stats]=ttest2(x,y,alpha,tail),

其中 x,y 表示数据向量；alpha 是显著性水平；tail 是检验中备择假设方向，有'both', 'right', 'left' 三种情况. 返回值 $h=0$ 表示不能拒绝原假设，$h=1$ 表示拒绝原假设；$p <$ alpha 表示拒绝原假设，反之不能拒绝；ci 表示水平为 alpha 的置信区间，反之为拒绝域；stats 表示检验情况描述，含三个参量：tstat（检验统计量 t 值），df（自由度），sd（样本标准差）.

例 4.2.5 在针织品漂白工艺中，要考虑温度对针织品断裂强力的影响，为比较 70 °C 和 80 °C 的影响有无显著性差异. 在这两个温度下，分别重复做了 8 次试验，得到断裂强力的数据如下（单位：牛顿）：

70 °C: 20.5, 18.8, 19.8, 20.9, 21.5, 21.0, 21.2, 19.5

80 °C: 17.7, 20.3, 20.0, 18.8, 19.0, 20.1, 20.2, 19.1

由长期生产的数据可知，针织品断裂强力服从正态分布，且方差不变，问这两种温度的断裂强力有无显著差异（显著性水平 $\alpha = 0.05$).

解 设 X, Y 分别表示 70 °C 和 80 °C 的断裂强力，则 $X \sim N(\mu_1, \sigma^2)$，$Y \sim N(\mu_2, \sigma^2)$. 建立假设 $H_0 : \mu_1 = \mu_2$，$H_1 : \mu_1 \neq \mu_2$. 取

$$T = \frac{\bar{X} - \bar{Y}}{S_w \sqrt{1/n + 1/m}}$$

为检验统计量，其中 $n = m = 8$，由题中给出的数据知 $\bar{x} = 20.4, \bar{y} = 19.4, s_w = 0.928$. 故检验统计量的观测值为 $t = \dfrac{\bar{x} - \bar{y}}{s_w \sqrt{1/n + 1/m}} = 2.16$.

又 $t_{1-\alpha/2}(n+m-2) = t_{1-0.025}(14) = 2.1450$，因 $2.16 > 2.1450$，故拒绝原假设，即认为这两种温度的断裂强力有显著差异.

例 4.2.5 实现程序：

```
>> x=[20.5, 18.8, 19.8, 20.9, 21.5, 21.0, 21.2, 19.5];
>>y=[17.7, 20.3, 20.0, 18.8, 19.0, 20.1, 20.2, 19.1];
>>alpha=0.05;
>>[h,p,ci,stats]=ttest2(x,y,alpha,'both')
```

结果为

h=1

p=0.0486

ci=0.0072   1.9928

stats=

　　tstat: 2.1602

　　　df: 14

　　　sd: 0.9258

3）μ_1 和 μ_2 已知时，检验假设 $H_0: \sigma_1^2 = \sigma_2^2$, $H_1: \sigma_1^2 \neq \sigma_2^2$

现检验假设 $H_0: \sigma_1^2 = \sigma_2^2$，取检验统计量

$$F = \left[m \sum_{i=1}^{n} (X_i - \mu_1)^2 \right] \bigg/ \left[n \sum_{i=1}^{m} (Y_i - \mu_2)^2 \right] \sim F(n, m).$$

双侧检验 $H_1: \sigma_1^2 \neq \sigma_2^2$ 的拒绝域为 $W = \{F \leqslant 1/F_{1-\alpha/2}(m,n) \text{或} F \geqslant F_{1-\alpha/2}(n,m)\}$.

左侧检验 $H_1: \sigma_1^2 < \sigma_2^2$ 的拒绝域为 $W = \{F \leqslant 1/F_{1-\alpha}(m,n)\}$.

右侧检验 $H_1: \sigma_1^2 > \sigma_2^2$ 的拒绝域为 $W = \{F \geqslant F_{1-\alpha}(n,m)\}$.

MATLAB 中没有相应的命令函数，需依据理论进行编程.

4）μ_1 和 μ_2 未知时，检验假设 $H_0: \sigma_1^2 = \sigma_2^2$, $H_1: \sigma_1^2 \neq \sigma_2^2$

对检验假设 $H_0: \sigma_1^2 = \sigma_2^2$，取检验统计量

$$F = S_1^2 / S_2^2 \sim F(n-1, m-1).$$

双侧检验 $H_1: \sigma_1^2 \neq \sigma_2^2$ 的拒绝域为 $W = \{F \leqslant 1/F_{1-\alpha/2}(m-1,n-1) \text{或} F \geqslant F_{1-\alpha/2}(n-1,m-1)\}$.

左侧检验 $H_0: \sigma_1^2 \geqslant \sigma_2^2$, $H_1: \sigma_1^2 < \sigma_2^2$ 的拒绝域为 $W = \{F \leqslant 1/F_{1-\alpha}(m-1,n-1)\}$.

右侧检验 $H_0: \sigma_1^2 \leqslant \sigma_2^2$, $H_1: \sigma_1^2 > \sigma_2^2$ 的拒绝域为 $W = \{F \geqslant F_{1-\alpha}(n-1,m-1)\}$.

上述检验方法称为 **F检验**.

MATLAB 实现命令为：

[h,p,ci,stats]=vartest2(x,y,alpha,tail),

其中 x,y 表示数据向量；alpha 是显著性水平；tail 是检验中备择假设方向，有'both', 'right', 'left' 三种情况. 返回值 $h = 0$ 表示不能拒绝原假设，$h = 1$ 表示拒绝原假设；$p <$ alpha 表示拒绝原假设，反之不能拒绝；ci 表示水平为 alpha 的置信区间，反之为拒绝域；stats 表示检验情况描述，含三个参量: 'fstat' （检验统计量值），'df1' （自由度），'df2' （自由度）.

例 4.2.6　根据本节例 4.2.5 的数据，检验 70 ℃ 和 80 ℃ 时针织品断裂强力的方差是否相等（显著性水平为 $\alpha = 0.05$ ）？

解　建立假设 $H_0: \sigma_1^2 = \sigma_2^2$, $H_1: \sigma_1^2 \neq \sigma_2^2$. 由数据，检验统计量的观测值为

$$F = \frac{s_1^2}{s_2^2} = \frac{0.8857}{0.8286} = 1.07.$$

又 $F_{1-\alpha/2}(n-1,m-1) = F_{1-0.025}(7,7) = 4.99$, $\dfrac{1}{F_{1-\alpha/2}(m-1,n-1)} = \dfrac{1}{F_{1-0.025}(7,7)} = \dfrac{1}{4.99} \approx 0.20$, 显然有

$$\frac{1}{F_{1-0.025}(7,7)} = 0.20 < \frac{s_1^2}{s_2^2} = 1.07 < 4.99 = F_{1-0.025}(7,7).$$

因此，接受 H_0，即认为 70 ℃ 和 80 ℃ 时针织品断裂强力的方差是相等的.

例 4.2.6 实现程序：

```
>> x=[20.5, 18.8, 19.8, 20.9, 21.5, 21.0, 21.2, 19.5];
>>y=[17.7, 20.3, 20.0, 18.8, 19.0, 20.1, 20.2, 19.1];
```

```
>>alpha=0.05;
>>[h,p,ci,stats]=vartest2(x,y,alpha,'both')
结果为
h=0
p=0.9322
ci=0.2140      5.3394
stats=
    fstat: 1.0690
      df1: 7
      df2: 7
```

4.3 其他常用的假设检验

4.3.1 总体比例 p 的检验

比例 p 可以看作是某事件 A 发生的概率，即看作 $B(1,p)$ 中的参数. 做 n 次独立重复试验，得 $X_1, \cdots, X_n$，以 X 记该事件发生的次数，则 $X = \sum_{i=1}^{n} X_i \sim B(n,p)$. 因此，检验总体的比例 p 是否等于某个数值 p_0，也就相当于检验 n 次独立重复试验中事件 A 出现的次数是否为 np_0，这样，原假设为 $H_0 : p = p_0 \Leftrightarrow H_0 : k = np_0$. 那么依据什么总体进行检验，分两种情形讨论.

1）n 不大情形下——二项分布

对于假设 $H_0 : p = p_0$，$H_1 : p \neq p_0$，取检验统计量

$$X \sim B(n,p),$$

其拒绝域为 $W = \{x \leqslant c_1 \text{或} x \geqslant c_2\}$，其中 c_1 和 c_2 分别满足

$$\sum_{i=0}^{c_1} C_n^i p_0^i (1-p_0)^{n-i} \leqslant \alpha/2 \quad \text{和} \quad \sum_{i=c_2}^{n} C_n^i p_0^i (1-p_0)^{n-i} \leqslant \alpha/2 .$$

左侧检验 $H_1 : p < p_0$，其拒绝域为 $W = \{x \leqslant c\}$，其中 c 满足

$$\sum_{i=0}^{c} C_n^i p_0^i (1-p_0)^{n-i} \leqslant \alpha .$$

右侧检验 $H_1 : p > p_0$，其拒绝域为 $W = \{x \geqslant c\}$，其中 c 满足

$$\sum_{i=c}^{n} C_n^i p_0^i (1-p_0)^{n-i} \leqslant \alpha .$$

MATLAB 实现命令为：

[phat,pci]=binofit (x,n,alpha)，

其中 x 表示事件 A 出现的次数；n 是试验的总次数；alpha 是显著性水平. 返回值 phat 是总体

p 的 MLE; pci 表示水平为 alpha 的置信区间, 反之为拒绝域, 若原假设的值 p_0 落在 pci 中就接受原假设, 反之就拒绝原假设. 不过这个命令仅能进行双侧检验, 若要进行单侧检验, 需根据理论自己编写程序.

2）n 较大情形下——正态分布

由中心极限定理知, $X = \sum\limits_{i=1}^{n} X_i \overset{近似}{\sim} N(nEX, nDX)$. 因此, 取检验统计量为

$$U = \frac{\sqrt{n}(\bar{X} - EX)}{\sqrt{DX}} = \frac{\sqrt{n}(\bar{X} - np_0)}{\sqrt{np_0(1-p_0)}} \overset{近似}{\sim} N(0,1).$$

双侧检验 $H_1 : p \neq p_0$ 的拒绝域为 $W = \{|u| \geqslant u_{1-\alpha/2}\}$.
左侧检验 $H_1 : p < p_0$ 的拒绝域为 $W = \{u < -u_{1-\alpha}\}$.
右侧检验 $H_1 : p > p_0$ 的拒绝域为 $W = \{u > u_{1-\alpha}\}$.
MATLAB 中没有实现命令, 需依据理论进行编程.

例 4.3.1　某厂生产的产品优质品率一直保持在 40%, 近期对该厂生产的该类产品抽检 20 件, 其中优质品 7 件, 在显著性水平为 0.05 下能否认为优质品率仍保持在 40%.

解　以 p 表示优质品率, x 表示 20 件产品中的优质品件数, 则 $X \sim B(20, p)$. 检验假设为 $H_0 : p = 0.4$, $H_1 : p \neq 0.4$. 拒绝域为 $W = \{x \leqslant c_1 或 x \geqslant c_2\}$, 下面求 c_1 和 c_2. 因为

$$P(x \leqslant 3) = \sum_{i=0}^{3} C_n^i p_0^i (1-p_0)^{n-i} = 0.016 < \frac{\alpha}{2} < P(x \leqslant 4) = 0.051,$$

故取 $c_1 = 3$. 又因为

$$P(x \geqslant 11) = 0.0565 > \frac{\alpha}{2} > P(x \geqslant 12) = 0.021.$$

故取 $c_2 = 12$. 从而拒绝域为 $W = \{x \leqslant 3 或 x \geqslant 12\}$.

注意：这个拒绝域的实际显著性水平是 $0.016 + 0.021 = 0.037$.

例 4.3.1 实现程序一：

```
>> alpha=0.05;x=7;n=20;
>>[phat,pci]=binofit (x,n,alpha);
>>pci
>>cc=n*pci;
>>k=[floor(cc(1)) ceil(cc(2))]    %分别向下,向上取整
>> if x>=k(1)&x<=k(2);
    disp('接受原假设');
>>else
    disp('拒绝原假设');
>>end
```

结果为

pci=0.1539　　　0.5922

k=3   12

授受原假设

上述程序是利用函数命令 binofit 进行假设检验的，但它仅能检验双侧假设. 为了对单侧假设也能检验，作者编写了一个程序以检验这个例子. 仿此可以进行单侧检验，见例 4.3.1 的实现程序二.

例 4.3.1 实现程序二：

```
>> alpha=0.05;x=7;n=20;
>>pl=binoinv(alpha/2,n,0.4);pu=binoinv(1-alpha/2,n,0.4);
>>if binocdf(pl,n,0.4)<=alpha/2;
    c1=pl;
  else
    c1=pl-1;
>>end
>>c1;
>>if 1-binocdf(pu,n,0.4)<=alpha/2;
    c2=pu;
  else
    c2=pu+1;
>>end
>>c2;
>>CI=[c1 c2]
>>if x>=c1&x<=c2
    disp('结论是:接受原假设');
  else
    disp('结论是:拒绝原假设');
>>end
>>disp('拒绝域的实际显著性水平是 p');
>>p=binocdf(c1,n,0.4)+1-binocdf(c2,n,0.4)
```

结果为

CI=

        3   12

结论是:接受原假设（%相伴概率为 binocdf(-x,n,0.4)+1-binocdf(x,n,0.4)=0.5841）

拒绝域的实际显著性水平是 p

p=0.0370

实现程序一和二是依据精确分布得出的结论，下面用大样本近似状态下的理论去判断一个例子.

例 4.3.2   从随机抽取的 467 名男性中发现有 8 名色盲，从 433 名女性中发现有 1 人色盲，在显著性水平 0.01 下能否认为女性色盲的比例比男性低？

解   设男性色盲的比例为 p_1，女性色盲的比例为 p_2，那么要检验的假设为

$$H_0 : p_1 \geqslant p_2, \quad H_1 : p_1 < p_2.$$

记男性色盲数 X_1，则 $X_1 \sim B(n_1, p_1)$，当 $n_1 \to \infty$ 时，有

$$\frac{X_1}{n_1} \overset{\text{近似}}{\sim} N\left(p_1, \frac{p_1(1-p_1)}{n_1} \right).$$

同理，对女性色盲数 X_2，有

$$\frac{X_2}{n_2} \overset{\text{近似}}{\sim} N\left(p_2, \frac{p_2(1-p_2)}{n_2} \right).$$

从而有

$$\frac{X_1}{n_1} - \frac{X_2}{n_2} \overset{\text{近似}}{\sim} N\left(p_1 - p_2, \frac{p_1(1-p_1)}{n_1} + \frac{p_2(1-p_2)}{n_2} \right) (n_1, n_2 \to \infty).$$

则在 $H_0 : p_1 = p_2$ 成立的情况下，有

$$\frac{X_1}{n_1} \approx p_1 = p_2 \approx \frac{X_2}{n_2} = \frac{X_1 + X_2}{n_1 + n_2} \overset{\text{记为}}{=} p.$$

因此可以取统计量为

$$U = \frac{\dfrac{X_1}{n_1} - \dfrac{X_2}{n_2}}{\sqrt{\dfrac{1}{n_1 + n_2} \cdot \dfrac{X_1 + X_2}{n_1 + n_2}\left(1 - \dfrac{X_1 + X_2}{n_1 + n_2} \right)}} \overset{\text{近似}}{\sim} N(0,1).$$

左侧拒绝域为 $W = \{u \mid u < -u_{1-\alpha} = u_\alpha \}$。

例 4.3.2 实现程序：

```
>>alpha=0.01;
>>p1=8/467;p2=1/433;p=(8+1)/(467+433);
>>U=(p1-p2)/sqrt((8/467+1/433)*p*(1-p));
>>ua=norminv(alpha);
>>if U<ua
    disp('结论是: 拒绝原假设');
>>else
    disp('结论是: 接受原假设');
>>end
```

结果为

结论是: 接受原假设

4.3.2　一般分布拟合检验

1）单总体的 χ^2 适度检验

提出统计假设 $H_0 : F(x) = F_0(x)$，$H_1 : F(x) \neq F_0(x)$，具体方法为：

(1) 将总体取值范围分为 m 个互不相容的小区间：$(t_0, t_1], (t_1, t_2], \cdots, (t_{m-1}, t_m]$.

(2) 统计出每个区间内样本点的数目，即实际频数 f_i. 显然有 $\sum\limits_{i=1}^{m} f_i = n$，$n$ 为样本总数目.

(3) 计算第 i 个小区间的理论概率 $p_i = P(t_{i-1} < X \leqslant t_i) = F_0(t_i) - F_0(t_{i-1})$. 显然有 $\sum\limits_{i=1}^{m} p_i = 1$.

(4) 计算第 i 个小区间的理论频数 np_i. 在检验中，落在每个小区间的理论频数 np_i 不应该小于 5，否则应将相邻的组合并.

(5) 计算统计量 $\chi^2 = \sum\limits_{i=1}^{m} \dfrac{(f_i - np_i)^2}{np_i} \sim \chi^2(m-1-r)$，其中 r 是需估计总体的未知参数的数目.

(6) 由给定的显著性水平 α，查表确定临界值 $\chi_{1-\alpha}^2(m-1-r)$. 若 $\chi^2 \geqslant \chi_{1-\alpha}^2(m-1-r)$，则拒绝原假设，即认为总体的分布函数不为 $F_0(x)$；反之，则接受原假设，即认为总体的分布函数为 $F_0(x)$.

MATLAB 实现程序为（这里是检验分布是否为指数分布）

```
bins=0:5;   %分组数 m，具体用时请改变数字 5
obsCounts=[92 68 28 11 1 0];   %每组对应的实际频数，具体用时请改变数据
n=sum(obsCounts);
lambdaHat=sum(bins.*obsCounts)/n;
expCounts=n*poisspdf(bins,lambdaHat);
[h,p,st]=chi2gof(bins,'ctrs',bins, … 'frequency',obsCounts,'expected',expCounts,'nparams',1)
%检验函数
```

返回值 $h = 0$ 表示不能拒绝原假设，$h = 1$ 表示拒绝原假设；$p <$ alpha 表示拒绝原假设，反之不能拒绝；st 表示检验情况描述，含五个参量：'chi2stat'（检验统计量值），'df'（自由度），'O'（实际频数），'E'（理论频数）.

若要检验分布是否为其他分布，请参看软件的帮助.

例 4.3.3 某公路上，交通部门观察每 15 秒钟内过路的汽车辆数，得样本资料（见表 4.3.1）：

表 4.3.1

汽车辆数	0	1	2	3	4	5	合计
实际频数	92	68	28	11	1	0	200

试问通过的汽车辆数可否认为服从泊松分布，显著性水平为 $\alpha = 0.05$.

解 由泊松分布的概率函数 $P(X = k) = \dfrac{\lambda^k}{k!} e^{-\lambda}$ 及样本数据可知，λ 的估计量为

$$\hat{\lambda} = \frac{\sum xf}{n} = \frac{1}{200}(0 \times 92 + 1 \times 68 + \cdots + 5 \times 0) = 0.805.$$

假设为

$$H_0 : P(X = k) = \frac{\hat{\lambda}^k}{k!} e^{-\hat{\lambda}}, \quad H_1 : 总体不服从泊松分布.$$

将数轴分为 6 个区间：$(-\infty, 0], (0, 1], (1, 2], (2, 3], (3, 4], (5, \infty)$，由泊松分布的概率函数分别计算

落在这些区间的概率：

$$p_1 = P(X \leqslant 0) = P(X = 0) = \frac{(0.805)^0}{0!} e^{-0.805} = 0.4471,$$

$$p_2 = P(0 < X \leqslant 1) = P(X = 1) = \frac{(0.805)^1}{1!} e^{-0.805} = 0.3599.$$

同理，

$$p_3 = P(1 < X \leqslant 2) = 0.1449, \quad p_4 = 0.0389, \quad p_5 = 0.0078,$$
$$p_6 = 1 - (p_1 + p_2 + p_3 + p_4 + p_5) = 0.0014.$$

列表 4.3.2：

表 4.3.2

区间	f_i	p_i	np_i	$f_i - np_i$	$(f_i - np_i)^2$	$\dfrac{(f_i - np_i)^2}{np_i}$
$(-\infty, 0]$	92	0.447 1	89.42	2.58	6.66	0.07
$(0, 1]$	68	0.359 9	71.98	−3.98	15.84	0.22
$(1, 2]$	28	0.144 9	28.98	−0.98	0.96	0.03
$(2, 3]$	11	0.038 9	7.78	合并为 2.38	合并为 5.66	合并为 0.59
$(3, 4]$	1	0.007 8	1.56			
$(4, \infty)$	0	0.001 4	0.28			

计算得 $\chi^2 = \sum \dfrac{(f_i - np_i)^2}{np_i} = 0.91$. 因为 $\chi^2 = 0.91 < \chi^2_{1-0.05}(2) = 5.99$，所以接受原假设，即认为通过该地段的汽车车辆数服从泊松分布.

例 4.3.3 实现程序：

```
>>bins=0:5;
>>obsCounts=[92 68 28 11 1 0];
>>n=sum(obsCounts);
>>lambdaHat=sum(bins.*obsCounts)/n;
>>expCounts=n*poisspdf(bins,lambdaHat);
>> [h,p,st]=chi2gof(bins,'ctrs',bins,···'frequency',obsCounts, 'expected',expCounts,'nparams',1)
```

结果为

```
h=0
p=0.6273
st=
    chi2stat: 0.9326
          df: 2
       edges: [-0.5000 0.5000 1.5000 2.5000 5.5000]
           O: [92 68 28 12]
```

E: [89.4176 71.9812 28.9724 9.5907]

例 4.3.4 下面 120 个数据是某种白炽灯的流明数 X.

216, 203, 197, 208, 206, 209, 206, 208, 202, 203, 206, 213, 218, 207, 208,

202, 194, 203, 213, 211, 193, 213, 208, 208, 204, 206, 204, 206, 208, 209,

213, 203, 206, 207, 196, 201, 208, 207, 213, 208, 210, 208, 211, 211, 214,

220, 211, 203, 216, 224, 211, 209, 218, 214, 219, 211, 208, 221, 211, 218,

218, 190, 219, 211, 208, 199, 214, 207, 207, 214, 206, 217, 214, 201, 212,

213, 211, 212, 216, 206, 210, 216, 204, 221, 208, 209, 214, 214, 199, 204,

211, 201, 216, 211, 209, 208, 209, 202, 211, 207, 202, 205, 206, 216, 206,

213, 206, 207, 200, 198, 200, 202, 203, 208, 216, 206, 222, 213, 209, 219

请检验 X 是否服从正态分布？（ $\alpha = 0.05$ ）

例 4.3.4 实现程序：

```
>>x=[];   %把题目中数据粘贴在这里的中括号中
>>x=reshape(x,[],1);
>> [m,s,mci,sci]=normfit(x,0.05);
>>m
>>s
>>[h,p]=chi2gof(x,'cdf',{@normcdf,mean(x),std(x)})
```

结果为

h=0

p=0.9697

m=208.8167   %均值估计值

s=6.3232   %方差估计值

很显然，接受原假设，认为 X 服从正态分布 $N(208.8167, 6.3232^2)$.

2）单总体的 Kolmogrov-Smirnon 检验

对于假设 $H_0 : F(x) = F_0(x)$, $H_1 : F(x) \neq F_0(x)$, 取统计量为

$$D(x) = \sup_{x \in \mathbf{R}} \left| F(x) - F_0(x) \right|.$$

因为分布相对复杂，这里就不再给出拒绝域，下面介绍如何利用软件进行检验.

MATLAB 实现程序：

[h,p,ksstat,cv]=kstest(x,CDF,alpha,type),

其中 x 是数据向量；CDF 是原假设中连续分布的分布函数，默认是为[]，表示拟合标准正态分布；alpha 为显著性水平；type 为备择假设方向，取值为'unequal', 'larger', 'smaller'；返回值 $h = 0$ 表示不能拒绝原假设， $h = 1$ 表示拒绝原假设； $p <$ alpha 表示拒绝原假设，反之不能拒绝；ksstat 为检验统计量的值；cv 为拒绝域的临界值.

例 4.3.5   请用 K-S 方法检验例 4.3.4 中数据是否服从正态分布？

例 4.3.5 实现程序：

```
>>x=[];   %请把例 4.3.4 中的数据粘贴在这里的中括号中
```

```
>>x=reshape(x,[],1);
>>[MU,SIGMA]=normfit(x)
>>x=(x-MU)/SIGMA;
>>alpha=0.05;
>>[h,p,ksstat,cv]=kstest(x,[],alpha)
```
结果为
```
MU=208.8167
SIGMA=6.3232
h=0
p=0.3145
ksstat=0.0863
cv=0.1225
```
结果表明, 接受原假设, 认为服从正态分布 $N(208.816\,7, 6.323\,2^2)$.

3) 两总体的 Kolmogrov-Smirnon 检验

对于假设 $H_0 : F_1(x) = F_2(x), H_1 : F_1(x) \neq F_2(x)$, 取统计量为

$$D(x) = \sup_{x \in \mathbf{R}} |F_1(x) - F_2(x)|,$$

因为分布相对复杂, 这里就不再给出拒绝域, 下面介绍如何利用软件进行检验.

MATLAB 实现程序：

[h,p,ks2stat]=kstest2(x1,x2,alpha,type),

其中 x1,x2 是数据向量；alpha 为显著性水平；type 为备择假设方向, 取值为'unequal', 'larger', 'smaller'; 返回值 $h = 0$ 表示不能拒绝原假设, $h = 1$ 表示拒绝原假设; $p <$ alpha 表示拒绝原假设, 反之不能拒绝; ks2stat 为检验统计量的值.

例 4.3.6　下面是 13 个非洲地区和 15 个欧洲地区的人均酒精年消费量(合纯酒精, 单位升)：

13 个非洲: 5.38 4.38 9.33 3.66 3.72 1.66 0.23 0.08 2.36 1.71 2.01 0.90 1.54

15 个欧洲: 6.67 16.21 11.93 9.85 10.43 13.54 2.40 12.89 9.30 11.92 5.74 14.45 1.99 9.14 2.89

这两个地区的酒精年消费量分布是否相同？ ($\alpha = 0.05$)

解　记非洲和欧洲的数据总体分布分别为 $F(x), G(x)$, 则假设为

$$H_0: \text{分布不存在差异}, \quad H_1: \text{分布存在差异}.$$

例 4.3.6 实现程序：
```
>>x1=[5.38 4.38 9.33 3.66   3.72 1.66   0.23   0.08   2.36   1.71   2.01   0.90   1.54];
>>x2=[6.67 16.21   11.93   9.85   10.43   13.54   2.40   12.89   9.30 11.92   5.74   14.45   1.99   9.14 2.89];
>>alpha=0.05;
>> [h,p,ks2stat]=kstest2(x1,x2,alpha)
```
结果为
```
h=1
```

p=5.4816e-004

ks2stat=0.7231

从结果可以看出, 拒绝原假设, 认为这两个地区的酒精年消费量分布不同.

4.3.3 正态性检验

正态性检验除了前面介绍的卡方适度检验和 K-S 检验外, 还有几种检验方法, 下面做一简单的介绍.

1) Lilliefors 检验

对于假设 $H_0 : X \sim N(\mu, \sigma^2)$, $-\infty < \mu < \infty$, $\sigma^2 > 0$, 取检验统计量为

$$D(x) = \sup_{x \in \mathbf{R}} \left| S_n(x) - \Phi(x) \right|,$$

其中 $S_n(x)$ 是标准化样本的经验分布函数. 不像 K-S 检验, 该方法在小样本下也可使用.

MATLAB 实现程序:

[h,p,kstat,critval]=lillietest(x,alpha,distr,mctol),

其中 x 是数据向量; alpha 为显著性水平; distr 是要检验的分布类型, 主要为'norm'(normal, the default), 'exp' (exponential) 和'ev' (extreme value), 缺省该选项是检验正态分布; 当返回值 p 的取值范围不在[0.001,0.5]时, 会给出一个警告, 此时就需要将选项 mctol 进行赋值, 一般根据警告设置小于 0.001 的数值或大于 0.5 的数值, 但需在[0,1]中; 返回值 $h = 0$ 表示不能拒绝原假设, $h = 1$ 表示拒绝原假设; $p <$ alpha 表示拒绝原假设, 反之不能拒绝; kstat 为检验统计量的值; critval 为拒绝域的临界值.

例 4.3.7 请用 Lilliefors 检验方法检验例 4.3.4 中数据是否服从正态分布?

例 4.3.7 实现程序:

```
>>x=[];   %请把例 4.3.4 中的数据粘贴在这里的中括号中
>>x=reshape(x,[],1);
>>alpha=0.05;
>>[h,p,kstat,critval]=lillietest(x,alpha)
```

结果为

h=1

p=0.0292

kstat=0.0863

critval=0.0814

从检验结果看, 拒绝原假设, 认为该组数据不服从正态分布.

2) Jarque-Bera 检验

J-B 检验是基于峰度与偏度的联合检验的正态性检验方法. 对于假设

$$H_0 : X \sim N(\mu, \sigma^2), \ -\infty < \mu < \infty, \ \sigma^2 > 0,$$

取检验统计量为

$$J = \frac{n}{6}\left[S^2 + \frac{(K-3)^2}{4}\right] \overset{\text{近似}}{\sim} \chi^2(2),$$

其中 S, K 分别为样本偏度与峰度. 拒绝域为 $W = \{J \mid J \geqslant \chi^2_{1-\alpha}(2)\}$. 该方法在大样本下使用较好.

MATLAB 实现程序:

[h,p,jbstat,critval]=jbtest(x,alpha,mctol),

其参数意义与 lillietest 中基本相同, 同样 jbstat 仍为检验统计量的值.

例 4.3.8 请用 J-B 检验方法检验例 4.3.4 中数据是否服从正态分布?

例 4.3.8 实现程序:

>>x=[];   %请把例 4.3.4 中的数据粘贴在这里的中括号中

>>x=reshape(x,[],1);

>>alpha=0.05;

>> [h,p,jbstat,critval]=jbtest(x,alpha)

Warning: P is greater than the largest tabulated value, returning 0.5.

结果为

h=0

p=0.5000

jbstat=0.7133

critval=5.5116

因为出现了警告, 我们起用参数 mctol, 见下面程序语句及结果.

>> [h,p,jbstat,critval]=jbtest(x,alpha,0.9)

结果为

h=0

p=0.6730

jbstat=0.7133

critval=5.2798

从结果看, 接受原假设.

对于正态性检验, 还有几种方法, 但 MATLAB 中没有提供相应的函数命令. 一般来说, 相关方法所涉及的理论可能不好理解, 自己编程也就不太可能, 建议大家去查阅其他统计软件中相关的检验方法. 主要有 SPSS 中的 K-S 检验, Lilliefors 检验, Shapiro-Wilk 检验等; SAS 中的 K-S 检验, Shapiro-Wilk 检验, Cramér-von Mises 检验, Anderson-Darling 检验等; R 软件中的 K-S 检验, Shapiro-Wilk 检验, Cramér-von Mises 检验, Anderson-Darling 检验, Pearson χ^2 检验, Shapiro-Francia 检验, J-B 检验等.

4.4 几个常用的非参数假设检验

像前面叙述的 K-S 检验, Pearson χ^2 检验等已经是非参数检验方法了, 只不过那里是针对分布检验来讲, 因此没有归到这一节中, 下面再介绍几个常用的非参数检验方法.

4.4.1 符号检验

符号检验是用来检验总体 X 的中间位置 M 是不是某个数值的一种非参数检验方法. 假设为 $H_0 : M = M_0$, 备择假设为单侧情形 $H_1 : M > M_0, H_1 : M < M_0$ 或双侧情形 $H_1 : M \neq M_0$ 三种情况.

记样本为 $X_1, \cdots, X_n$, 在原假设成立的情况下, 令 S^+ 表示样本中大于 M_0 的数据的个数, S^- 表示样本中小于 M_0 的数据的个数, $N = S^+ + S^-$, 则对于每个数据来说, 要么是大于 M_0, 要么是小于 M_0 (等于 M_0 的数据去掉), 因此, S^+ 或 S^- 服从二项分布 $B(N, 0.5)$. 这样, 取统计量为 $K = \min(S^+, S^-)$, 则 $K \sim B(N, 0.5)$. 单侧检验的检验概率为 $p = P(K \leqslant k)$, 双侧检验的检验概率为 $p = 2P(K \leqslant k)$. 大样本下, 检验统计量为 $Z = \dfrac{K \pm 0.5 - 0.5N}{0.5\sqrt{N}} \sim N(0,1)$, 其中 ± 0.5 是修正项, 可以不要. 如果修正时, 当 $K < N/2$ 时, 取正号, 反之取负号, 判断概率为左尾概率 (双侧检验为左尾概率的 2 倍).

MATLAB 实现程序:

[p,h,stats]=signtest(x,m,'alpha',alpha,'method',method),

其中 x 为数据向量; m 为原假设中的 M_0; alpha 为显著性水平; method 表示采用精确方法还是大样本近似方法, 取值为'exact'或'approximate'. 返回值 $h = 0$ 表示不能拒绝原假设, $h = 1$ 表示拒绝原假设; $p <$ alpha 表示拒绝原假设, 反之不能拒绝; stats 为检验统计量的值, 包含 sign 和 zval.

例 4.4.1 某企业生产一种钢管, 规定长度的中位数是 10 m. 现随机地从正在生产的生产线上选取 10 根进行测量, 结果:

9.8　10.1　9.7　9.9　9.8　10.0　9.7　10.0　9.9　9.8

问生产过程是否需要调整?

解　建立假设为 $H_0 : M = 10, H_1 : M \neq 10$.

例 4.4.1 实现程序:

```
>>x=[9.8    10.1    9.7    9.9    9.8    10.0    9.7    10.0    9.9    9.8];
>>alpha=0.05;m=10;
>> [p,h,stats]=signtest(x,m,'alpha',alpha,'method','exact')
结果为
p=0.0703
h=0
stats=
    zval: NaN
    sign: 1
```

检验结果为 $p = 0.0703 > 0.05$, $h = 0$, 因此接受原假设, 生产过程不需要调整.

若要检验成对数据 (x, y) 的中位数是否相等, 则可以用函数命令

[p,h,stats]=signtest(x,y,'alpha',alpha,'method',method),

具体可以看软件帮助.

4.4.2 Wilcoxon 符号秩检验

Wilcoxon 符号秩检验是对符号检验的一种改进, 前面的符号检验只利用了样本差异方向

上的信息, 并未考虑差别的大小, 所以 Wilcoxon 符号秩检验弥补了符号检验的不足.

首先, 介绍秩的概念. 对于样本 $X_1, \cdots, X_n$, 记秩为 $R_i = \sum_{j \neq i}^{n} I(X_j \leqslant X_i)$.

Wilcoxon 符号秩检验是检验关于中位数对称的总体的中位数是否等于某个特定值, 假设为 $H_0 : M = M_0$, 备择假设仍为三种情况. 记样本为 $X_1, \cdots, X_n$, Wilcoxon 符号秩检验步骤:

(1) 对 $i = 1, \cdots, n$, 计算 $|X_i - M_0|$, 它们表示这些样本点到 M_0 的距离.

(2) 把上面的 n 个绝对值排序, 并找出它们的 n 个秩. 如果有相同的样本点, 每个点取平均秩. (如 1, 4, 4, 5 的秩为 1, 2.5, 2.5, 4)

(3) 令 W^+ 等于 $X_i - M_0 > 0$ 的 $|X_i - M_0|$ 的秩的和, 而 W^- 等于 $X_i - M_0 < 0$ 的 $|X_i - M_0|$ 的秩的和. 注意 $W^+ + W^- = \dfrac{n(n+1)}{2}$.

(4) 对双边检验 $H_1 : M \neq M_0$, 在零假设下, 取检验统计量 $W = \min(W^+, W^-)$. 类似地, 对 $H_1 : M > M_0$ 的单边检验取 $W = W^-$, 对 $H_1 : M < M_0$ 的单边检验取 $W = W^+$.

(5) 根据得到的 W 值, 利用统计软件或者查 Wilcoxon 符号秩检验的分布表以得到在零假设下的 p 值 (左尾概率, 双侧检验是 2 倍的左尾概率).

(6) 如果 p 值较小 (比如小于或者等于给定的显著性水平, 譬如 0.05), 则可以拒绝零假设. 如果 p 值较大, 则没有充分证据来拒绝原假设.

如果 n 很大, 则用正态近似, 得到一个与 W 有关的正态随机变量 Z 的值, 再用软件或者查正态分布表得到 p 值, 其中

Z = (W-EW)/sqrt(DW), EW = n*(n+1)/4, DW = n*(n+1)*(2n+1)/24, pvalue = 左尾概率.

MATLAB 实现程序:

[p,h,stats]=signrank(x,m,'alpha',alpha,'method',method),

其中参数意义请参看 signtest 中的参数解释: stats 为检验统计量的值, 包含 signedrank 和 zval. 若要检验成对数据 (x, y) 的中位数是否相等, 则可以用函数命令

[p,h,stats]=signrank (x,y,'alpha',alpha,'method',method),

具体可以看软件帮助.

例 4.4.2 联合国人员在世界上 66 个大城市的生活花费指数 (以纽约市 1996 年 12 月为 100) 按自小至大的次序排列如下

66	75	78	80	81	81	82	83	83	83	83
84	85	85	86	86	86	86	87	87	88	88
88	88	88	89	89	89	89	90	90	91	91
91	91	92	93	93	96	96	96	97	99	100
101	102	103	103	104	104	104	105	106	109	109
110	110	110	111	113	115	116	117	118	155	192

这里北京的指数为 99, 北京是在该水平之上还是之下?

解 建立假设 $H_0 : M = 99$, $H_1 : M < 99$.

例 4.4.2 实现程序:

```
>> x=[];    %请把数据粘贴在这里的中括号中
x=reshape(x,[],1);
```

```
alpha=0.05;m=99;
[p,h,stats]=signrank(x,m,'alpha',alpha,'method','exact')
```
结果为
```
p=0.0095
h=1
stats=signedrank: 679
```
从结果看，检验的概率应为 $p/2 = 0.0048 < 0.05$，应该拒绝原假设，即北京生活花费指数大于 99.

4.4.3 Wlicoxon(Mann-Whitney)秩和检验

设 $X_1, \cdots, X_m$ 和 $Y_1, \cdots, Y_n$ 分别为两个连续总体 $F_X(x)$ 和 $F_Y(y)$ 中随机抽取出来的样本，我们关心两个总体的中位数是否相等，即检验 $H_0 : M_x = M_y$，备择假设为 $H_1 : M_x > M_y$，$H_1 : M_x < M_y$，或 $H_1 : M_x \neq M_y$. 具体方法为：

(1) 将这 $N = m + n$ 个数据混合后从小到大进行排列.

(2) 令 R_i 为 Y_i 在这 N 个数据中的秩，秩和为 $W_Y = \sum_{i=1}^{n} R_i$. 同理得 X 样本的样本点在混合样本中的秩和 W_X.

(3) 对双边检验 $H_1 : M_x \neq M_y$，在零假设下，取检验统计量 $W = \min(W_X, W_Y)$. 类似地，对 $H_1 : M_x > M_y$ 的单边检验取 W_Y，对 $H_1 : M_x < M_y$ 的单边检验取 W_X.

(4) 根据得到的 W 值，利用统计软件或者查 Wilcoxon 秩和检验的分布表以得到在零假设下的 p 值（左尾概率，双侧检验是 2 倍的左尾概率）.

(5) 如果 p 值较小（比如小于或者等于给定的显著性水平，譬如 0.05），可以拒绝零假设. 如果 p 值较大，则没有充分证据来拒绝原假设.

在大样本时，统计量可选为

$$Z = \frac{W_y - (N+1)n/2}{\sqrt{mn(N+1)/12}} \sim N(0,1) \quad \text{或} \quad Z = \frac{W_x - (N+1)m/2}{\sqrt{mn(N+1)/12}} \sim N(0,1),$$

判断概率仍用左尾概率（双侧检验是 2 倍的左尾概率）.

MATLAB 实现程序：

```
[p,h,stats]=ranksum(x,y,'alpha',alpha,'method',method),
```
其中参数意义请参看 signtest 中的参数解释：stats 为检验统计量的值，包含 ranksum 和 zval.

例 4.4.3 我国沿海和非沿海省市区的人均国内生产总值（GDP）在 1997 年的抽样数据如下（单位为元）. 沿海省市区为

15044　12270　5345　7730　22275　8447　8136　6834　9513　4081　5500

非沿海省市为

5163　4220　4259　6468　3881　3715　4032　5122　4130

3763　2093　3715　2732　3313　2901　3748　3731　5167

人们想要知道沿海和非沿海省市区的人均 GDP 的中位数是否一样？

解 建立假设为 $H_0 : M_x = M_y$，$H_1 : M_x > M_y$.

例 4.4.3 实现程序：

```
>> x=[15044   12270   5345   7730   22275   8447   8136   6834   9513   4081   5500];
>>y=[5163   4220   4259   6468   3881   3715   4032   5122   4130 3763   2093   3715
     2732   3313   2901   3748   3731   5167];
>>alpha=0.05;
>>[p,h,stats]=ranksum(x,y,'alpha',alpha)
```

结果为

p=5.7407e-005

h=1

stats=

　　　　　zval: 4.0232

　　　　ranksum: 255

从结果看，判断概率 $p/2$ 几乎为 0，拒绝原假设，认为沿海地区的人均 GDP 的中位数大于非沿海省市区的人均 GDP 的中位数.

4.4.4　游程检验

首先，通过一个例子来说明游程的概念. 比如，将某售票处排队等候购票的人按性别区分，男以 A 表示，女以 B 表示. 按到来的时间先后观察序列为：AABABB. 在这个序列中，AA 为一个游程，连续出现两个 A；B 是一个游程，领先它的是符号 A，跟随它的也是符号 A，显然，A 也是一个游程，BB 也是一个游程. 于是，在这个序列中，A 的游程有 2 个，B 的游程也有 2 个，序列共有 4 个游程. 每一个游程所包含的符号的个数，称为**游程的长度**. 如上面的序列中，有一个长度为 2 的 A 游程，一个长度为 2 的 B 游程，长度为 1 的 A 游程、B 游程各有 1 个.

下面来介绍游程检验的原理和方法.

随机抽取的一个样本，其观察值按某种顺序排列，如果所关心的问题是：按先后顺序观测的序列所得到的两种类型符号是不是随机排列的，则可以建立双侧检验，假设组为

$$H_0：序列是随机的，\quad H_1：序列不是随机的.$$

如果关心的是序列是否具有某种倾向，则应建立单侧备择假设，假设组为

$$H_0：序列是随机的，\quad H_1：序列具有混合的倾向$$

或　　　　　　　$$H_0：序列是随机的，\quad H_1：序列具有成群的倾向$$

第一种类型的符号数目记作 m，第二种记作 n，$N=m+n$. 在 H_0 为真的情况下，两种类型符号出现的可能性相等，其在序列中是交互的. 相对于一定的 m 和 n，序列游程的总数应在一个范围内. 若游程的总数过少，表明某一游程的长度过长，意味着有较多的同一符号相连，序列存在成群的倾向；若游程总数过多，表明游程长度很短，意味着两个符号频繁交替，序列具有混合的倾向. 因此，无论游程的总数过多或过少，都表明序列不是随机的. 根据两种类型符号的变化，选择的检验统计量为

$$R = 游程的总数目.$$

游程 R 分布的证明是比较麻烦的. 先在 $m+n$ 个抽屉里随机选择 m 个，有 C_{m+n}^m 种方法. 如

果游程数为奇数 $R = 2k+1$，这意味着：

(1) 必定有 $k+1$ 个由 "1" 构成的游程和 k 个由 "0" 构成的游程；

(2) 或必定有 $k+1$ 个由 "0" 构成的游程和 k 个由 "1" 构成的游程.

这就必须在 $m-1$ 个位置中插入 k 个 "隔离元"，使有 "1" 有 $k+1$ 个游程，可以有 C_{m-1}^k 种. 同样可以在 $n-1$ 个 "0" 的 $n-1$ 个空位上插入 $k-1$ 个 "隔离元"，有 C_{n-1}^{k-1} 种. 共有有利基本事件数 $C_{m-1}^k C_{n-1}^{k-1}$. 所以

$$p(R = 2k+1) = \frac{C_{m-1}^k C_{n-1}^{k-1} + C_{m-1}^{k-1} C_{n-1}^k}{C_{m+n}^m}.$$

如果游程数为偶数 $R = 2k$，这意味着 "0" 和 "1" 各有 k 个游程，则

$$p(R = 2k) = \frac{2C_{m-1}^{k-1} C_{n-1}^{k-1}}{C_{m+n}^m}.$$

可以证明

$$E(R) = \frac{2nm}{m+n} + 1, \quad \text{Var}(R) = \frac{2mn(2mn-n-m)}{(m+n)^2(n+m-1)}.$$

因此，当 N 足够大时，有

$$Z = \frac{R-1-2mn/N}{\sqrt{2mn(2mn-N)/N^2(N-1)}} \sim N(0,1).$$

若 p 相对于给定的显著性水平小，则数据不支持 H_0；若足够大，则不拒绝 H_0. 具体判断如表 4.4.1：

表 4.4.1

备择假设	p 值
序列具有混合的倾向（游程大）	右尾概率
序列具有聚类的倾向（游程小）	左尾概率
序列是非随机的	较小的尾巴概率的两倍

MATLAB 实现程序为

[h,p,stats]=runstest(x,v,'alpha',alpha,'method','tail').

其中 x 是数据向量；数据转化为两类符号 0 和 1 时以 v 为参照，比 v 大的数据转化为 1，比 v 小的转化为 0，恰好等于 v 的数据弃掉；alpha 是显著性水平；method 表示是利用精确检验还是大样本下的近似检验，默认情况下以 50 分开，小于等于 50 用精确检验，大于 50 用近似检验，含'exact', 'approximate'两个选项；tail 是检验的方向，含有'both', 'right', 'left'三个选项. 返回值 h 和 p 意义同其他命令；stats 为检验统计量的值，包含 nruns——The number of runs, n1——The number of values above v, n0——The number of values below v, z——The test statistic 等四个选项.

例 4.4.4 在工厂的质量管理中，生产出来的 20 个工件的某一尺寸按顺序为：（单位：cm）

12.27　9.92　10.81　11.79　11.87　10.90　11.22　10.80　10.33　9.30

9.81　8.85　9.32　8.67　9.32　9.53　9.58　8.94　7.89　10.77

人们想知道生产出来的工件的尺寸变换是否只是由于随机因素引起的？

解   建立假设 H_0：产品尺寸是随机出现的，H_1：产品尺寸是非随机出现的．

例 4.4.4 实现程序：

```
>>x=[12.27   9.92   10.81   11.79   11.87   10.90   11.22   10.80   10.33     9.30
       9.81   8.85    9.32    8.67    9.32    9.53    9.58    8.94    7.89   10.77];
>>m=median(x)
>> [h,p,stats]=runstest(x,m,'alpha',0.05,'method','exact', 'tail' ,'both')
结果为
h=1
p=2.1650e-004
stats=
        nruns: 3
          n1: 10
          n0: 10
           z:-3.4460
```

从结果看，产品的尺寸不是随机出现的，拒绝原假设．

最后，我们进行两个综合实例分析．

例 4.4.5   在美国黄石国家公园有一个间歇式温泉，由于其喷发保持较为明显的规律性，人们就称之为老忠实温泉（old faithful geyser）．老忠实间歇泉有规律地喷发至少已有 200 年，每隔一段时间就喷射一次，约 4.55 万升的水，高度达 30～45 米，持续时间 2～5 分钟．因为间歇泉喷发的时间游客无法掌控，所以往往会因为不知道时间而错过了其喷发时的景象．下面我们就来探讨老忠实温泉喷发间隔的等待时间的中位数．图 4.4.1 为其喷发间隔的等待时间，共 272 个数据（数据来源于网站 www.stat.cmu.edu/~larry/all-of-nonpar）．

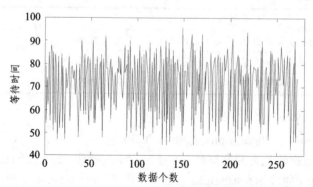

图 4.4.1 老忠实温泉喷发间隔的等待时间

数据的初步描述见表 4.4.2.

表 4.4.2   数据描述

均值	中位数	众数	标准差	极大值	极小值	偏度	峰度
70.897 1	76	78	13.595	96	43	− 0.416 3	1.857 4

由表 4.4.2 可知，均值和中位数相差较大，数据分布应该不对称．这从偏度数据 – 0.4163 也能够看出来．而峰度系数为 1.8574，说明数据离正态分布较远．我们可以用直方图和盒状图进行直观显示和进一步分析，如图 4.4.2 所示．

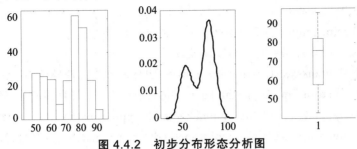

图 4.4.2 初步分布形态分析图

从图 4.4.2 可知，直方图和密度估计曲线均显示该组数据不仅不服从正态分布，而且峰有两个，从盒状图能看出，分布为偏态．因此，我们不能用基于正态分布的参数检验，而应该选用非参数检验方法．下面选用符号检验和 Wilcoxon 符号秩检验进行分析．由表 4.4.2 可知，均值为 70.9，中位数为 76，因此将原假设分别设成这两个进行检验，结果见表 4.4.3．

表 4.4.3 中位数非参数方法双侧检验结果

		$H_0 : M = 70.9$	检验结论
符号检验	精确 p 值	$5.2453e - 004$	中位数不等于 70.9
	近似 p 值	$5.4799e - 004$	中位数不等于 70.9
Wilcoxon 符号秩检验	精确 p 值	0.9879	中位数等于 70.9
	近似 p 值	0.9877	中位数等于 70.9
		$H_0 : M = 76$	检验结论
符号检验	精确 p 值	0.8052	中位数等于 76
	近似 p 值	0.8052	中位数等于 76
Wilcoxon 符号秩检验	精确 p 值	$9.4315e - 006$	中位数不等于 76
	近似 p 值	$1.1458e - 005$	中位数不等于 76

由表 4.4.3 可以看出，符号检验下，不论是精确检验还是大样本近似检验，均认为中位数为 76．而 Wilcoxon 符号秩检验则相反，认为中位数不是 76，而为 70.9．这样我们就有了截然不同的结论，到底该怎么认为呢？ Wilcoxon 符号秩检验利用的信息比符号检验多，那么 Wilcoxon 符号秩检验的结果是否就正确呢？ 即认为中位数为 70.9．

从图 4.4.1 的直方图和密度估计曲线能够看出，老忠实温泉的喷发等待时间有两个峰，数据显然不对称．但 Wilcoxon 符号秩检验却要求数据是对称的，这样就倾向于认为符号检验的结果更可信些，即中位数为 76．

总之，非参数方法对总体的分布要求要弱得多，因而其在实际中有着广泛的实用性．

例 4.4.5 实现程序：

```
>>x=[79 54 … 46 74]; %数据较多，见数据来源网址
>>plot(x,'k','linewidth',1)
>>set(gca,'fontsize',12,'fontname','times new roman')
```

```
>>disp('均值 中位数 众数 标准差 极大值 极小值 偏度 峰度')
>>miaoshu=[mean(x) median(x) mode(x) std(x) max(x) min(x) skewness(x) kurtosis(x)]   %描述数据
>>subplot(1,3,1);hist(x)   %直方图
>>subplot(1,3,2);ksdensity(x)   %密度估计
>>subplot(1,3,3);boxplot(x,'colors',[0 0 0])   %盒状图, 黑色
>>alpha=0.05;m1=70.9;m2=76;   %参数设置
>> [p,h,stats]=signrank(x,m1,'alpha',alpha,'method','exact')   %符号秩检验,精确
>> [p,h,stats]=signtest(x,m1,'alpha',alpha,'method','exact')   %符号检验,精确
>> [p,h,stats]=signrank(x,m1,'alpha',alpha,'method','approximate')   %符号秩检验,近似
>> [p,h,stats]=signtest(x,m1,'alpha',alpha,'method','approximate')   %符号检验,近似
>> [p,h,stats]=signrank(x,m2,'alpha',alpha,'method','exact')
>> [p,h,stats]=signtest(x,m2,'alpha',alpha,'method','exact')
>> [p,h,stats]=signrank(x,m2,'alpha',alpha,'method','approximate')
>> [p,h,stats]=signtest(x,m2,'alpha',alpha,'method','approximate')
```

例 4.4.6　甘肃省天水市某高校 2010 年春季全国计算机等级考试第二考场实测数据, 见表 4.4.4, 此次该校总报考人数共 3012 人.

表 4.4.4　第 32 次某考点第 2 考场考试记录表

批次	考生人数	缺考人数	批次	考生人数	缺考人数
1	55	2	9	55	1
2	55	2	10	55	1
3	55	5	11	55	1
4	55	2	12	55	4
5	55	3	13	55	1
6	55	4	14	55	0
7	55	2	15	55	4
8	55	2			
注: 本考场 15 批次考生人数共 825 人, 缺考人数共 34 人					

本次抽取的样本中缺考人数与样本总数的比例为 34/825=0.041212, 这和同年其他类似的考试相比, 缺考率显然要低得多. 比如, 2010 年度国家司法考试北京考区在 9 月 11 日上午的首场考试中, 实考 25029 人, 缺考 5441 人, 缺考率达 18%（信息来源于腾讯新闻 http://news.qq.com/a/20100911/001217.htm）. 因此, 我们能否说本次考试中缺考率不足 5%. 另外, 各个批次的考试时间从早上开始考试一直到晚上, 不同的时间段对缺考的人数是否有影响, 或者说缺考的人数是不是随机出现的, 还是有其他因素的影响.

解　我们先解决第一个问题, 即本次考试中缺考率是不是不足 5%. 建立假设

$$H_0: \pi = 0.05, \ H_1: \pi < 0.05,$$

同时考虑到随机因素的影响, 我们多设两组假设组

$$H_0: \pi = 0.06, H_1: \pi < 0.06 \quad \text{和} \quad H_0: \pi = 0.07, H_1: \pi < 0.07.$$

对于总体比例的检验, 我们分别采用二项分布和正态分布进行检验.

由相关理论知,当总体 N 比较大,而样本容量 n 不大时,可用二项分布模型 $B(n,\pi)$ 来近似,其中 $\pi = k/N$ 为总体比例. 首先,计算概率 p 值: $P(X \leqslant x) = \sum_{i=0}^{x} p(i)$,其中, $p(i) = C_n^i \pi^i (1-\pi)^{n-i}, (0 \leqslant i \leqslant n)$. 其次,对于给定的显著性水平 α,比较概率 p 值与 α 的大小,即可判断是接受原假设还是拒绝原假设.

当总体 N 较大,并且样本容量 n 也较大时,可用正态分布来近似二项分布,即有式子

$$B(n,\pi) \xrightarrow{\text{近似}} N(n\pi, n\pi(1-\pi)).$$

对检验零假设 $H_0 : \pi = \pi_0$,计算检验统计量 Z 的实现 $z = \dfrac{x - n\pi_0}{\sqrt{n\pi_0(1-\pi_0)}}$,其中,检验统计量 $Z = \dfrac{n\hat{\pi} - n\pi_0}{\sqrt{n\pi_0(1-\pi_0)}}$,观测比例 $\hat{\pi} = x/n$. 其次,对备择假设 $H_1 : \pi < \pi_0$,计算概率 p 值,对于给定的显著性水平 α,比较概率 p 值与 α 的大小,即可判断是接受原假设还是拒绝原假设. 这里 $p = \Phi(z)$($\Phi(\cdot)$ 为标准正态分布的累积分布函数). 结果见表 4.4.5.

表 4.4.5　总体比例的检验结果

分布 假设	二项分布下 的概率 p 值	正态分布下的 z 值 及其相应概率 p 值	
$H_1 : \pi < 0.05$	$p = 0.1393$	$z = -1.1581$	$p = 0.1234$
$H_1 : \pi < 0.06$	$p = 0.0108$	$z = -2.2723$	$p = 0.0115$
$H_1 : \pi < 0.07$	$p = 3.4709e-004$	$z = -3.2408$	$p = 5.9607e-004$

由表 4.4.5 可知,至少在 0.1 的水平上仍不能认为缺考率不足 5%,但我们可以在 0.012 的显著性水平之上认为缺考率不足 6%,几乎有十足的把握可以说缺考率不足 7%.

例 4.4.6 问题一实现程序:

```
>>x=34;n=825;b=x/n;    %已知量
>>alpha=0.05;b1=0.05;b2=0.06;b3=0.07;   %定义参数
>>p1=binocdf(x,n,b1)    %在各假设下计算二项分布左尾概率
>>p2=binocdf(x,n,b2)
>>p3=binocdf(x,n,b3)
>>z1=(x-n*b1)/sqrt(n*b1*(1-b1))
>>z2=(x-n*b2)/sqrt(n*b2*(1-b2))
>>z3=(x-n*b3)/sqrt(n*b3*(1-b3))
>>pj1=normcdf(z1)    %在各假设下计算正态分布左尾概率
>>pj2=normcdf(z2)
>>pj3=normcdf(z3)
```

下面解决第二个问题,缺考的人数是不是随机出现的. 建立假设

H_0:缺考的人数是随机出现的, H_1:缺考的人数不是随机出现的.

例 4.4.6 问题二实现程序:

```
>> xx=[2 2 5 2 3 4 2 2 1 1 1 4 1 0 4];
```

```
>>m=mean(xx);
>> [h,p,stats]=runstest(x,m,'alpha',0.05,'method','exact', 'tail' ,'both')
```
结果为
```
h=0
p=1
stats=
      nruns: 1
         n1: 1
         n0: 0
          z: NaN
```
从结果看，接受原假设，认为缺考的人数是随机出现的.

习题 4

1. 设总体 X 有分布列

X	-1	0	2
P	2θ	θ	$1-3\theta$

其中 $0 < \theta < \dfrac{1}{3}$ 为待估参数，求 θ 的矩估计.

2. 设总体 X 有分布密度

$$p(x) = \begin{cases} \dfrac{2}{\theta^2}(\theta - x), & 0 < x < \theta, \\ 0, & \text{其他,} \end{cases}$$

其中 $\theta > 0$ 为待估参数，求 θ 的矩估计.

3. 设总体 X 在 $[a-b, 3a+b]$ 上服从均匀分布，其中为 $a > 0, b > 0$ 为待估参数，求 a,b 的矩估计.

4. 设 $X_1, X_2, \cdots, X_n$ 是取自总体 X 的一个样本，$X \sim B(1,p)$，其中 p 为未知，$0 < p < 1$，求总体参数 p 的矩估计与最大似然估计.

5. 设 $X_1, X_2, \cdots, X_n$ 是取自总体 X 的一个样本，X 的密度函数为

$$p(x) = \begin{cases} \dfrac{2x}{\theta^2}, & 0 < x < \theta, \\ 0, & \text{其他,} \end{cases}$$

其中 $\theta > 0$ 未知，求 θ 的矩估计与最大似然估计.

6. 假定某商店中一种商品的月销售量服从正态分布 $N(\mu, \sigma^2)$，σ 未知. 为了合理地确定对该商品的进货量，需对 μ 和 σ 作估计，为此随机抽取七个月，其销售量分别为：

$$64, 57, 49, 81, 76, 70, 59,$$

试求 μ 的双侧 0.95 置信区间和方差 σ^2 的双侧 0.9 置信区间.

7. 随机地取某种子弹 9 发作试验，测得子弹速度的 $s^* = 11$，设子弹速度服从正态分布 $N(\mu, \sigma^2)$，求这种子弹速度的标准差 σ 和方差 σ^2 的双侧 0.95 置信区间.

8. 某食品加工厂有甲、乙两条加工猪肉罐头的生产线. 设罐头质量服从正态分布并假设甲生产线与乙生产线互不影响. 从甲生产线并假设抽取 10 只管头测得其平均质量 $\bar{x} = 501\,\text{g}$，已知其总体标准差 $\sigma_1 = 5\,\text{g}$；从乙生产线抽取 20 只罐头测得其平均质量 $\bar{y} = 498\,\text{g}$，已知其总体标准差 $\sigma_2 = 4\,\text{g}$，求甲乙两条猪肉罐头生产线生产罐头质量的均值差 $\mu_1 - \mu_2$ 的双侧 0.99 置信区间.

9. 为了比较甲、乙两种显像管的使用寿命 X 和 Y，随机地抽取甲、乙两种显像管各 10 只，得到数据 $x_1, \cdots, x_{10}$ 和 $y_1, \cdots, y_{10}$（单位：$10^4\,\text{h}$），而且由此算出：

$$\bar{x} = 2.33, \quad \bar{y} = 0.75, \quad \sum_{i=1}^{n}(x_i - \bar{x})^2 = 27.5, \quad \sum_{i=1}^{n}(y_i - \bar{y})^2 = 19.2.$$

假定两种显像管的使用寿命均服从正态分布，且由生产过程知道它们的方差相等. 试求两个总体均值之差 $\mu_1 - \mu_2$ 的双侧 0.95 置信区间.

10. 设 A 和 B 两批导线是用不同工艺生产的，现随机地从每批导线中抽取 5 根测量其电阻，算得

$$s_A^2 = 1.07 \times 10^{-7}, \quad s_B^2 = 5.3 \times 10^{-6}.$$

若 A 批导线的电阻服从 $N(\mu_1, \sigma_1^2)$，B 批导线的电阻服从 $N(\mu_2, \sigma_2^2)$，求 σ_1^2 / σ_2^2 的置信水平为 0.90 的置信区间.

11. 用某仪器间接测量温度，重复测量 5 次得（单位：$^\circ\text{C}$）

$$1250 \quad 1265 \quad 1245 \quad 1260 \quad 1275$$

假定重复测量所得温度 $X \sim N(\mu, \sigma^2)$.

(1) 根据以往长期经验，已知测量精度 $\sigma = 11$，求总体温度 μ 真值的 95% 的置信区间；

(2) 当 σ 未知时求总体温度 μ 真值的 95% 的置信区间.

12. 某公司用自动灌装机灌装营养液，设自动灌装机的正常灌装量 $X \sim N(100, 1.2^2)$，现测量 9 支灌装样品的灌装量（单位：g）为：

$$99.3 \quad 98.7 \quad 100.5 \quad 101.2 \quad 98.3 \quad 99.7 \quad 102.1 \quad 100.5 \quad 99.5$$

问在显著性水平 $\alpha = 0.05$ 下，

(1) 灌装量是否符合标准？

(2) 灌装精度是否在标准范围内？

13. 两家工厂用同样的生产过程生产塑料，假定两个工厂的塑料强度服从正态分布，生产已定型且方差已知，收集到的数据如下：

$$n_1 = 9, \ \bar{x} = 39, \ \sigma_1 = 3; \ n_2 = 16, \ \bar{y} = 35, \ \sigma_2 = 5$$

问两个工厂塑料的平均强度是否相等？取显著性水平 $\alpha = 0.05$.

14. 某种橡胶配方中，原用氧化锌 5 g，现改为 1 g，现分别对两种配方各作若干试验，测得橡胶伸张率有，原配方

$$540 \quad 533 \quad 525 \quad 520 \quad 545 \quad 531 \quad 541 \quad 529 \quad 534$$

和现配方

$$565 \quad 577 \quad 580 \quad 575 \quad 556 \quad 542 \quad 560 \quad 532 \quad 570 \quad 561$$

设同一批橡胶伸张率服从正态分布，问在两种配方下，橡胶伸张率是否服从同分布（取显著性水平 $\alpha = 0.01$）？

15. 随机调查多所大学的 1752 个学生, 有 979 个支持减少必修课. 能否说该市高校中有多于 50% 的学生都支持减少必修课的建议? 能否找到支持这个建议的人数总体比例的 95% 置信区间?

16. 一种以休闲和娱乐为主题的杂志, 声称其读者群中有 80% 为女性. 为检验这一说法是否属实, 某研究部门抽取了由 200 人组成的一个随机样本, 发现有 146 名女性经常阅读该杂志. 分别取显著性水平为 0.05 和 0.01, 检验该杂志读者群中女性的比率是否为 80%?

17. 一所大学准备采取一项学生在宿舍上网收费的措施, 为了了解男女生对这一措施的看法是否存在差异, 分别抽取 200 名女生和 200 名男生进行调查, 其中的一个问题是: "你是否赞成采取上网收费的措施?" 其中男生表示赞成的比例为 27%, 女生表示赞成的比例为 35%. 调查者认为, 男生中表示赞成的比例显著低于女生. 取显著性水平为 0.01, 样本提供的证据是否支持调查者的看法?

18. 有两种方法生产同一种产品, 方法 1 的生产成本较高但次品率较低, 方法 2 的生产成本较低但次品率较高. 管理人员在选择生产方法时, 决定对两种方法的次品率进行比较, 若方法 1 比方法 2 的次品率低 8% 以上, 则决定采用方法 1, 否则采用方法 2. 管理人员从方法 1 和方法 2 生产的产品中各随机抽取 300 个, 发现分别有 33 个和 84 个次品. 用显著性水平 0.01 进行检验, 说明管理人员应采用哪种方法进行生产?

19. 教务处要求各院系在本科生毕业设计的成绩评定中, 注意成绩等级的人数分布, 一般应符合如下表格中第一行所示的比例. 某院 65 名本科生毕业设计成绩等级分布如下表第二行数字. 请问该院系学生毕业设计的成绩评定是否符合学校要求?

评定等级	优秀	良好	中等	及格或未及格
要求比例	10%	50%	30%	10%
某院各等级人数	8	43	13	1

20. 一试剂公司按现行生产工艺生产的化学试剂, 其优品率要占到 10%. 现从一批产品中抽取 100 个进行检验, 结果发现优级品仅 5 个. 问是否优级品率出现了下降的变化 ($\alpha = 0.05$)?

21. 对某汽车配件提供商提供的 10 个样本进行检测, 得到其长度数据如下 (单位: cm)

　　　12.2　10.8　12.0　11.8　11.9　12.4　11.3　12.2　12.0　12.3

检验该供货商生产的配件长度是否服从正态分布? ($\alpha = 0.05$)

22. 根据下表数据分析甲、乙两地区从事工业生产的青年在文化程度上分布是否存在差异?

文化程度分组	甲地区	乙地区
识字不多或文盲	58	31
小　学	51	46
初　中	47	53
高中及中专	44	73
大　专	22	51
大专以上	14	20
合　计	236	274

23. 随机抽取两个厂家生成的灯泡若干，试验得到使用寿命，数据为

甲厂：675　682　691　670　650　693　650

乙厂：649　680　630　650　646　651　620

试分析两个不同厂家生产的灯泡使用寿命是否存在显著差异.

24. 下面数据是斯诺特格拉斯（Snodgrass）的 10 篇小品文中由 3 个字母组成的词的比例.

0.209　0.205　0.196　0.210　0.202　0.207　0.224　0.223　0.220　0.201

请分析数据是否来自正态总体？

25. 已知某品种成年公黄牛胸围平均数为 140 cm，现在某地随机抽取 10 头该品种成年公黄牛，测得一组胸围数字（单位：cm）：

128.1, 144.4, 150.3, 146.2, 140.6, 139.7, 134.1, 124.3, 147.9, 143.0.

问该地成年公黄牛胸围与该品种胸围平均数是否有显著差异？

26. 某研究测定了噪声刺激前后 15 头猪的心率（次/分钟），结果见下表. 问噪声对猪的心率有无影响？

猪 号	1	2	3	4	5	6	7	8	9	10	11	12	13	14	15
刺激前	61	70	68	73	85	81	65	62	72	84	76	60	80	79	71
刺激后	75	79	85	77	84	87	88	76	74	81	85	78	88	80	84

27. 研究两种不同能量水平饲料对 5～6 周龄肉仔鸡增重（克）的影响，资料如下表所示. 问两种不同能量水平的饲料对肉仔鸡增重的影响有无差异？

高能量	603	585	598	620	617	650			
低能量	489	457	512	567	512	585	591	531	467

28. 某村发生一种地方病，其住户沿一条河排列，调查时对发病的住户标记为"1"，对非发病的住户标记为"0"，共 35 户，其取值如下表所示，请分析这种地方病的发病情况是不是随机的？

住户	发病情况	住户	发病情况	住户	发病情况
1	1	13	1	25	1
2	0	14	1	26	1
3	1	15	1	27	0
4	1	16	1	28	1
5	1	17	0	29	0
6	1	18	0	30	0
7	0	19	1	31	1
8	0	20	1	32	0
9	0	21	0	33	0
10	0	22	0	34	0
11	1	23	1	35	0
12	1	24	1		

5　方差分析与回归分析

5.1　单因素方差分析

方差分析（Analysis of Variance, ANOVA），又称"变异数分析"或"F 检验"，用于两个及两个以上样本均值差别的显著性检验.

在试验中，将考察对象的某种特征指标称为**试验指标**，与试验指标相关的条件称为**因素**，因素所在的状态称为**因素水平**，简称**水平**. 只有一个因素变化的试验称为**单因素试验**，多于一个因素变化的试验称为**多因素试验**. 我们要解决的问题就是各因素水平对试验指标有无显著差异？

5.1.1　单因素方差分析的统计模型

设影响试验指标的因素仅有一个 A，其水平有 r 个：$A_1, \cdots, A_r$. 将每个水平 $A_i (1 \leqslant i \leqslant r)$ 均看作一个总体，则有 r 个总体. 实际上是将每个水平 A_i 下的试验指标看作一个总体，记为 X_i. 现对这 r 个总体做如下前提假设：

(1) 每个总体均为正态总体，即 $X_i \sim N(\mu_i, \sigma_i^2)(1 \leqslant i \leqslant r)$；

(2) 各总体方差相等，即 $\sigma_1^2 = \cdots = \sigma_r^2$；

(3) 从各个总体中抽取的样本是独立的，即所有的试验结果 X_{in_i} 都相互独立.

我们关心在各个水平上做试验，其观测结果对试验指标的影响（常称为效应）是否相同，也就是检验这 r 个总体的均值是否有显著差异，即

$$H_0 : \mu_1 = \cdots = \mu_r, \ H_1 : \mu_i \neq \mu_j, \exists i, j .$$

为了检验这个假设，我们从每一个总体中抽取一定量的样本（相当于做试验的结果），列表 5.1.1.

表 5.1.1　单因素方差分析中的样本数据结构表

水平	样本（试验数据）				行平均	和
A_1	X_{11}	X_{12}	$\cdots$	X_{1n_1}	$\bar{X}_{1\cdot}$	T_1
A_2	X_{21}	X_{22}	$\cdots$	X_{2n_2}	$\bar{X}_{2\cdot}$	T_2
$\vdots$	$\vdots$	$\vdots$	$\vdots$	$\vdots$	$\vdots$	$\vdots$
A_r	X_{r1}	X_{r2}	$\cdots$	X_{rn_r}	$\bar{X}_{r\cdot}$	T_r
					$\bar{X}$	T

表 5.1.1 中最后两列符号含义如下：

$$T_i = \sum_{j=1}^{n_i} X_{ij}, \ \bar{X}_{i\cdot} = \frac{T_i}{n_i},$$

$$T = \sum_{i=1}^{r} T_i, \quad \overline{X} = \frac{T}{n}, \quad n = n_1 + \cdots + n_r \quad (\text{即 } n \text{ 为样本总个数}).$$

为了便于讨论，常在方差分析中引入总均值与效应的概念. 称 $\mu = \frac{1}{r}\sum_{i=1}^{r}\mu_i$ 为**总均值**. 称第 i 水平下的均值 μ_i 与总均值 μ 的差 $a_i = \mu_i - \mu, i = 1, 2, \cdots, r$ 为因子 A 的第 i 水平的**主效应**，简称为 A_i 的**效应**. 显然，有 $\sum_{i=1}^{r} a_i = 0$.

这样，我们可以把单因素试验问题概括为如下的模型：

$$\begin{cases} X_{ij} = \mu_i + \varepsilon_{ij} = \mu + a_i + \varepsilon_{ij}, \\ \varepsilon_{ij} \sim N(0, \sigma^2) \text{是相互独立的}, \\ i = 1, \cdots, r; j = 1, \cdots, n_i. \end{cases}$$

从而假设

$$H_0: \mu_1 = \cdots = \mu_r, H_1: \mu_i \neq \mu_j, \exists i, j \text{ 等价于 } H_0: a_1 = \cdots = a_r, H_1: a_i \neq a_j, \exists i, j.$$

5.1.2 总平方和的分解公式

记组间偏差平方和（衡量由不同水平产生的差异）：

$$S_A = \sum_{i=1}^{r} n_i (\overline{X}_{i.} - \overline{X})^2 = \sum_{i=1}^{r} n_i \overline{X}_{i.}^2 - n\overline{X}^2;$$

组内偏差平方和（衡量由随机因素在同一水平上产生的差异）：

$$S_E = \sum_{i=1}^{r} \sum_{j=1}^{n_i} (X_{ij} - \overline{X}_{i.})^2 = \sum_{i=1}^{r} (\sum_{j=1}^{n_i} X_{ij}^2 - n_i \overline{X}_{i.}^2);$$

总偏差平方和（综合衡量因素、水平之间等随机因素的差异）：

$$S_T = \sum_{i=1}^{r} \sum_{j=1}^{n_i} (X_{ij} - \overline{X})^2 = \sum_{i=1}^{r} n_i X_{ij}^2 - n\overline{X}^2.$$

定理 5.1.1（总偏差平方和分解定理） 在上述符号下，有

$$S_T = S_A + S_E.$$

定理 5.1.2（统计特性） 在原假设 H_0 成立及上述符号下，有

$$ES_E = (n-r)\sigma^2, \quad ES_A = (r-1)\sigma^2 + \sum_{i=1}^{r} n_i a_i^2, \quad ES_T = (n-1)\sigma^2 + \sum_{i=1}^{r} n_i a_i^2,$$

且 $S_E/\sigma^2 \sim \chi^2(n-r)$，$S_T/\sigma^2 \sim \chi^2(n-1)$，$S_A/\sigma^2 \sim \chi^2(r-1)$，$S_E$ 与 S_A 独立.

从而，取检验统计量为 $F = \dfrac{S_A/(r-1)}{S_E/(n-r)} \sim F(r-1, n-r)$. 对给定的置信度 α，拒绝域为

$W = \{F \geq F_{1-\alpha}(r-1, n-r)\}$. 或利用软件计算 $p = P(F \geq F_{实现值})$，当 $p < \alpha$ 时拒绝原假设，即认为因子 A 对总体（试验指标）有显著影响. 实际计算中，常计算如下的方差分析表（见表 5.1.2).

表 5.1.2 单因素方差分析表

方差来源	平方和	自由度	均方和	F 比
组间（因子）	S_A	$r-1$	$MS_A = S_A/(r-1)$	$F = MS_A/MS_E$
组内（误差）	S_E	$n-r$	$MS_E = S_E/(n-r)$	
总和	S_T	$n-1$		

5.1.3 参数估计和置信区间

若检验的结果是显著的，我们可以进一步求出总均值 μ，各主效应 a_i，误差方差 σ^2 的极大似然估计以及各水平均值 μ_i 的极大似然估计，分别为

$$\hat{\mu} = \bar{X}, \quad \hat{a}_i = \bar{X}_{i\cdot} - \bar{X}, \quad \hat{\sigma}^2 = MS_E, \quad \hat{\mu}_i = \bar{X}_{i\cdot}.$$

由 $X_i \sim N(\mu_i, \sigma^2) = N(a_i + \mu, \sigma^2)$ 易知，上述结论是成立的. 下面讨论各水平均值 μ_i 的置信区间.

由 $\bar{X}_{i\cdot} \sim N(\mu_i, \sigma^2/n_i)$，$S_E/\sigma^2 \sim \chi^2(n-r)$ 且两者独立知，

$$\frac{\sqrt{n_i}(\bar{X}_{i\cdot} - \mu_i)}{\sqrt{S_E/(n-r)}} \sim t(n-r),$$

从而水平 A_i 的均值 μ_i 的 $1-\alpha$ 置信区间为

$$[\bar{X}_{i\cdot} - \hat{\sigma} t_{1-\alpha/2}(n-r)/\sqrt{n_i}, \bar{X}_{i\cdot} + \hat{\sigma} t_{1-\alpha/2}(n-r)/\sqrt{n_i}].$$

MATLAB 实现命令：

[p,table,stats]=anova1(X,group,displayopt).

其中 X 是数据矩阵，注意 MATLAB 将 X 的每一列作为一个独立样本，若其中有的水平下没有观测值，就用 nan 去代替；此时, group 中的元素指出 X 中的数据属于第几个水平，其长度必须等于 X 的列数，或将 X 展成一列（一行），group 中的元素指出 X 中的数据属于第几个水平，此时其长度必须和 X 的长度一致为一列（一行）；displayopt 确定是否要做出方差分析的表格和矩阵 X 各列的箱线图，取值为'on'（默认）时，给出方差分析表和箱线图，取值为'off' 时，不给出表格和图. 返回值 p 表示检验的概率值；table 表示方差分析表；stats 表示各水平下的样本个数，各水平均值的极大似然法点估计值以及误差标准差的点估计值、自由度等. 这个命令中 group,displayopt 可省去不列出，返回值 table,stats 也常省去不列出.

例 5.1.1 某食品公司对一种食品设计了四种新包装. 为考察哪种包装最受顾客欢迎，选了 10 个地段繁华程度相似、规模相近的商店做试验，其中两种包装各指定两个商店销售，另两个包装各指定三个商店销售. 在试验期内各店货架排放的位置、空间都相同，营业员的促销方法也基本相同，经过一段时间，记录其销售量数据，列于表 5.1.3 左半边，其相应的计算结果列于右侧.

表 5.1.3　例 5.1.1 数据表

包装类型	销售量			n_i	T_i	T_i^2/n_i	$\sum\limits_{j=1}^{n_i} X_{ij}^2$
A_1	12	18		2	30	450	468
A_2	14	12	13	3	39	507	509
A_3	19	17	21	3	57	1 083	1 091
A_4	24	30		2	54	1 458	1 476
和				$n=10$	$T=180$	$\sum\limits_{i=1}^{r}(T_i^2/n_i)=3\,498$	$\sum\limits_{i=1}^{r}\sum\limits_{j=1}^{n_i}X_{ij}^2=3\,544$

从而计算得方差分析表（见表 5.1.4）.

表 5.1.4　例 5.1.1 的方差分析表

方差来源	平方和	自由度	均方和	F 比
组间（因子）	258	3	86	11.22
组内（误差）	46	6	7.67	
总和	304	9		

若取 $\alpha=0.01$，查表得 $F_{1-0.01}(3,6)=9.78$. 由于 $F=11.22>9.78$，故可认为各水平间有显著差异.

例 5.1.1 实现程序：

```
>>x=[12 14 19 24; 18 12 17 30;nan 13 21 nan];
>>group=['A1';'A2';'A3';'A4'];
>>p=anova1(x,group)
```

结果为

P=0.0071

ANOVA Table

```
Source    SS    df    MS            F          Prob>F
Groups    258   3     86            11.2174    0.0071349
Error     46    6     7.6667
Total     304   9
```

和图 5.1.1.

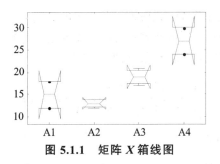

图 5.1.1　矩阵 X 箱线图

概率 p 值为 0.0071，拒绝原假设，认为各水平是显著的. 从图 5.1.1 中能看出这四种包装受欢迎程度显然相差较大，其中第 4 种显然均值较大，最受欢迎. 又因为这个例子中的数据

有的水平下无观测值, 因此, 也可以用如下的程序:

例 5.1.1 实现程序:

```
>>x=[12 18 14 12 13 19 17 21 24 30];
>>group=[1 1 2 2 2 3 3 3 4 4];
>>p=anova1(x,group)
```

结果是一样的, 不再列出.

因为检验结果是显著的, 想要得到各水平下的均值的点估计和区间估计, 可以有如下程序:

例 5.1.1 参数估计实现程序:

```
>>x=[12 14 19 24; 18 12 17 30;nan 13 21 nan];
>>group=['A1';'A2';'A3';'A4'];
>>[p,table,stats]=anova1(x,group,'off') ;
>> stats
stats=    %结果
      gnames: {4x1 cell}
           n: [2 3 3 2]
      source: 'anova1'
       means: [15 13 19 27]
          df: 6
           s: 2.7689
```

从 stats 可以看出, 各均值的估计值为 15, 13, 19, 27, 误差标准差的估计为 2.7689, 自由度为 6. 下面求置信区间:

```
>>means=[15 13 19 27];n=[2 3 3 2];
>>s=2.7689;alpha=0.05;df=6;
>>[means-s*tinv(1-alpha/2,df)./sqrt(n);means+s*tinv(1-alpha/2,df)./sqrt(n)]
ans=    %结果
    10.2092     9.0883    15.0883    22.2092
    19.7908    16.9117    22.9117    31.7908
```

5.1.4　多重比较

若方差分析的结果因子是显著的, 说明因子各水平的效应不全相同, 但这并不是说它们中一定没有相同的, 我们可以进一步分析哪些水平之间的差异是显著的, 哪些水平对试验的结果影响最大, 哪些水平次之, 我们称之为**多重比较**. 取枢轴量为

$$\frac{(\bar{X}_{i\cdot} - \bar{X}_{j\cdot}) - (\mu_i - \mu_j)}{\sqrt{(1/n_i + 1/n_j)S_E/(n-r)}} \sim t(n-r),$$

由此给出 $\mu_i - \mu_j$ 的 $1-\alpha$ 置信区间为

$$[(\bar{X}_{i\cdot} - \bar{X}_{j\cdot}) - \sqrt{(1/n_i + 1/n_j)}\hat{\sigma} t_{1-\alpha/2}(n-r), (\bar{X}_{i\cdot} - \bar{X}_{j\cdot}) + \sqrt{(1/n_i + 1/n_j)}\hat{\sigma} t_{1-\alpha/2}(n-r)].$$

若上述区间包含原点 0, 则认为两个水平间无显著差异, 否则认为有显著差异.

MATLAB 实现命令:

[p,table,stats]=anova1(X,group, 'off');

c=multcompare(stats,param1,val1,param2,val2,...)

其中 X, group, stats 等含义同 anova1 中的参数, param1,val1,param2,val2,...等表示参数及其取值, 这里不再一一解释, 详情请参看软件帮助. 返回值 c 包含 6 列, 其中 1,2 列表示比较的水平序号, 3,5 列表示两个水平差 $\mu_i - \mu_j$ 的置信区间, 第 4 列表示均值差的统计量观测值.

仍以例 5.1.1 为例, 来说明这个问题.

例 5.1.1 多重比较实现程序:

\>\> x=[12 14 19 24; 18 12 17 30;nan 13 21 nan];

\>\>group=['A1';'A2';'A3';'A4'];

\>\>[p,table,stats]=anova1(x,group, 'off');

\>\>c=multcompare(stats)

结果为

c=

1.0000	2.0000	-6.7499	2.0000	10.7499
1.0000	3.0000	-12.7499	-4.0000	4.7499
1.0000	4.0000	-21.5850	-12.0000	-2.4150
2.0000	3.0000	-13.8262	-6.0000	1.8262
2.0000	4.0000	-22.7499	-14.0000	-5.2501
3.0000	4.0000	-16.7499	-8.0000	0.7499

和图 5.1.2.

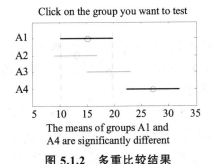

图 5.1.2 多重比较结果

从结果看, 水平 1, 2 与 4 有显著差异, 1, 2, 3 间无显著差异, 3, 4 无显著差异. 图 5.1.2 中的软件告诉我们, 1, 4 有显著差异. 综上所述, 包装 A_4 销售最佳.

5.1.5 方差齐性检验

在进行方差分析时要求因子 A 的 r 个方差相等, 称之为**方差齐性**. 而方差齐性不一定自然具有, 需要进行检验. 下面介绍几个常用的方法.

1）Bartlett 检验

考虑假设 $H_0: \sigma_1^2 = \cdots = \sigma_r^2$ 和 $H_1: \sigma_i^2 \neq \sigma_j^2, \exists i \neq j$. 若记 r 个样本方差分别为

$$s_i^2 = \frac{1}{n_i-1}\sum_{j=1}^{n_i}(X_{ij}-\bar{X}_{i.})^2, i=1,2,\cdots,r,$$

则均方误差

$$MS_E = \sum_{i=1}^{r}\frac{n_i-1}{n-r}s_i^2.$$

又记 $GMS_E = [(s_1^2)^{n_1-1}(s_2^2)^{n_2-1}\cdots(s_r^2)^{n_r-1}]^{1/(n-r)}$，$C = 1+\frac{1}{3(r-1)}\left[\sum_{i=1}^{r}\frac{1}{n_i-1}-\frac{1}{n-r}\right]$，取

$$B = \frac{1}{C}\left[(n-r)\ln MS_E - \sum_{i=1}^{r}(n_i-1)\ln s_i^2\right],$$

则 $B \sim \chi^2(r-1)$．对给定的显著性水平 α，检验的拒绝域为 $W=\{B \geqslant \chi_{1-\alpha}^2(r-1)\}$．这种检验称为 Bartlett 检验．该检验可用于样本量相等或不等的场合，但是每个样本量不得低于 5．

下面介绍一下修正的 Bartlett 检验，该检验在样本量较小或较大，相等或不等的场合均可使用．

2）修正的 Bartlett 检验

考虑假设 $H_0 : \sigma_1^2 = \cdots = \sigma_r^2$ 和 $H_1 : \sigma_i^2 \neq \sigma_j^2, \exists i \neq j$．沿用上面的符号，记

$$B^* = \frac{[(r+1)/(C-1)^2]BC}{(r-1)(A-BC)} \sim F(r-1,(r+1)/(C-1)^2),$$

这里 $A = [(r+1)/(C-1)^2]\dfrac{1}{2-C+2/[(r+1)/(C-1)^2]}$．对给定的显著性水平 α，检验的拒绝域为 $W=\{B^* \geqslant F_{1-\alpha}(r-1,(r+1)/(C-1)^2)\}$．注意 $(r+1)/(C-1)^2$ 的值不一定是整数，这时可通过对 F 分布的分位数表施行内插法得到分位数．

3）Levene 检验

Bartlett 多样本方差齐性检验主要用于正态分布的数据，而对于非正态分布的数据，检验效果不理想．Levene 检验既可以用于正态分布的数据，也可以用于非正态分布的数据或分布不明的数据，其检验效果比较理想．

考虑假设 $H_0 : \sigma_1^2 = \cdots = \sigma_r^2$ 和 $H_1 : \sigma_i^2 \neq \sigma_j^2, \exists i \neq j$．记 Z_{ij} 为原始数据 X_{ij} 经数据转换后的新的变量值，$\bar{Z}_{i.}$ 为第 i 个样本的均值，$\bar{Z}$ 为全部 Z_{ij} 的均值，$M_{i.}$ 为第 i 个样本的中位数，$\bar{X}_{i.}^*$ 为第 i 个样本的均值的 10% 删除均值，即上下各删除 5% 的数据后剩下的数据的平均值，则 Z_{ij} 的可以为下述三种情况之一：

$$Z_{ij} = \left|X_{ij}-\bar{X}_{i.}\right|; \quad Z_{ij} = \left|X_{ij}-M_{i.}\right|; \quad Z_{ij} = \left|X_{ij}-\bar{X}_{i.}^*\right|.$$

第一种转换方法主要用于对称分布或正态分布数据，第二种转换方法可用于偏态分布的数据，第三种方法可用于极端值或离群值的数据．取检验统计量为

$$F = \frac{(n-r)\sum_{i=1}^{r}n_i(\bar{Z}_{i.}-\bar{Z})^2}{(k-1)\sum_{i=1}^{r}\sum_{j=1}^{n_i}(Z_{ij}-\bar{Z}_{i.})^2} \sim F(r-1,n-r).$$

对给定的显著性水平 α，检验的拒绝域为 $W=\{F \geqslant F_{1-\alpha}(r-1,n-r)\}$．

Bartlett 检验与 Levene 检验的 MATLAB 实现命令：

[p,stats]=vartestn(X,group,displayopt,testtype),

其中 X 是数据矩阵，注意 MATLAB 将 X 的每一列作为一个独立样本，若其中有的水平下没有观测值，就用 nan 去代替；此时，group 中的元素指出 X 中的数据属于第几个水平，其长度必须等于 X 的列数，或将 X 展成一列（一行），group 中的元素指出 X 中的数据属于第几个水平，此时其长度必须和 X 的长度一致为一列（一行）；displayopt 确定是否要做出矩阵 X 各列的箱线图，取值为'on'（默认）时，给出箱线图，取值为'off'时不给出；testtype 取值为'classical'时（默认）表示进行 Bartlett 检验，取值 'robust' 时表示进行 Levene 检验. 返回值 p 表示检验的概率值；stats 表示统计量值和相应自由度等.

对于修正的 Bartlett 检验没有专门的命令函数，需要编写程序.

例 5.1.2　在一项健康试验中，三组人有三种生活方式，它们的减肥效果如表 5.1.5 所示.

表 5.1.5

生活方式	1	2	3
一个月后减少的重量（500 g）	3.7	7.3	9.0
	3.7	5.2	4.9
	3.0	5.3	7.1
	3.9	5.7	8.7
	2.7	6.5	
n_i	5	5	4

请检验这三种减肥效果的方差是否相等？

例 5.1.2 实现程序：

```
>> [p1,stats1]=vartestn(x,group,'on')    %Bartlett 检验
>> [p2,stats2]=vartestn(x,group,'off','robust')    % Levene 检验
>>p1
>>p2
```

结果为

p1=0.0798

p2=0.0682

和图 5.1.3.

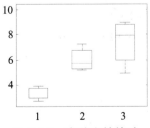

图 5.1.3　方差齐性检验

从结果能看出, 在 0.05 的水平下不能拒绝原假设, 认为减肥的效果方差相等, 图 5.1.3 给出了三种减肥效果的盒装图.

这里仅进行了 Bartlett 检验与 Levene 检验, 请读者试着编写一个修正的 Bartlett 检验程序.

4）Ansari-Bradley 检验

Ansari-Bradley 检验是基于秩的非参数检验方法, 不要求总体的分布为正态分布. 设各水平总体分布为 $F\left(\dfrac{x-\mu_i}{\sigma_i}\right), i=1,2,\cdots,r$, 且 $\mu_1=\mu_2=\cdots=\mu_r$. 考虑假设

$$H_0:\sigma_1^2=\cdots=\sigma_r^2 \quad 和 \quad H_1:\sigma_i^2\neq\sigma_j^2, \exists i\neq j .$$

首先把 r 个样本混合进行排序, 然后令 R_{ij} 为 X_{ij} 在混合样本中的秩, 取检验统计量为

$$B=\frac{n^3-4n}{48(n-1)}\sum_{i=1}^{r}n_i\left(\overline{A_i}-\frac{n+2}{4}\right)^2,$$

其中 $\overline{A_i}=\dfrac{1}{n_i}\sum_{j=1}^{n_i}\left[\dfrac{n+1}{2}-\left|R_{ij}-\dfrac{n+1}{2}\right|\right].$

样本量较小时, 拒绝域可用精确分布去计算（这里不再给出）; 当样本量较大时, 近似分布为 $B\sim\chi^2(r-1)$, 对给定的显著性水平 α, 检验的拒绝域为 $W=\{B\geqslant\chi_{1-\alpha}^2(r-1)\}$. 或者在大样本下进行正态近似也可以, 不再详细列出. MATLAB 中的近似分布用的是正态近似.

MATLAB 实现命令:

[h,p,stats]=ansaribradley(x,y,alpha,tail,exact),

其中 x 是数据向量; y 中的元素是指出 x 中的数据属于第几个水平, 此时其长度必须和 x 的长度一致; alpha 为显著性水平; tail 为检验的方向, 取值为'both' ,'right' ,'left'; exact 表示用精确还是近似的方法进行检验, 取值为'on'（默认）时表示精确检验, 取值为'off'时表示正态近似检验. 返回值 $h=0$ 表示接受原假设, $h=1$ 表示拒绝原假设; p 表示检验的概率值, stats 表示统计量值 W 和近似统计量值 Wstar.

注意要是检验两个总体的方差是否相等, x 和 y 的含义可以不是上述的形式, 请参看软件帮助.

对例 5.1.2 的数据进行检验, 程序如下:

```
>> a=[3.7 3.7 3.0 3.9 2.7 7.3 5.2 5.3 5.7 6.5 9.0 4.9 7.1 8.7
        1   1   1   1   1   2   2   2   2   2   3   3   3   3]';
>>x1=a(a(:,2)==1,1);x2=a(a(:,2)==2,1);x3=a(a(:,2)==3,1);   %分开样本
%下面把样本中位数（也可以是均值）设为相等,使之符合检验前提
>>x2=x2+median(x1)-median(x2);x3=x3+median(x1)-median(x3);
>>x=[x1;x2;x3];y=a(:,2);alpha=0.05;
>> [h1,p1,stats1]=ansaribradley(x,y,alpha,'both','on')
>> [h2,p2,stats2]=ansaribradley(x,y,alpha,'both','off')
```

结果为（只列出主要结果）

h1=0

p1=0.2941

h2=0

p2=0.2864

从检验的结果看，不论是精确检验，还是近似检验，均接受了原假设，认为这三种减肥方式的方差是一样的.

5）平方秩检验

考虑假设 $H_0:\sigma_1^2=\cdots=\sigma_r^2$ 和 $H_1:\sigma_i^2\neq\sigma_j^2,\exists i\neq j$. 记 $\bar{X}_i=\dfrac{1}{n_i}\sum\limits_{j=1}^{n_i}X_{ij}$，首先把 r 个样本的绝对

离差 $\left|X_{ij}-\bar{X}_i\right|,i=1,2,\cdots,r$ 混合排序，然后得到离差的平方秩 R_{ij}^2，令 $T_i=\sum\limits_{j=1}^{n_i}R_{ij}^2$. 取统计量为

$$T=(n-1)\frac{\sum\limits_{i=1}^{r}(T_i^2/n_i)-\left(\sum\limits_{i=1}^{r}T_i\right)^2/n}{\sum\limits_{i=1}^{r}\sum\limits_{j=1}^{n_i}R_{ij}^2-\left(\sum\limits_{i=1}^{r}T_i\right)^2/n}\sim\chi^2(r-1).$$ 对给定的显著性水平 α，检验的拒绝域为

$W=\{T\geqslant\chi_{1-\alpha}^2(r-1)\}$.

这个检验方法没有现成的 MATLAB 命令，需要自己进行编程.

5.2 双因素方差分析

如果要分析两个因素对试验结果的影响时，就需要进行双因素方差分析. 不妨记这两因素分别为 A,B，它们对试验结果的影响可能有三个方面：A 的影响，B 的影响，A,B 共同的影响. 在方差分析中，因素 A,B 共同对试验指标的影响称为 A 与 B 的**交互效应**，记为 $A\times B$.

5.2.1 双因素等重复试验方差分析

在双因素试验的方差分析中，我们不仅要检验因素 A 和 B 的作用，还要检验它们的交互作用. 不妨设因素 A 有 r 个水平 $A_1,A_2,\cdots,A_r$，因素 B 有 s 个水平 $B_1,B_2,\cdots,B_s$. 现对因素 A,B 的水平的每对组合 (A_i,B_j) 都作 $t(t\geqslant2)$ 次试验（称为等重复试验），得到如表 5.2.1 所示的结果.

表 5.2.1　双因素等重复试验方差分析数据结构表

因素 A ＼ 因素 B	B_1	B_2	$\cdots$	B_r	行平均 $\bar{X}_{i\cdot}$
A_1	X_{11k}	X_{12k}	$\cdots$	X_{1sk}	$\bar{X}_{1\cdot}$
A_2	X_{21k}	X_{22k}	$\cdots$	X_{2sk}	$\bar{X}_{2\cdot}$
$\vdots$	$\vdots$	$\vdots$	$\vdots$	$\vdots$	$\vdots$
A_r	X_{r1k}	X_{r2k}	$\cdots$	X_{rsk}	$\bar{X}_{r\cdot}$
列平均 $\bar{X}_{\cdot j\cdot}$	$\bar{X}_{\cdot1\cdot}$	$\bar{X}_{\cdot2\cdot}$	$\cdots$	$\bar{X}_{\cdot s\cdot}$	

其中 $k=1,2,\cdots,t$. 设 $X_{ijk}\sim N(\mu_{ij},\sigma^2),i=1,\cdots,r,j=1,\cdots,s,k=1,\cdots,t$. 各 X_{ijk} 独立，这里 μ_{ij},σ^2 均为未知参数，或写为

$$\begin{cases} X_{ijk} = \mu_{ij} + \varepsilon_{ijk}, i=1,2,\cdots,r, j=1,2,\cdots,s, \\ \varepsilon_{ijk} \sim N(0,\sigma^2), k=1,2,\cdots,t, \\ \text{各}\varepsilon_{ijk}\text{相互独立.} \end{cases}$$

记 $\mu = \dfrac{1}{rs}\sum_{i=1}^{r}\sum_{j=1}^{s}\mu_{ij}$ 为**总平均**；$\mu_{i\cdot} = \dfrac{1}{s}\sum_{j=1}^{s}\mu_{ij}, i=1,\cdots,r$ 为 A_i 与 B 的每个水平搭配后**总体期望**

平均值；$\mu_{\cdot j} = \dfrac{1}{r}\sum_{i=1}^{r}\mu_{ij}, j=1,\cdots,s$ 为 B_j 与 A 的每个水平搭配后总体期望平均值；$\alpha_i = \mu_{i\cdot} - \mu$ 为

A_i 的**效应**；$\beta_j = \mu_{\cdot j} - \mu$ 为 B_j 的效应；$\gamma_{ij} = \mu_{ij} - \mu_{i\cdot} - \mu_{\cdot j} + \mu$ 为 A_i 与 B_j 的**交互效应**，则易知

$$\mu_{ij} = \mu + \alpha_i + \beta_j + \gamma_{ij} \Rightarrow \gamma_{ij} = \mu_{ij} - \mu - \alpha_i - \beta_j.$$

故

$$\sum_{i=1}^{r}\alpha_i = \sum_{j=1}^{s}\beta_j = 0, \quad \sum_{i=1}^{r}\gamma_{ij} = 0(j=1,2,\cdots,s), \quad \sum_{j=1}^{s}\gamma_{ij} = 0(i=1,2,\cdots,r).$$

这样双因素试验方差分析的统计模型可写成

$$\begin{cases} X_{ijk} = \mu + \alpha_i + \beta_j + \gamma_{ij} + \varepsilon_{ijk}, \\ \sum_{i=1}^{r}\alpha_i = 0, \sum_{j=1}^{s}\beta_j = 0, \sum_{i=1}^{r}\gamma_{ij} = 0, \sum_{j=1}^{s}\gamma_{ij} = 0, \\ \varepsilon_{ijk} \sim N(0,\sigma^2), i=1,2,\cdots,r; j=1,2,\cdots,s; k=1,2,\cdots,t, \\ \text{各}\varepsilon_{ijk}\text{相互独立,} \end{cases}$$

其中 $\mu, \alpha_i, \beta_j, \gamma_{ij}, \sigma^2$ 都为未知参数.

我们要检验因素 A, B 及交互作用 $A \times B$ 是否显著，即检验以下三个假设：

$$\begin{cases} H_{01}: \alpha_1 = \cdots = \alpha_r = 0 \ \text{ vs } \ H_{11}: \alpha_i, i=1,\cdots,r\text{不全为0,} \\ H_{02}: \beta_1 = \cdots = \beta_r = 0 \ \text{ vs } \ H_{12}: \beta_j, j=1,\cdots,s\text{不全为0,} \\ H_{03}: \gamma_{ij} = 0, i=1,\cdots,r, j=1,\cdots,s \ \text{ vs } \ H_{13}: \gamma_{ij}\text{不全为0.} \end{cases}$$

类似于单因素情况，对这些问题的检验方法也是建立在平方和分解上的. 记

$$\overline{X} = \frac{1}{rst}\sum_{i=1}^{r}\sum_{j=1}^{s}\sum_{k=1}^{t}x_{ijk}, \quad \overline{X}_{ij\cdot} = \frac{1}{t}\sum_{k=1}^{t}x_{ijk}(i=1,2,\cdots,r; j=1,2,\cdots,s),$$

$$\overline{X}_{i\cdot\cdot} = \frac{1}{st}\sum_{j=1}^{s}\sum_{k=1}^{t}x_{ijk}(i=1,2,\cdots,r), \quad \overline{X}_{\cdot j\cdot} = \frac{1}{rt}\sum_{i=1}^{r}\sum_{k=1}^{t}x_{ijk}(j=1,2,\cdots,s),$$

则平方和的分解式为 $S_T = S_E + S_A + S_B + S_{A\times B}$，其中

$$S_T = \sum_{i=1}^{r}\sum_{j=1}^{s}\sum_{k=1}^{t}(X_{ijk} - \overline{X})^2, \quad S_E = \sum_{i=1}^{r}\sum_{j=1}^{s}\sum_{k=1}^{t}(X_{ijk} - \overline{X}_{ij\cdot})^2, \quad S_A = st\sum_{i=1}^{r}(\overline{X}_{i\cdot\cdot} - \overline{X})^2,$$

$$S_B = rt\sum_{j=1}^{s}(\overline{X}_{\cdot j\cdot} - \overline{X})^2, \quad S_{A\times B} = t\sum_{i=1}^{r}\sum_{j=1}^{s}(\overline{X}_{ij\cdot} - \overline{X}_{i\cdot\cdot} - \overline{X}_{\cdot j\cdot} + \overline{X})^2.$$

S_E 称为**误差平方和**，S_A, S_B 分别称为因素 A, B 的**效应平方和**，$S_{A\times B}$ 称为 A, B **交互效应平方和**.

当假设 $H_{01}: \alpha_1 = \cdots = \alpha_r = 0$ 为真时，

$$F_A = \frac{S_A}{(r-1)} \Bigg/ \frac{S_E}{[rs(t-1)]} \sim F(r-1, rs(t-1)) ;$$

当假设 $H_{02}: \beta_1 = \cdots = \beta_r = 0$ 为真时，

$$F_B = \frac{S_B}{(s-1)} \Bigg/ \frac{S_E}{[rs(t-1)]} \sim F(s-1, rs(t-1)) ;$$

当假设 $H_{03}: \gamma_{ij} = 0, (i = 1, \cdots, r, j = 1, \cdots, s)$ 为真时，

$$F_{A\times B} = \frac{S_{A\times B}}{(r-1)(s-1)} \Bigg/ \frac{S_E}{[rs(t-1)]} \sim F((r-1)(s-1), rs(t-1)) .$$

当给定显著性水平 α 后，假设 H_{01}, H_{02}, H_{03} 的拒绝域分别为

$$\begin{cases} F_A \geqslant F_{1-\alpha}(r-1, rs(t-1)); \\ F_B \geqslant F_{1-\alpha}(s-1, rs(t-1)); \\ F_{A\times B} \geqslant F_{1-\alpha}(r-1)(s-1), rs(t-1)). \end{cases}$$

经过上面的分析和计算，可得出双因素试验的方差分析表 5.2.2.

表 5.2.2　双因素等重复试验的方差分析表

方差来源	平方和	自由度	均方和	F 比
因素 A	S_A	$r-1$	$\bar{S}_A = \dfrac{S_A}{r-1}$	$F_A = \dfrac{\bar{S}_A}{\bar{S}_E}$
因素 B	S_B	$s-1$	$\bar{S}_B = \dfrac{S_B}{s-1}$	$F_B = \dfrac{\bar{S}_B}{\bar{S}_E}$
交互作用	$S_{A\times B}$	$(r-1)(s-1)$	$\bar{S}_{A\times B} = \dfrac{S_{A\times B}}{(r-1)(s-1)}$	$F_{A\times B} = \dfrac{\bar{S}_{A\times B}}{\bar{S}_E}$
误差	S_E	$rs(t-1)$	$\bar{S}_E = \dfrac{S_E}{rs(t-1)}$	
总和	S_T	$rst-1$		

MATLAB 实现命令：

[p,table,stats]=anova2(x,reps,displayopt),

其中 x 是数据阵；reps 指出每一单元观察点的数目，比如这里的数据为 t，此时返回值 p 包含三个值，分别表示原假设因素 B 作用的列向量来自一个总体的 p 值，因素 A 作用的行向量来自一个总体的 p 值和原假设 A, B 共同作用的所有元素来自一个总体的 p 值；table 表示方差分析表；stats 表示检验统计量相关值，这些值在多重比较中可以应用.

例 5.2.1　用不同的生产方法（不同的硫化时间和不同的加速剂）制造的硬橡胶的抗牵拉强度（单位：$kg \cdot cm^{-2}$）的观察数据见表 5.2.3. 试在显著水平 0.10 下分析不同的硫化时间（A）、加速剂（B）以及它们的交互作用（$A \times B$）对抗牵拉强度有无显著影响.

表 5.2.3　例 5.2.1 数据表

140 °C 下硫化时间（秒）	加速剂		
	甲	乙	丙
40	39, 36	41, 35	40, 30
60	43, 37	42, 39	43, 36
80	37, 41	39, 40	36, 38

解　按题意，需检验假设 H_{01}, H_{02}, H_{03}. $r = s = 3$，$t = 2$，计算得

$$S_T = 178.44, \ S_A = 15.44, \ S_B = 30.11, \ S_{A\times B} = 2.89, \ S_E = S_T - S_A - S_B - S_{A\times B} = 130.$$

从而有方差分析表为（见表 5.2.4）

表 5.2.4　例 5.2.1 的方差分析表

方差来源	平方和	自由度	均方和	F 比
因素 A（硫化时间）	15.44	2	7.72	$F_A = 0.53$
因素 B（加速剂）	30.11	2	15.056	$F_B = 1.04$
交互作用 $A \times B$	2.89	4	0.722 5	$F_{A\times B} = 0.05$
误差	130	9	14.44	
总和	178.44			

由于

$$F_{1-0.10}(2,9) = 3.01 > F_A, \ F_{1-0.10}(2,9) > F_B, \ F_{1-0.10}(4,9) = 2.69 > F_{A\times B},$$

因而接受假设 H_{01}, H_{02}, H_{03}，即硫化时间、加速剂以及它们的交互作用对硬橡胶的抗牵拉强度的影响不显著.

例 5.2.1 实现程序：

```
>>x=[39  41  40;36  35  30;43  42  43;37  39  36;37  39  36;41  40  38];
>>[p,table,stats]=anova2(x,2)
```

结果为（只列出主要部分）

```
p=0.6034    0.3916    0.9944
```

%和下面的方差分析表

```
ANOVA Table
Source          SS        df      MS        F         Prob>F
Columns      15.4444      2     7.7222    0.53462    0.6034
Rows         30.1111      2     15.0556   1.0423     0.39161
Interaction   2.8889      4     0.72222   0.05       0.99444
Error         130         9     14.4444
Total        178.4444    17
```

从三个 p 值可以看出，硫化时间、加速剂以及它们的交互作用对硬橡胶的抗牵拉强度的影响不显著.

5.2.2　双因素无重复试验的方差分析

在双因素试验中, 如果对每一对水平的组合 (A_i, B_j) 只做一次试验, 即不重复试验, 所得结果见表 5.2.5.

表 5.2.5　双因素无重复试验方差分析数据结构表

因素A ＼ 因素B	B_1	B_2	$\cdots$	B_r
A_1	X_{11}	X_{12}	$\cdots$	X_{1s}
A_2	X_{21}	X_{22}	$\cdots$	X_{2s}
$\vdots$	$\vdots$	$\vdots$	$\vdots$	$\vdots$
A_r	X_{r1}	X_{r2}	$\cdots$	X_{rs}

如果我们认为 A,B 两因素无交互作用, 或已知交互作用对试验指标影响很小, 则可将 $S_{A\times B}$ 取作 S_E, 仍可利用等重复的双因素试验对因素 A,B 进行方差分析. 对这种情况下的数学模型及统计分析表示如下:

$$\begin{cases} X_{ij} = \mu + \alpha_i + \beta_j + \varepsilon_{ij}, \\ \sum_{i=1}^{r}\alpha_i = 0, \sum_{j=1}^{s}\beta_j = 0, \\ \varepsilon_{ij} \sim N(0,\sigma^2), i = 1,2,\cdots,r; j = 1,2,\cdots,s, \\ \text{各}\varepsilon_{ijk}\text{相互独立.} \end{cases}$$

要检验的假设有以下两个:

$$\begin{cases} H_{01}: \alpha_1 = \alpha_2 = \cdots = \alpha_r = 0, \\ H_{11}: \alpha_1, \alpha_2, \cdots, \alpha_r \text{不全为零.} \end{cases} \quad \text{和} \quad \begin{cases} H_{02}: \beta_1 = \beta_2 = \cdots = \beta_s = 0, \\ H_{12}: \beta_1, \beta_2, \cdots, \beta_s \text{不全为零.} \end{cases}$$

记 $\bar{X} = \dfrac{1}{rs}\sum_{i=1}^{r}\sum_{j=1}^{s}X_{ij}$, $\bar{X}_{i\cdot} = \dfrac{1}{s}\sum_{j=1}^{s}X_{ij}$, $\bar{X}_{\cdot j} = \dfrac{1}{r}\sum_{i=1}^{r}X_{ij}$, 平方和分解公式为

$$S_T = S_E + S_A + S_B,$$

其中

$$S_T = \sum_{i=1}^{r}\sum_{j=1}^{s}(X_{ij} - \bar{X})^2, \quad S_A = s\sum_{j=1}^{s}(\bar{X}_{i\cdot} - \bar{X})^2,$$

$$S_B = r\sum_{j=1}^{s}(\bar{X}_{\cdot j} - \bar{X})^2, \quad S_E = \sum_{i=1}^{r}\sum_{j=1}^{s}(X_{ij} - \bar{X}_{i\cdot} - \bar{X}_{\cdot j} + \bar{X})^2,$$

分别为**总平方和**, 因素 A,B 的**效应平方和**和**误差平方和**.

取显著性水平为 α, 当 H_{01} 成立时, $F_A = \dfrac{(s-1)S_A}{S_E} \sim F((r-1),(r-1)(s-1))$, 拒绝域为 $F_A \geqslant F_{1-\alpha}((r-1),(r-1)(s-1))$.

当 H_{02} 成立时, $F_B = \dfrac{(r-1)S_B}{S_E} \sim F((s-1),(r-1)(s-1))$, 拒绝域为 $F_B \geqslant F_{1-\alpha}((s-1),(r-1)(s-1))$.

得方差分析, 见表 5.2.6.

表 5.2.6　双因素无重复试验的方差分析表

方差来源	平方和	自由度	均方和	F 比
因素 A	S_A	$r-1$	$\overline{S}_A = \dfrac{S_A}{r-1}$	$F_A = \dfrac{\overline{S}_A}{\overline{S}_E}$
因素 B	S_B	$s-1$	$\overline{S}_B = \dfrac{S_B}{s-1}$	$F_B = \dfrac{\overline{S}_B}{\overline{S}_E}$
误差	S_E	$(r-1)(s-1)$	$\overline{S}_E = \dfrac{S_E}{(r-1)(s-1)}$	
总和	S_T	$rs-1$		

MATLAB 实现命令:

[p,table,stats]=anova2(x,reps,displayopt),

其中 x 是数据阵; reps 指出每一单元观察点的数目, 默认值为 1, 此时返回值 p 包含两个值, 分别表示原假设因素 B 作用的列向量来自一个总体的 p 值, 因素 A 作用的行向量来自一个总体的 p 值; table 表示方差分析表; stats 表示检验统计量相关值, 这些值在多重比较中可以应用.

例 5.2.2　测试某种钢不同含铜量在各种温度下的冲击值 (单位: $\text{kg} \cdot \text{m} \cdot \text{cm}^{-1}$), 表 5.2.7 列出了试验的数据 (冲击值), 问试验温度、含铜量对钢的冲击值的影响是否显著? ($\alpha = 0.01$)

表 5.2.7　例 5.2.2 数据

试验温度 ＼ 铜含量	0.2%	0.4%	0.8%
20 ℃	10.6	11.6	14.5
0 ℃	7.0	11.1	13.3
− 20 ℃	4.2	6.8	11.5
− 40 ℃	4.2	6.3	8.7

解　由已知, $r=4, s=3$, 需检验假设 H_{01}, H_{02}, 经计算得方差分析表 (见表 5.2.8).

表 5.2.8　例 5.2.2 方差分析表

方差来源	平方和	自由度	均方和	F 比
温度作用	64.58	3	21.53	23.79
铜含量作用	60.74	2	30.37	33.56
试验误差	5.43	6	0.905	
总和	130.75	11		

由于 $F_{1-0.01}(3,6) = 9.78 < F_A$, 拒绝 H_{01}; $F_{1-0.01}(2,6) = 10.92 < F_B$, 拒绝 H_{02}. 检验结果表明, 试验温度, 含铜量对钢冲击值的影响是显著的.

例 5.2.2 实现程序：

```
>> x=[10.6 11.6 14.5;7.0 11.1 13.3;4.2 6.8 11.5;4.2 6.3 8.7];
>>[p,table,stats]=anova2(x)
```

结果为（只列出主要结果）

p=1.0e-003 *

　　0.5535　　0.9923

和下面的方差分析表

ANOVA Table

Source	SS	df	MS	F	Prob>F
Columns	60.74	2	30.37	33.5374	0.00055354
Rows	64.5767	3	21.5256	23.7706	0.00099227
Error	5.4333	6	0.90556		
Total	130.75	11			

从检验的 p 值能看出，拒绝原假设，说明试验温度，含铜量对钢冲击值的影响是显著的.

5.3　线性回归分析

回归分析是处理变量 X 与 Y 之间关系的一种统计方法和技巧. 当给定 X 的值时，Y 的值不能确定，只能通过一定的概率分布来描述. 称给定 $X = x$ 的值时 Y 的条件数学期望

$$f(x) = E(Y \mid x)$$

为随机变量 Y 对 x 的（均值）**回归函数**. 上式从平均意义上刻画了变量 X 和 Y 之间的统计规律. 实际中，常称 X 为**自变量**（协变量），Y 为**因变量**（响应变量）. 这种叙述方法把 X 和 Y 均看作随机变量，这是一类回归问题. 实际上还有第二类回归问题，就是把 X 看成是确定性的可控变量，只有 Y 是随机变量. 习惯上，它们之间的相关关系可表示为

$$y = f(x) + \varepsilon ,$$

其中 ε 是随机变量，从而 y 也是随机变量. 这里我们主要以第二类回归叙述为主.

5.3.1　多元线性回归分析

1）模型简介

若自变量 x 是 $p(p \geqslant 1)$ 维的，并且函数 f 是线性的，则称 p 元线性回归模型为

$$y = \beta_0 + \beta_1 x_1 + \beta_2 x_2 + \cdots + \beta_p x_p + \varepsilon .$$

对给定的样本 $(x_{i1}, x_{i2}, \cdots, x_{ip}, y_i), i = 1, 2, \cdots, n$，模型也可记为

$$y_i = \beta_0 + \beta_1 x_{i1} + \beta_2 x_{i2} + \cdots + \beta_p x_{ip} + \varepsilon_i .$$

或写为向量形式

$$y = X\beta + \varepsilon ,$$

其中
$$
y = \begin{bmatrix} y_1 \\ y_2 \\ \vdots \\ y_n \end{bmatrix}, \quad
X = \begin{bmatrix} 1 & x_{11} & x_{12} \cdots x_{1p} \\ 1 & x_{21} & x_{22} \cdots x_{2p} \\ \vdots & \vdots & \vdots \quad \vdots \\ 1 & x_{n1} & x_{n2} \cdots x_{np} \end{bmatrix}, \quad
\varepsilon = \begin{bmatrix} \varepsilon_1 \\ \varepsilon_2 \\ \vdots \\ \varepsilon_n \end{bmatrix}, \quad
\beta = \begin{bmatrix} \beta_0 \\ \beta_1 \\ \vdots \\ \beta_p \end{bmatrix}.
$$

有时也称 X 为**设计矩阵**、**资料矩阵**等.

这个模型有一系列的假设, 主要为:

零均值: $E\varepsilon_i = 0$; 同方差: $\mathrm{Var}\varepsilon_i = \sigma^2$; 不相关: $\mathrm{cov}(\varepsilon_i, \varepsilon_j) = 0(i \neq j)$.

常称之为**高斯–马尔科夫条件**. 或者这些条件再加强些, 常设 $\varepsilon_i \sim N(0, \sigma^2)$, 且 $\varepsilon_1, \varepsilon_2, \cdots, \varepsilon_n$ 相互独立, 称之为**正态分布假定**.

2) 参数估计

模型参数的最小二乘估计为

$$
\hat{\beta} = (X'X)^{-1} X'y .
$$

从而

$$
\hat{y} = X\hat{\beta} = X(X'X)^{-1} X'y = Hy ,
$$

称 $H = X(X'X)^{-1} X' = (h_{ij})$ 为**帽子矩阵**.

记误差 $e_i = y_i - \hat{y}_i$, $e = (e_1, e_2, \cdots, e_n)'$, 误差平方和为 $\mathrm{SSE} = e'e = \sum_{i=1}^{n} e_i^2$, 则误差方差的无偏估计为

$$
\hat{\sigma}^2 = \frac{1}{n - (p+1)} (e'e) = \frac{1}{n - p - 1} \sum_{i=1}^{n} e_i^2 ,
$$

这里 $p+1$ 表示被估计的参数个数, 若没有常数项, 则应为

$$
\hat{\sigma}^2 = \frac{1}{n - p} \sum_{i=1}^{n} e_i^2 .
$$

由样本 $(x_i, y_i), i = 1, 2, \cdots, n$ 来估计出 β_0, β_1 的方法还有最大似然方法, 不过这种方法必须要求随机误差项 ε_i 服从正态分布假定, 且在这个假定下, 最大似然估计和最小二乘估计是等价的.

3) 线性关系（方程）的显著性检验

考虑假设 $H_0 : \beta_1 = \beta_2 = \cdots = \beta_p = 0$, 构造统计量

$$
F = \frac{\mathrm{SSR} / p}{\mathrm{SSE}/(n - (p+1))} \sim F(p, n - (p+1)) ,
$$

这里 $\mathrm{SSR} = \sum_{i=1}^{n} (\hat{y}_i - \bar{y})^2$. 对给定的显著性水平 α, 拒绝域

$$
W = \{ F > F_{1-\alpha}(p, n - (p+1)) \} .
$$

常把这个检验列为一个方差分析表, 见表 5.3.1.

表 5.3.1 方差分析表

方差来源	平方和	自由度	均方和	F 值	P 值
回归	SSR	p	SSR$/p$	$\dfrac{\text{SSR}/p}{\text{SSE}/(n-p-1)}$	$P(F>F值)$
残差	SSE	$n-p-1$	SSE$/(n-p-1)$		
总和	SST	$n-1$			

表 5.3.1 中 $\text{SST} = \sum\limits_{i=1}^{n}(y_i - \overline{y})^2 = L_{yy}$，表示数据总的波动，且有 $\text{SST} = \text{SSR} + \text{SSE}$. 若方程中没有常数项，则方差分析表应该为：

表 5.3.2 模型中无常数项的方差分析表

方差来源	平方和	自由度	均方和	F 值	P 值
回归	SSR	p	SSR$/p$	$\dfrac{\text{SSR}/p}{\text{SSE}/(n-p)}$	$P(F>F值)$
残差	SSE	$n-p$	SSE$/(n-p)$		
总和	SST	n			

其中 $\text{SST} = \sum\limits_{i=1}^{n} y_i^2$.

4）变量的显著性检验

考虑假设 $H_{0j}: \beta_j = 0, j = 0,1,2,\cdots,p$，记 $(X'X)^{-1} = (c_{ij}), i,j = 0,1,\cdots,p$，则构造统计量

$$t_j = \frac{\hat{\beta}_j}{\sqrt{c_{jj}}\hat{\sigma}} \sim t(n-(p+1)),$$

拒绝域
$$W = \{|t| > t_{1-\alpha/2}(n-p-1)\}.$$

这里顺便指出，由 $t_j = \dfrac{\hat{\beta}_j - \beta_j}{\sqrt{c_{jj}}\hat{\sigma}} \sim t(n-p-1)$ 知，β_j 的 $1-\alpha$ 置信区间为

$$[\hat{\beta}_j - t_{1-\alpha/2}(n-p-1)\sqrt{c_{jj}}\hat{\sigma},\ \hat{\beta}_j + t_{1-\alpha/2}(n-p-1)\sqrt{c_{jj}}\hat{\sigma}].$$

如果模型中没有常数项，则这里 t 分布中的自由度变为 $n-p$.

5）拟合优度与相关系数

常称 $R^2 = \dfrac{\text{SSR}}{\text{SST}} = 1 - \dfrac{\text{SSE}}{\text{SST}}$ 为**决定系数**或**判定系数**或**可决系数**等. 这个系数受样本量大小或变量个数等的影响较大，用之要谨慎，不能说其值大（比如等于 0.9）就肯定模型拟合效果好. 为了改变这一点，人们又定义了一个调整的决定系数

$$R^{*2} = 1 - \frac{\text{SSE}/(n-p-1)}{\text{SST}/(n-1)} = 1 - \frac{n-1}{n-p-1}(1-R^2).$$

若模型中没有常数项，则调整的决定系数为

$$R^{*2} = 1 - \frac{\text{SSE}/(n-p)}{\text{SST}/n} = 1 - \frac{n}{n-p}(1 - R^2).$$

注意不能片面追求拟合优度，这是不严格的检验.

在多元（$p \geqslant 2$）线性回归中，称

$$R = \sqrt{R^2} = \sqrt{\frac{\text{SSR}}{\text{SST}}}$$

为 y 关于自变量的**样本复相关系数**，表示回归方程对原始数据拟合程度的好坏，是整体和共性的指标.

在一元线性回归分析中，对于样本 $(x_i, y_i), i = 1, 2, \cdots, n$ 来说，记

$$\overline{y} = \frac{1}{n}\sum_{i=1}^{n} y_i, \quad \overline{x} = \frac{1}{n}\sum_{i=1}^{n} x_i, \quad l_{xy} = \sum_{i=1}^{n}(x_i - \overline{x})(y_i - \overline{y}) = \sum_{i=1}^{n} x_i y_i - n\overline{x}\,\overline{y},$$

$$l_{xx} = \sum_{i=1}^{n}(x_i - \overline{x})^2 = \sum_{i=1}^{n} x_i^2 - n\overline{x}^2, \quad l_{yy} = \sum_{i=1}^{n}(y_i - \overline{y})^2 = \sum_{i=1}^{n} y_i^2 - n\overline{y}^2,$$

则简单相关系数为 $r = \dfrac{L_{xy}}{\sqrt{L_{xx}L_{xy}}}$. 考虑假设 $H_0 : r = 0$, $H_1 : r \neq 0$，构造统计量

$$t = \frac{\sqrt{n-2}\, r}{\sqrt{1 - r^2}} \sim t(n-2),$$

则拒绝域为 $W = \{|t| > t_{1-\alpha/2}(n-2)\}$. 注意若没有常数项，则这里的自由度为 $n-1$. 可以证明，对于一元线性回归模型来说，线性关系的显著性检验，系数 β_1 的显著性检验和相关系数的显著性检验是等价的. 简单相关系数反映两个变量之间的相关性，是局部与个性的指标.

6）残差分析

在一元线性回归中，称

$$e_i = y_i - \hat{y}_i$$

为（普通）**残差**，

$$h_{ii} = \frac{1}{n} + \frac{(x_i - \overline{x})^2}{L_{xx}}$$

为**杠杆值**，则

$$E(e_i) = 0, \quad \text{Var}(e_i) = (1 - h_{ii})\sigma^2.$$

一般认为，超过 $\pm 2\hat{\sigma}$ 或 $\pm 3\hat{\sigma}$ 的残差为异常值，考虑到普通残差 e_i 的方差不等，用 e_i 作判断和比较会带来一定的麻烦，人们引入标准化残差和学生化残差的概念，分别为

$$\text{ZRE}_i = \frac{e_i}{\hat{\sigma}} \quad \text{和} \quad \text{SRE}_i = \frac{e_i}{\hat{\sigma}\sqrt{1 - h_{ii}}}.$$

标准化残差使得残差具有可比性，$|\text{ZRE}_i| > 3$ 的相应观测值为异常值，这简化了判定工作，但没有解决方差不等的问题. 而学生化残差则进一步解决了方差不等的问题. 一般认为，

$\left|\text{SRE}_i\right| > 3$ 的相应观测值为异常值. 但是当观测值中存在关于 y 的异常观察值时, 上述的三种残差都不再适用, 因为异常值把回归直线拉向自身, 使异常值的残差减少, 而其余观测值的残差增大, 从而回归标准差 $\hat{\sigma}$ 也会增大. 因而用 "3σ" 原则不能正确分别出异常值, 解决这个问题的办法是改用删除残差或删除学生化残差, 分别为

$$e_{(i)} = y_i - \hat{y}_{(i)} = \frac{e_i}{1 - h_{ii}} \quad \text{和} \quad \text{SRE}_{(i)} = \text{SRE}_i \sqrt{\frac{n - p - 2}{n - p - 1 - \text{SRE}_i^2}},$$

一般认为 $\left|e_{(i)}\right| > 3$ 或 $\left|\text{SRE}_{(i)}\right| > 3$ 的相应观测值为异常值.

根据 $h_{ii} = \frac{1}{n} + \frac{(x_i - \overline{x})^2}{L_{xx}}$, 自变量的观测值与自变量的平均值之间的距离越远, 那么杠杆值就越大, 从而残差就越小, 因而把杠杆值大的样本点称为**强影响点**. 强影响点不一定是 y 的异常值, 因而强影响点并不总会对回归方程造成不良影响. 但强影响点对回归效果通常有较强影响. 记杠杆值 h_{ii} 的平均值为 $\overline{h} = \frac{1}{n}\sum_{i=1}^{n} h_{ii} = \frac{p+1}{n}$, 则一般认为, 一个杠杆值 h_{ii} 如果大于 2 倍或 3 倍的 $\overline{h}$ 就认为是大的, 但一般不能仅根据 h_{ii} 的大小来判断强影响点是否为异常值点. 用来判断强影响点是否为 y 的异常值点的常见方法是引入库克距离

$$D_i = \frac{e_i^2}{(p+1)\hat{\sigma}^2} \cdot \frac{h_{ii}}{(1 - h_{ii})^2}.$$

从公式上看, 库克距离反映了杠杆值与残差大小的一个综合效应. 对于库克距离大小的判断标准较为复杂, 较为精确的方法请参考文献陈希孺, 王松桂 (1987). 一个粗略的标准是: 当 $D_i < 0.5$ 时, 认为不是异常值点; 当 $D_i > 1$ 时, 认为是异常值点.

7) 自相关问题及其处理

如果 $\text{cov}(\varepsilon_i, \varepsilon_j) \neq 0 (i \neq j)$, 则称误差项之间有**自相关性**, 常用 DW 检验进行判断. 记

$$DW = \sum_{i=2}^{n} (e_i - e_{i-1})^2 / \sum_{i=2}^{n} e_i^2,$$

则 $0 \leqslant DW \leqslant 4$. 一个粗略的判断方法是: 当 $DW = 4$ 时, 表明误差项完全负自相关; 当 $2 < DW < 4$ 时, 表明误差项负自相关; 当 $DW = 2$ 时, 表明误差项无自相关; 当 $0 < DW < 2$ 时, 表明误差项正自相关; 当 $DW = 0$ 时, 表明误差项完全正自相关. 更为详细的可以查 DW 分布表进行判断, 根据查得的上下临界值 d_U, d_L 可以得出判断结论, 示意图如图 5.3.1 所示.

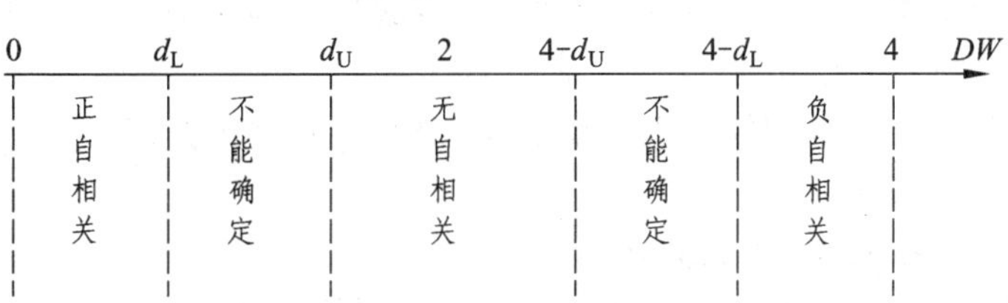

0	d_L	d_U	2	$4 - d_U$	$4 - d_L$	4 DW
正自相关	不能确定	无自相关		不能确定	负自相关	

图 5.3.1 DW 值与自相关判断示意图

需要注意的是: 这个检验只能用于检验随机项具有一阶自相关的序列问题, 即

$\varepsilon_t = \rho\varepsilon_{t-1} + u_t$，其中 u_t 满足线性模型假设的各种条件，原假设为 $H_0 : \rho = 0$.

对于高阶（比如 k 阶）自相关问题的检验，即 $\varepsilon_t = \rho_1\varepsilon_{t-1} + \rho_2\varepsilon_{t-2} + \cdots + \rho_k\varepsilon_{t-k} + u_t$，原假设为 $H_0 : \rho_1 = \rho_2 = \cdots = \rho_k = 0$，常用 BG 检验（也称 LM 检验），检验统计量为

$$LM = (n-k)R^2 \sim \chi^2(k),$$

这里 n 为样本容量，R^2 为线性模型的决定系数，k 为待检验的自相关阶数. 对给定的显著性水平 α，拒绝域为 $W = \{LM > \chi^2_{1-\alpha}(k)\}$.

除了这些方法，也可以用图示法，不过这种方法带有一定的主观性，只能作为初步的判断. 一种做法是绘制点 $(t, e_i), t = 1, 2, \cdots, n$，即按时间顺序绘制残差图. 如果这些点呈现出某种规律性，就表示序列相关. 如果有多个点连续在 t 轴上方，或有多个点连续地位于 t 轴下方，提示模型存在正相关；而相反，如果相邻的散点倾向于交替分布在 t 轴的上下两侧，则提示模型存在负相关. 另外一种做法是绘制点 $(e_{t-1}, e_t), t = 2, \cdots, n$. 如果大部分点落在第 1 和第 3 象限，表明随机误差项存在正相关，如果部分点落在第 2 和第 4 象限，表明随机误差项存在负相关.

处理自相关问题的办法常见的是迭代法、差分法、科克伦-奥克特（Cochrane-Orcutt）迭代法、普莱斯-温斯登（Prais-Winsten）迭代法等，这里略去.

8）异方差问题及其处理

如果 $\text{Var}(e_i)$ 并不总是等于 σ^2，就称随机误差项具有 **异方差性**，因此，原假设为 $H_0 : \text{Var}(\varepsilon_i) = \sigma^2 (i = 1, 2, \cdots, n)$. 关于异方差的检验，目前还没有一个公认的最优方法. 下面介绍一个应用较广泛的方法：等级相关系数法，又称为 spearman 检验. 这种方法对大小样本量均适合.

首先，把普通最小二乘回归的残差 e_i 的绝对值 $|e_i|$ 和 x_i 分别按递增（或递减）的次序排列，得到 x_i 的序号数 c_x 和 $|e_i|$ 的序号数 c_e，令 $d_i = c_x - c_e$；其次，计算式子 $r_s = 1 - \dfrac{6}{n(n^2-1)}\sum_{i=1}^{n} d_i^2$，取检验统计量为 $t = \dfrac{\sqrt{n-2}r_s}{\sqrt{1-r_s^2}} \sim t(n-2)$；最后，对给定的显著性水平 α，拒绝域为 $W = \{t > t_{1-\alpha/2}(n-2)\}$.

关于异方差检验的其他一些方法还有 Goldfeld-Quandt 检验，适用于样本容量较大，异方差递增或递减的情况；White 检验，常用在大样本的情况下，适合任何形式的异方差；还有帕克（Park）检验和戈里瑟（Gleiser）检验等. 我们也可以用图示法，这种方法只是初步判断，带有主观性. 图示法常以 e_i 为纵坐标，以拟合值 $\hat{y}_i$ 或 x_i 或时间序号为横坐标. 一般无异方差性时，残差图中的散点的散布应该是随机的，无任何规律，若随着横坐标的增大，散点分布有增大或减小的趋势，则存在异方差.

处理异常差常用的方法是加权最小二乘估计，这里不再详细介绍.

MATLAB 回归实现命令：

[b,bint,r,rint,stats]=regress(y,X,alpha),

主要功能是建立多元线性回归模型. 这里 y 为 $n \times 1$ 列向量；X 为 $n \times (p+1)$ 矩阵，其中矩阵 X 的第一列为 1，p 为自变量个数；alpha 为待估计系数和模型残差的显著性水平. 输出的 b 为估计出的系数列向量 $(\hat{\beta}_0, \hat{\beta}_1, \cdots, \hat{\beta}_p)^{\mathrm{T}}$；bint 为估计出的系数的 100(1-alpha)% 置信区间；r 为残差列

向量; rint 为残差的 $100(1-\text{alpha})\%$ 置信区间; stats 为模型的几个描述量, 主要包括决定系数 R^2、F 统计量及其 p 值, 残差的方差共 4 项.

stats=regstats(y,X,model,whichstats),

主要功能是进行线性回归诊断. 这里 y 为 $n\times1$ 列向量; X 为 $n\times p$ 矩阵, 注意矩阵 X 不包含全为 1 的列, 该命令计算时会自动在矩阵 X 的前面加上全为 1 的一列, p 为自变量个数; model 取值主要有 4 个, 'linear'表示建立包含常数项和各变量的模型 (默认为此项), 'interaction'表示建立包含常数项、各变量和变量的交叉项的模型 (如自变量有两个时: $X1, X2$, 则包括常数项, $X1$, $X2$, 还有 $X1\times X2$), 'quadratic'表示建立包含常数项、各变量、变量的交叉项及变量的平方项的模型 (如自变量有两个时, $X1, X2$, 则包括常数项, $X1$, $X2$, 还有 $X1\times X2$, $X1^2$, $X2^2$), 'purequadratic'表示建立包含常数项、各变量和变量的平方项的模型 (如自变量有两个时: $X1, X2$, 则包括常数项, $X1$, $X2$, 还有 $X1^2$, $X2^2$); regstats 命令将打开一个用户界面, 包括 20 个统计量, 如图 5.3.2(a)所示, 这些统计量的解释可参如图 5.3.2(b)所示.

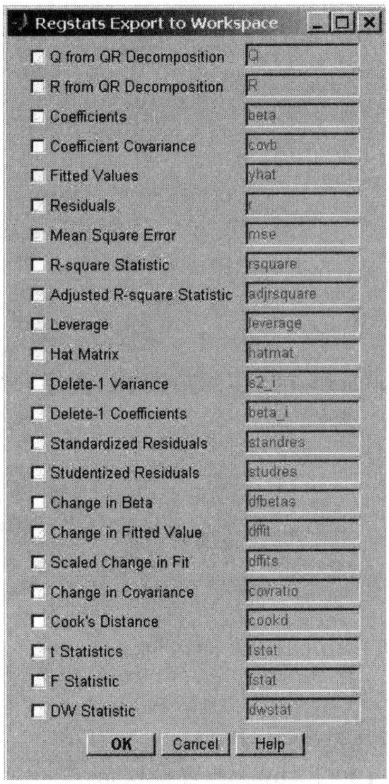

Field	Description
Q	Q from the QR decomposition of the design matrix
R	R from the QR decomposition of the design matrix
beta	Regression coefficients
covb	Covariance of regression coefficients
yhat	Fitted values of the response data
r	Residuals
mse	Mean squared error
rsquare	R^2 statistic
adjrsquare	Adjusted R^2 statistic
leverage	Leverage
hatmat	Hat matrix
s2_i	Delete-1 variance
beta_i	Delete-1 coefficients
standres	Standardized residuals
studres	Studentized residuals
dfbetas	Scaled change in regression coefficients
dffit	Change in fitted values
dffits	Scaled change in fitted values
covratio	Change in covariance
cookd	Cook's distance
tstat	t statistics and p-values for coefficients
fstat	F statistic and p-value
dwstat	Durbin-Watson statistic and p-value

(a)   (b)

图 5.3.2

上面的 20 个统计量是默认输出的, 一般我们不需要这么多, 可以有选择地进行输出, 控制的参数就是 whichstats. 比如, 输出一个为'leverage', 要输出多个为{'leverage' 'standres' 'studres'}等.

例 5.3.1 假定一保险公司希望确定居民住宅小区火灾造成的损失数额与该住户到最近的消防站的距离之间的相关关系, 以便准确地定出保险金额. 现调查 15 起火灾中的损失和火灾发生地与最近的消防站的距离, 数据见表 5.3.3.

表 5.3.3　火灾损失表

距离 x(km)	3.4	1.8	4.6	2.3	3.1	5.5	0.7	3.0
损失 y（千元）	26.2	17.8	31.3	23.1	27.5	36.0	14.1	22.3
距离 x(km)	2.6	4.3	2.1	1.1	6.1	4.8	3.8	
损失 y（千元）	19.6	31.3	24.0	17.3	43.2	36.4	26.1	

解　首先，画出点 (x,y) 的散点图，观察这些点是否在一条直线附近，初步判断假设模型为线性是否合适，有下面的程序和结果.

```
>>x=[3.4 1.8 4.6 2.3 3.1 5.5 0.7 3.0 2.6 4.3 2.1 1.1 6.1 4.8 3.8];
>>y=[26.2 17.8 31.3 23.1 27.5 36.0 14.1 22.3 19.6 31.3 24.0 17.3 43.2 36.4 26.1];
>>n=length(x);
>>scatter(x,y)   %画散点图
```

结果如图 5.3.3 所示.

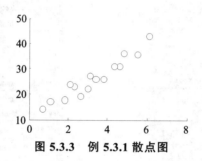

图 5.3.3　例 5.3.1 散点图

从图 5.3.3 能看出，这些点近似地在一条直线附近，下面建立线性回归模型，程序和结果为

```
>>X=[ones(n,1) x'];   %给设计矩阵加上一列数据 1，按列显示
>>y=y';   %把 y 变为列
>>alpha=0.05;
>> [b,bint,r,rint,stats]=regress(y,X,alpha)
```

结果为

```
b=   %估计的系数          bint=   %系数的 100(1-alpha)%置信区间
   10.2779                 7.2096    13.3463
   4.9193                  4.0709    5.7678
r=   %普通残差            rint=   %普通残差的 100(1-alpha)%置信区间
   -0.8037                 -5.8094    4.2021
   -1.3327                 -6.1203    3.4548
   -1.6068                 -6.3982    3.1845
   1.5076                  -3.3593    6.3745
   1.9721                  -2.9045    6.8488
   -1.3342                 -5.8932    3.2247
   0.3785                  -4.1017    4.8588
   -2.7359                 -7.4632    1.9914
```

-3.4682		-7.9716	1.0353
-0.1311		-5.0810	4.8189
3.3915		-1.0538	7.8367
1.6108		-2.9284	6.1500
2.9142		-1.0626	6.8909
2.5093		-2.0808	7.0994
-2.8714		-7.5514	1.8086

rint=　 %普通残差的 100(-alpha)%置信区间

stats=　 %下面 4 个分别为决定系数, F 值, F 检验概率, 残差的方差

　　　0.9235　 156.8862　　 0.0000　　 5.3655

从结果能看出, 估计的模型为

$$\hat{y} = 10.2779 + 4.9193x,$$

模型的 F 检验相伴概率为 0, 模型线性关系显著, 决定系数为 0.9235, 接近于 1, 说明拟合较好, 残差的置信区间均包含 0, 可初步判断原始数据中没有异常值. 直观显示如图 5.3.4 所示, 残差及其置信区间如图 5.3.5 所示.

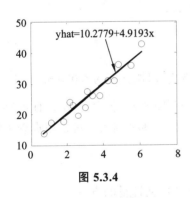

图 5.3.4

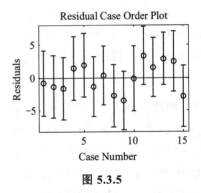

图 5.3.5

图 5.3.4 和图 5.3.5 的实现程序：

```
>>x=[3.4 1.8 4.6 2.3 3.1 5.5 0.7 3.0 2.6 4.3 2.1 1.1 6.1 4.8 3.8];
>>y=[26.2 17.8 31.3 23.1 27.5 36.0 14.1 22.3 19.6 31.3 24.0 17.3 43.2 36.4 26.1];
>>yhat=10.2779+4.9193*x;
>>scatter(x,y)   %画图 5.3.3
>>hold on
>>plot(x,yhat,'k')   %在图 5.3.3 中加入估计直线
>>hold off
>>rcoplot(r,rint)   %画图 5.3.4
```

我们可以利用

regstats(y,X,model,whichstats)

对模型进行进一步的诊断和分析, 这里略去.

　　例 5.3.2　 经调查, 某商品 10 年的销售量 y（单位: 百件）和当地人均收入 x_1（单位: 百元）及商品的售价 x_2（单位: 元）数据见表 5.3.4.

表 5.3.4　例 5.3.2 数据表

年　次	1	2	3	4	5	6	7	8	9	10
销售量	10	10	15	13	14	20	18	24	19	23
人均收入	5	7	8	9	9	10	10	12	13	15
单　价	2	3	2	5	4	3	4	3	5	4

请建立线性回归模型.

解　首先建立回归模型, 实现程序为:

```
>>z=[10 10 15 13 14 20 18 24 19 23;5 7 8 9 9 10 10 12 13 15;2 3 2 5 4 3 4 3 5 4];
>>z1=z';y=z1(:,1);n=length(y);alpha=0.05;
>>X=z1(:,[2,3]);x=[ones(n,1) X];
>> [b,bint,r,rint,stats]=regress(y,x,alpha)
```

结果为（省去了残差及其置信区间）

```
b=                          bint=
     4.5875                     -1.3713      10.5463
     1.8685                      1.2309       2.5060
    -1.7996                     -3.5327      -0.0664
stats=0.8793     25.5037     0.0006     3.8685
```

从结果能看出, 模型为

$$\hat{y} = 4.587\,5 + 1.868\,5x_1 - 1.799\,6x_2, \quad F=25.503\,7, \text{ 相伴概率为 } 0.000\,6,$$

可以认为, 线性关系成立. 但这里 $\hat{\beta}_0$ 的置信区间[-1.3713 10.5463]包含了 0, 因此特别要注意系数 β_0 是否显著为 0, 可进行 t 检验. MATLAB 没有提供 t 检验的命令, 可以根据理论编写程序, 比如检验 $H_0: \beta_0 = 0$, 有下面的程序.

```
>>C=inv(x'*x)   %计算矩阵 (x'x)⁻¹
>>var0=C(1,1);var1=C(2,2);var2=C(3,3);   %计算各系数估计量的方差
%下面计算回归标准差,等于上一段程序中 stats 的最后一个数据 3.8685 的算术平方根
>>se=sqrt((1/(n-2-1))*sum(r.^2));
>>t1=b(1)/(sqrt(var0)*se);   %计算常数系数的 t 检验值
>>p1=(1-tcdf(abs(t1),n-2-1))*2   %计算 t 检验的相伴概率
```

结果为

```
p1=0.1115
```

```
%同理, 我们可以计算本例中另外两个系数的 t 检验结果, 程序为
>>t2=b(2)/(sqrt(var1)*se);   %系数 β₁ 是否为 0 的 t 检验值
>>t3=b(3)/(sqrt(var2)*se);   %系数 β₂ 是否为 0 的 t 检验值
>>p2=(1-tcdf(abs(t2),n-2-1))*2   %系数 β₁ 的 t 检验值的相伴概率
>>p3=(1-tcdf(abs(t3),n-2-1))*2   %系数 β₂ 的 t 检验值的相伴概率
```

结果为

```
p2=2.2513e-004
p3=0.0438
```

从结果能看出，t 检验的概率值 0.1115 大于显著性水平，因此，认为 $\beta_0 = 0$. 这样，这个模型中不含常数项再进行一次估计，实现程序为：

>>[b,bint,r,rint,stats]=regress(y,X,alpha)

结果为（省去了残差及其置信区间）

b=		bint=	
2.1030		1.4829	2.7231
-1.2254		-2.9578	0.5069

stats=0.8222　　55.5959　　　0.0001　　4.9874

从结果看，$\hat{\beta}_2$ 的区间估计为[-2.9578 0.5069]，包含了 0，因此 β_2 是否显著为 0 就需我们特别注意，我们用 t 检验法进行检验，实现程序为：

>>C=inv(X'*X);

>>var1=C(1,1);var2=C(2,2);

>>se=sqrt((1/(n-2))*sum(r.^2));

>>t1=b(1)/(sqrt(var1)*se);　　%系数 β_1 是否为 0 的 t 检验值

>>t2=b(2)/(sqrt(var2)*se);　　%系数 β_2 是否为 0 的 t 检验值

>>p1=(1-tcdf(abs(t1),n-2))*2　　%系数 β_1 的 t 检验值的相伴概率

>>p2=(1-tcdf(abs(t2),n-2))*2　　%系数 β_2 的 t 检验值的相伴概率

结果为

p1=5.1399e-005

p2=0.1415

从检验的结果看，系数 β_2 不显著，可以认为它为 0，这样建立的模型最终只含有一个变量 x_1，即模型为 $y = \beta_1 x_1 + \varepsilon$，实现程序为：

>>z=[10 10 15 13 14 20 18 24 19 23;5 7 8 9 9 10 10 12 13 15;2 3 2 5 4 3 4 3 5 4];

>>z1=z';y=z1(:,1);n=length(y);alpha=0.05;

>>X1=z1(:,2);

>> [b,bint,r,rint,stats]=regress(y,X1,alpha)

结果为

b=1.6792		bint=1.5085	1.8499
r=		rint=	
1.6040		-4.0126	7.2207
-1.7543		-7.2713	3.7627
1.5665		-3.9421	7.0751
-2.1127		-7.4515	3.2260
-1.1127		-6.6413	4.4159
3.2081		-1.7063	8.1225
1.2081		-4.2510	6.6672
3.8497		-0.6015	8.3009
-2.8295		-7.6620	2.0030
-2.1879		-7.0435	2.6678

stats=0.7631　　　　　NaN　　　　　NaN　　　　5.9078

从结果能看出，模型为 $\hat{y} = 1.6792x_1$，$\hat{\beta}_1$ 的 95%的置信区间为[1.5085 1.8499]，残差的 95%置信区间 rint 均覆盖 0，表示原始数据中没有异常值（后面可以进一步诊断）。注意，在设计矩阵没有 1 这列时，或者说线性模型中没有常数项时，MATLAB 输出的 stats 中决定系数 R^2，F 值即其相伴概率等均不能用，这主要是因为在没有常数项的情况下，计算总的离差平方和公式为 $\mathrm{SST} = \sum_{i=1}^{n} y_i^2$，在有常数项时则为 $\mathrm{SST} = \sum_{i=1}^{n} (y_i - \bar{y})^2$，MATLAB 中则总是依据后者计算。像这里，$F$ 值即其相伴概率直接就显示为 NaN，我们应该根据理论进行计算，实现程序为：

```
>> sse=sum(r.^2)    %残差平方和
>> sst=sum(y.^2)    %总平方和
>> ssr=sst-sse    %回归平方和
>>R2=ssr/sst    %决定系数
>>aR2=1-n/(n-1)*(1-R2)    %调整的决定系数
>>F=(ssr/1)/(sse/(n-1))    %F 值
>>pF=1-fcdf(F,1,n-1)    %F 检验相伴概率
>>C=inv(X1'*X1);
>>var=C(1,1);
>>se=sqrt((1/(n-1))*sum(r.^2));
>>t=b/(sqrt(var)*se)
>>pt=(1-tcdf(abs(t),n-1))*2
```

结果为

sse=53.1705　　　　　sst=2980　　　　　ssr=2.9268e+003

R2=0.9822　　　　　aR2=0.9802　　　　　F=495.4149

pF=3.5279e-009　　　t=22.2579　　　　pt=3.5279e-009

从结果能看出，决定系数为 $R^2 = 0.9822$，调整的决定系数为 $R^{*2} = 0.9802$，说明模型拟合效果不错，模型的 F 检验和 t 检验均显著，说明模型系数显著，建立的方程是合适的。

5.3.2　可化为线性模型的非线性关系

有的变量之间可能不是线性关系，但能通过变换化为线性关系，这类仍可按第一部分的方法进行处理，不再叙述。

5.4　逐步回归与其他几个回归

5.4.1　逐步回归

逐步回归的基本思想是有进有出。具体做法是：将变量一个一个地引入，每引入一个变量，就要对已选入的变量进行逐个检验，当原引入的变量由于后面变量的引入而变得不再显著时，就将其剔除。引入一个变量或从回归方程中剔除一个变量为逐步回归的一步，每一步都要进行 F 检验，以确保每次引入新的变量之前回归方程中只包含显著的变量。这个过程反

复进行，直到既无显著的自变量选入回归方程，也无不显著的自变量从回归方程中剔除为止．为了避免一个变量被引入、剔除、再引入、再剔除这样的死循环，限制一个条件：引入自变量的显著性水平 α_1 小于剔除自变量的显著性水平 α_2，简单地说就是"难进好出"．

MATLAB 实现命令为：

stepwise(X,y,inmodel,penter,premove),

该命令提供了一个交互式画面，通过此工具可以自由地选择变量，进行统计分析．其中 X 是自变量数据，y 是因变量数据，分别为 $n \times m$ 和 $n \times 1$ 矩阵；inmodel 是矩阵的列指标数（默认值为全部自变量）；penter, premove 分别为引入自变量的显著性水平 α_1 和剔除自变量的显著性水平 α_2，$\alpha_1 < \alpha_2$．

例 5.4.1 国际旅游外汇收入是国民经济发展的重要组成部分，影响一个国家或地区旅游收入的因素包括自然、文化、社会、经济、交通等多方面的因素，本例研究第三产业对旅游外汇收入的影响．《中国统计年鉴》把第三产业划分为 12 个组成部分，分别为 x_1 农林牧渔服务业，x_2 地质勘查水利管理业，x_3 交通运输仓储和邮电通信业，x_4 批发零售贸易和餐饮业，x_5 金融保险业，x_6 房地产业，x_7 社会服务业，x_8 卫生体育和社会福利业，x_9 教育文化艺术和广播，x_{10} 科学研究和综合艺术，x_{11} 党政机关，x_{12} 其他行业．选取 1998 年我国 31 个省、市、自治区的数据，以国际旅游外汇收入（百万美元）为因变量 y，以如上 12 个行业为自变量作多元线性回归，数据见表 5.4.1，其中，自变量单位为亿元人民币．

表 5.4.1 例 5.4.1 数据表

地区	x_1	x_2	x_3	x_4	x_5	x_6	x_7
北京	1.94	4.5	154.45	207.33	246.9	277.64	135.79
天津	0.33	6.49	133.16	127.29	120.2	114.88	81.21
河北	6.16	17.18	313.4	386.96	203	204.22	79.43
山西	5.35	9.3	123.8	122.94	101.6	96.84	34.67
内蒙古	3.78	4.26	106.05	95.49	27.58	22.75	34.24
辽宁	11.2	8.17	271.96	533.15	164.4	123.78	187.7
吉林	2.84	3.61	109.37	130.8	52.49	62.26	38.15
黑龙江	8.64	11.41	160.06	246.57	109.2	115.32	68.71
上海	3.64	6.67	244.42	412.04	459.6	512.21	160.45
江苏	30.9	19.08	435.77	724.85	376	381.81	210.39
浙江	6.26	6.3	321.75	665.8	157.9	172.19	147.16
安徽	4.13	8.87	152.29	258.6	83.42	85.1	75.74
福建	5.85	5.61	347.25	332.59	157.3	172.48	115.16
江西	6.7	6.8	145.4	143.54	97.4	100.5	43.28
山东	10.8	11.73	442.2	665.33	411.9	429.88	115.07
河南	4.16	22.51	299.63	316.81	132.6	139.76	84.79
湖北	4.64	7.65	195.56	373.04	161.8	180.14	101.58
湖南	7.08	10.99	216.49	291.73	119.2	125.62	47.05
广东	16.3	24.1	688.83	827.16	271.1	268.2	331.55
广西	4.01	4	125.04	243.5	52.06	31.22	47.25
海南	0.8	2.07	35.03	60.9	29.2	30.14	20.22

续表 5.4.1

地区	x_1	x_2	x_3	x_4	x_5	x_6	x_7
重庆	4.42	2.11	78.93	138.43	68.31	73.84	79.98
四川	11.2	9.42	196.27	328.46	204.5	144.45	101.21
贵州	2.01	2.03	25.04	69.97	40.86	36.45	27.02
云南	6.43	6.08	88.9	170.15	88.86	89.84	33.66
西藏	1.91	0.98	5.08	11.13	0.67	1.69	1.94
陕西	5.49	9.9	115.42	94.63	76.57	53.14	47.88
甘肃	3.97	7.8	39.32	99.23	41.64	50.55	11.41
青海	1.31	3.08	13.67	18.79	18.37	18.57	3.15
宁夏	1.1	2.1	16.11	19.64	17.85	16.52	4.16
新疆	4.58	10.35	92.03	103.34	49.19	50.2	28.14

地区	x_8	x_9	x_{10}	x_{11}	x_{12}	y
北京	30.58	110.7	80.83	51.83	14.09	2 384
天津	14.05	35.7	16	27.1	2.93	202
河北	32.42	79.38	14.54	128.13	42.15	100
山西	13.99	37.28	5.93	63.91	3.12	38
内蒙古	14.06	28.2	4.69	35.72	9.51	126
辽宁	58.63	90.52	31.71	84.05	11.61	262
吉林	21.82	44.53	25.78	48.49	14.22	38
黑龙江	34.55	58.08	13.52	72.05	21.17	121
上海	43.51	89.93	48.55	48.63	7.05	1 218
江苏	71.82	150.6	23.74	188.28	19.65	529
浙江	52.44	78.16	10.9	93.05	9.45	361
安徽	26.75	63.47	5.89	47.02	2.66	51
福建	33.8	77.27	8.69	79.01	8.24	651
江西	17.71	51.03	5.41	62.03	18.25	43
山东	87.45	145.3	21.39	187.77	110.2	220
河南	53.93	84.23	12.36	116.89	10.38	101
湖北	58	80.53	21.61	100.69	5.16	88
湖南	48.19	97.97	12.07	139.39	16.67	156
广东	71.44	146.2	23.38	145.77	16.52	2 942
广西	25.59	55.27	4.49	60.13	13.64	156
海南	4.22	12.19	1.3	9.29	0.27	96
重庆	18.42	43.3	20.01	48.48	0.72	88
四川	43.01	74.22	15.85	90.6	11.05	84
贵州	13.8	26.83	2.86	25.63	6.76	48
云南	29.2	51.25	8.6	40.47	4.81	261

续表 5.4.1

地区	x_8	x_9	x_{10}	x_{11}	x_{12}	y
西藏	2.95	5.02	0.89	7.59	0.17	33
陕西	22.08	56.97	14.02	48.64	38.17	247
甘肃	8.81	15.98	6.33	16.46	7.02	30
青海	3.14	8.66	1.26	14.3	1.2	3
宁夏	3.03	6.76	1.06	7.52	3.18	1
新疆	11.82	37.95	4.52	39.49	3.53	82

解   以每个变量数据为一列，作成一个矩阵 $A_{31\times13}$，第一列为 x_1，第二列为 x_2，等等，第 12 列为 x_{12}，第 13 列为 y. MATLAB 逐步回归实现程序为：

```
>>A=[];   %数据太多，略去，按一个变量一列输入
>>X=A(:,1:12);y=A(:,13);
>>stepwise(X,y)   %其他参数默认
```

结果是一个交互图，如图 5.4.1 所示.

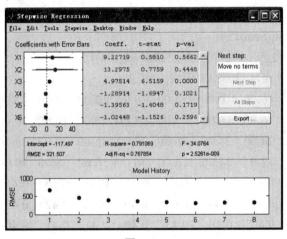

图 5.4.1

在图 5.4.1 中，左上角显示了所有的自变量，蓝色表示引入模型中的变量，红色表示剔除模型的变量（其中，MATLAB 中能显示出蓝色和红色），中间是这些系数的估计值、显著性检验的 t 值及其相应概率值，右上角显示每一步要剔除的变量；中间一排是模型的常数项估计值及模型描述；最下面一排是模型剔除，引入的历史过程，可点击每个圆点查看过程. 该题直接点击 All Steps，结果为如图 5.4.1 所示，模型为

$$\hat{y} = -117.497 + 4.975x_3 + 21.479x_{10} - 11.264x_{11},$$

所有系数显著，方程 $F = 34.0764$，相伴概率为 $p = 2.5261E-009$，几乎为 0，模型线性关系显著，决定系数为 $R^2 = 0.791069$，调整的决定系数为 0.767854，拟合较好.

5.4.2 非线性回归

非线性回归主要指不能化为线性的一种回归，当然也可以包含能化为线性关系的非线性

回归. 对于非线性方程的系数估计通常采用最小二乘估计, 又称为非线性最小二乘回归, 具体的参数估计方法这里略去. 主要介绍软件中实现的命令.

参数估计的 MATLAB 实现命令为:

[beta,r,J,COVB,mse]=nlinfit(X,y,fun,beta0).

非线性方程由 $y=f(beta,x)$ 给出, 需提前定义, beta0 为系数初值; 输出的 beta 即为参数的估计值, r 为残差, J 为 Jacobian 矩阵, COVB 为参数估计的协方差阵, mse 为均方误差.

命令 ci=nlparci(beta,r,J,alpha) 则返回系数的 100(1-alpha)% 的置信区间.

命令 [ypred,delta]=nlpredci(fun,x,beta,r,J) 返回模型在 x 处的预测值 ypred 及其 100(1-alpha)% 的置信区间[ypred-delta, ypred-delta].

命令 nlintool(X,y,fun,beta0,alpha,'xname','yname') 给出 X,y 的非线性最小二乘法的曲线拟合图及其 100(1-alpha)% 的置信区间, 标出变量 X,y 的名称'xname','yname'.

例 5.4.2　在化工生产获得的氯气的级分 y 随生产时间 x 下降, 假定在 $x \geqslant 8$ 时, y 与 x 之间有关系 $y=a+(0.49-a)\mathrm{e}^{-b(x-8)}$. 现观测样本 43 个 (数据见本例程序), 求 a,b 的值及其 95% 置信区间, 并显示出拟合的曲线. a,b 的初始值分别为 0.3,0.02.

解　例 5.4.2 实现程序:

```
%定义模型函数
function yhat=fun542(beta0,x)
a=beta0(1);b=beta0(2);yhat=a+(0.49-a)*exp(-b*(x-8));
%定义结束, 请保存在软件默认的读取路径上
>>x=[8.00    8.00    10.00   10.00   10.00   10.00   12.00   12.00   12.00   14.00   14.00
     14.00   16.00   16.00   16.00   18.00   18.00   20.00   20.00   20.00   20.00   22.00
     22.00   24.00   24.00   24.00   26.00   26.00   26.00   28.00   28.00   30.00   30.00
     30.00   32.00   32.0    34.00   36.00   36.00   38.00   38.00   40.00   42.00]';
>>y=[0.49    0.49    0.48    0.47    0.48    0.47    0.46    0.46    0.45    0.43    0.45
     0.43    0.43    0.44    0.43    0.43    0.46    0.42    0.42    0.43    0.41    0.41
     0.40    0.42    0.40    0.40    0.41    0.40    0.41    0.41    0.40    0.40    0.40
     0.38    0.41    0.40    0.40    0.41    0.38    0.40    0.40    0.39    0.39]';
>>beta0=[0.30 0.02];   %系数初值
>> [beta,r,j]=nlinfit(x,y,@fun542,beta0);   %系数最小二乘估计值为 beta
>>beta
>>ci=nlparci(beta,r,j)   %求 95％ 置信区间
>>nlintool(x,y,@fun542,beta0,0.05,'生产时间 x','氯气级分 y')   %显示拟合结果和置信区间
```

结果为

beta=0.3896   0.1011

ci=

　　　0.3805   0.3988

　　　0.0771   0.1251

拟合图及置信区间如图 5.4.2 所示.

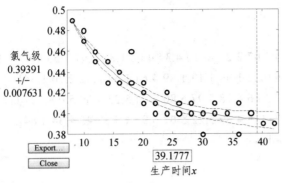

图 5.4.2

在图 5.4.2 中，中间的实线是拟合曲线，两侧的虚线为置信区间. 模型为

$$y = 0.3896 + 0.1004\mathrm{e}^{-0.1011(x-8)}.$$

5.4.3 Theil 非参数回归

对于模型 $y = \alpha + \beta x + \varepsilon$，给出样本点：$(x_1, y_1), (x_2, y_2), \cdots, (x_n, y_n)$，Theil 方法是寻求斜率 β 使得所有观测值对 (x_i, y_i) 和 (x_j, y_j) 拟合回归直线后的残差之差的正负号相等. 我们可能无法恰好求出一个这样的 β，根据 Kendall 相关系数定义，可以取 $C_n^2 = \dfrac{n(n-1)}{2}$ 个斜率 $\dfrac{Y_i - Y_j}{X_i - X_j}$ 的中位数作为对斜率 β 的估计，即

$$\hat{\beta} = \operatorname*{median}_{1 \leqslant i < j \leqslant n}\left(\frac{Y_i - Y_j}{X_i - X_j}\right),$$

而 α 的估计很自然为

$$\hat{\alpha} = \operatorname{median}(Y_j - \hat{\beta}X_j, j = 1, 2, \cdots, n)$$

系数 β 是否等于 β_0，我们可以用 Kendall 相关系数来检验，置信区间则可以根据 C_n^2 个斜率 $\dfrac{Y_i - Y_j}{X_i - X_j}$ 来进行估计.

例 5.4.3 设现有下列 25 个观测值，见表 5.4.2. 请建立它们之间的 Theil 回归.

表 5.4.2 例 5.4.3 数据

x	y	x	y	x	y	x	y	x	y
0.84	5.46	1.88	5.23	1.39	4.69	4.02	6.34	2.7	4.34
0.46	5.8	1.97	4.6	1.13	5.22	0.22	6.05	−0.1	5.97
1.64	4.87	1.53	5	1.89	5.07	3.46	2.97	4.09	7.6
2.07	3.66	0.92	5.27	4.64	6.97	1.54	4.84	2.52	3.45
2.27	4.18	3.49	6.73	1.64	4.42	4.34	6.8	0.65	5.6

解　例 5.4.3 实现程序：

```
>>clear;clc;
>>x=[0.84 0.46 1.64 2.07 2.27 -0.10 4.34 4.02 1.88 1.97 1.53 0.92 3.49
     4.09 0.65 3.46 0.22 1.39 1.13 1.89 4.64 1.64 2.52 2.70 1.54];
>>y=[5.46 5.80 4.87 3.66 4.18 5.97 6.80 6.34 5.23 4.60 5.00 5.27 6.73
     7.60 5.60 2.97 6.05 4.69 5.22 5.07 6.97 4.42 3.45 4.34 4.84];
>>x=x'; y=y';n=length(x);
>>s=0;
>>for i=1: n-1
       for j=(i+1):n
            s=[s (y(j)-y(i))/(x(j)-x(i))];
       end
>>end
>>s;
>>s=s(2:end);b=median(s)
>>a=median(y-b*x)
```

结果为

b=-0.4952　　　a=5.7796

从结果能看出，估计的模型为

$$\hat{y} = 5.7796 - 0.4952x ,$$

为了比较，我们同时估计了普通最小二乘估计，程序为：

```
>>x1=[ones(n,1) x];
>>[bo,bint,r,rint,stats0]=regress(y,x1);   %普通二乘法估计
>>bo
bo= %结果
     4.8167
     0.2092
```

因此，普通最小二乘估计为

$$\hat{y} = 4.8167 + 0.2092x .$$

我们可以用图形直观显示这两条直线，如图 5.4.3 所示.

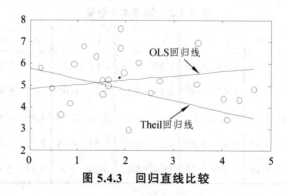

图 5.4.3　回归直线比较

图 5.4.3 实现程序：

```
>>x=sort(x);
>>yt=a+b*x;    %Theil 回归值
>>y0=bo(1)+bo(2)*x;   %普通二乘回归值
>>scatter(x,y);   %原始数据散点图
>>hold on
>>plot(x,yt)   %Theil 回归直线
>>plot(x,y0)   %OLS 回归直线
>>hold off
```

从方程和图 5.4.3 能看出，两条回归直线差别较大，Theil 回归线斜率是小于 0 的，而普通二乘回归线的斜率是大于 0 的. 但从散点图看，变量 x, y 间可能是负的关系，随自变量的增大因变量有减小的趋势，普通二乘回归将 x, y 间的关系描述为正的关系，可能和异常点有关，我们可以进一步分析普通最小二乘回归法的残差，实现程序为：

```
>>stats=regstats(y,x,'linear');   %模型诊断,结果含有 20 个量或值
>>r=stats.r;   %提取普通残差
>>r1=stats.standres;   %提取标准化残差
>>r2=stats.studres;   %提取学生化残差
>>L=stats.leverage;   %提取杠杆值
>>cook=stats.cookd;   %提取库克距离
>>dw=stats.dwstat   %提取 DW 值
>>disp('普通残差 标准化残差 学生化残差 杠杆值 库克距离')
>>zd=[r r1 r2 L cook]   %集中显示结果
>>se=sqrt(stats0(4));   %回归标准差
>>xx=1:n;
>>scatter(xx,r)   %普通残差散点图
>>hold on
>>scatter(xx,r1,'k')   %标准化残差散点图
>>scatter(xx,r2,'r')   %学生化残差散点图
>>plot([0 n],[-2*se -2*se])   %2 倍标准差下界
>>plot([0 n],[2*se 2*se])   %2 倍标准差上界
>>hold off
```

结果为

dw=

      dw: 1.6907

     pval: 0.3137

普通残差 标准化残差 学生化残差 杠杆值 库克距离

zd=

0.4675	0.4342	0.4264	0.0746	0.0076
0.8870	0.8353	0.8296	0.0998	0.0387

-0.2898	-0.2648	-0.2594	0.0439	0.0016
-1.5898	-1.4496	-1.4873	0.0400	0.0438
-1.1116	-1.0142	-1.0149	0.0412	0.0221
1.1742	1.1374	1.1451	0.1494	0.1137
1.0753	1.0510	1.0535	0.1646	0.1088
0.6822	0.6543	0.6459	0.1322	0.0326
0.0199	0.0182	0.0178	0.0407	0.0000
-0.6289	-0.5735	-0.5649	0.0401	0.0069
-0.1368	-0.1252	-0.1225	0.0464	0.0004
0.2608	0.2416	0.2366	0.0702	0.0022
1.1831	1.1076	1.1133	0.0893	0.0602
1.9276	1.8558	1.9683	0.1389	0.2778
0.6473	0.6050	0.5965	0.0864	0.0173
-2.5706	-2.4039	-2.7170	0.0873	0.2763
1.1873	1.1302	1.1374	0.1193	0.0865
-0.4175	-0.3828	-0.3755	0.0503	0.0039
0.1669	0.1538	0.1505	0.0600	0.0008
-0.1421	-0.1296	-0.1268	0.0406	0.0004
1.1825	1.1807	1.1914	0.1994	0.1735
-0.7398	-0.6760	-0.6678	0.0439	0.0105
-1.8940	-1.7317	-1.8162	0.0453	0.0711
-1.0416	-0.9548	-0.9529	0.0501	0.0240
-0.2989	-0.2734	-0.2679	0.0461	0.0018

和图 5.4.4：

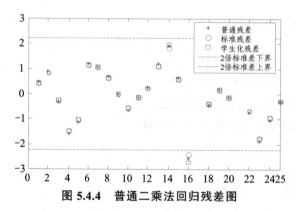

图 5.4.4　普通二乘法回归残差图

从结果能看出，数据中可能存在异常值（如第 16 个数据），因此，在普通最小二乘回归中，这些点把直线拉向自己，改变直线的斜率.

5.4.4　主成分回归

主成分回归主要是为了解决自变量之间具有高度相关的回归方法之一，另外，常用的还有岭回归和偏最小二乘回归. 首先介绍主成分回归.

1）主成分回归

对于模型 $Y = X\beta + \varepsilon, \varepsilon \sim N(0, \sigma^2 I_n)$，其中 X 为 $n \times p$ 设计矩阵. 记 X^*, Y^* 分别为矩阵 X 和 Y 的中心标准化矩阵，建立主成分回归模型的主要步骤为：

(1) 计算特征根和特征向量.

记 $\dfrac{1}{n-1} X^{*'} X^* = R$ 为相关系数矩阵，其特征根为 $\lambda_1 \geqslant \lambda_2 \geqslant \cdots \geqslant \lambda_p > 0$，特征根的规范化特征向量记作 $l_{i1}, l_{i2}, \cdots, l_{ip} (i = 1, \cdots, p)$，这里 l_{i1} 是 p 维列向量，其分量是特征根 λ_1 的规范化特征向量，则矩阵 $P = (l_{i1}, l_{i2}, \cdots, l_{ip})(i = 1, \cdots, p)$ 正交阵，即有 $P'P = I$.

(2) 计算主成分得分.

令 $Z = XP$，其中 Z 为 $n \times p$ 矩阵，即主成分得分. 若记 $Z = (Z_1, Z_2, \cdots, Z_p)$，这里 Z_j 为 $n \times 1$ 维向量，是第 j 个主成分，则它的样本值为

$$Z_{ij} = l_{1j} x_{i1}^* + l_{2j} x_{i2}^* + \cdots + l_{pj} x_{ip}^*, i = 1, 2, \cdots, n; j = 1, 2, \cdots, p.$$

(3) 根据主成分的累计贡献率选取主成分个数，不妨记为 $k(k \leqslant p)$ 个，这样就得到了 k 个主成分 $Z_1, Z_2, \cdots, Z_k$ 与 $x_1^*, x_2^* \cdots, x_p^*$ 之间的关系.

(4) 建立 Y^* 与 $Z_1, Z_2, \cdots, Z_k$ 之间的回归模型，然后代入 $Z_1, Z_2, \cdots, Z_k$ 与 $x_1^*, x_2^* \cdots, x_p^*$ 之间的关系，从而得到 Y^* 与 $x_1^*, x_2^* \cdots, x_p^*$ 之间的回归模型.

(5) 通过中心标准化变换的逆变换得到 Y 与 $x_1, x_2 \cdots, x_p$ 之间的回归模型.

MATLAB 主要实现命令：

R=corrcoef(x1);　%求数据 x 的相关系数矩阵

[COEFF,latent,explained]=pcacov(R);　%利用主成分的 MATLAB 函数 pcacov, 返回值 COEFF 为特征值的规范化特征向量, latent 为特征向量, explained 为方差贡献率.

我们也可以参考另外的命令：

[COEFF,SCORE,latent,tsquare]=princomp(x),
详细解释请看软件帮助.

另外因子分析的函数命令为：

[lambda,psi,T,stats,F]=factoran(x,m).

例 5.4.4 考察进口总额 Y 与国内生产总值 x_1, 存储量 x_2, 总消费量 x_3（单位均为 10 亿法郎）之间的关系. 现收集了 1949—1959 年共 11 年的数据（见表 5.4.3），试建立它们之间的定量关系式.

表 5.4.3　例 5.4.4 数据

年份	x_1	x_2	x_3	y	年份	x_1	x_2	x_3	y
1949	149.3	4.2	108.1	15.9	1955	202.1	2.1	146	22.7
1950	161.2	4.1	114.8	16.4	1956	212.4	5.6	154.1	26.5
1951	171.5	3.1	123.2	19	1957	226.1	5	162.3	28.1
1952	175.5	3.1	126.9	19.1	1958	231.9	5.1	164.3	27.6
1953	180.8	1.1	132.1	18.8	1959	239	0.7	167.6	26.3
1954	190.7	2.2	137.7	20.4					

解　我们首先判断自变量之间是否存在多重共线性问题, 然后建立标准化的因变量与主成分得分间的回归模型, 最后通过逆变换求得因变量与自变量的回归模型, 例 5.4.4 的具体实现程序为:

```
>>x=[];   %请把自变量数据按一个变量一列输入
>>y=[15.9 16.4 19 19.1 18.8 20.4 22.7 26.5 28.1 27.6 26.3]';
>>n=length(y);p=3;
>>x1=zscore(x);   %将数据标准化
%下面首先根据条件数, 方差膨胀因子, 容许度等判断变量间是否有多重共线性
>>R=corrcoef(x1);   %求数据 x1 的相关系数矩阵或 R=corrcoef(x),它们相等,或等于
                    x1'*x1*(1/(n-1))
>>ki=cond(R)   %求 r 的条件数
>>VIFj=diag(inv(R))   %求 xj 的方差膨胀因子, 其大于 5 甚至 10 以上, 说明 xj 与其他自
                      变量间有中等或较强的多重共线性
>>VIF_mean=sum(VIFj)/p   %求平均方差膨胀因子, 其大于 1 时说明 p 个自变量间有较
                         强的多重共线性
>>Tolj=1./diag(inv(R))   %它是方差膨胀化因子的倒数, 越小, 表明自变量共线性越强.
                         小于 0.1, 说明高度共线性.
```

结果为

ki=742.9346	VIF_mean=124.3755
VIFj=	Tolj=
185.9975	0.0054
1.0189	0.9814
186.1100	0.0054

从结果能看出, 存在严重的多重共线性问题.

```
%下面决定主成分数目及计算主成分得分
>> [COEFF,latent,explained]=pcacov(R);   %利用主成分的 MATLAB 函数 pcacov
>>nn=length(latent);
%画碎石图
>>plot(1:nn,latent,'ko',1:nn,latent,'k-')
xlabel('n');ylabel('\lambda');
%判断是否累计贡献率大于等于80%, 选取主成分
>>sumrate=0;
>>for k=1:nn
    sumrate=sumrate+explained(k)/100;
    if sumrate>0.80 break;
    end
>>end
>>k   %提取的主成分个数
>>sum(explained(1:k))   %主成分的实际累计和
```

>>COEFF1=COEFF(:,1:k)　%提取达到贡献率80%的主成分系数

>>z=x1*COEFF1;　%计算各主成分得分

结果为

k=2　%主成分数目

ans=99.9103　%实际方差累计贡献率

%碎石图省略

%下面建立标准化数据的回归方程

>>y1=zscore(y);　%将数据 y 标准化

>> [b,bint,r,rint,stats]=regress(y1,z);

>>b;　%y1 与 z 回归系数

>>dinv=diag([std(y)/std(x(:,1)) std(y)/std(x(:,2)) std(y)/std(x(:,3))]);　%逆变换

>>bb=dinv*COEFF1*b;　%最终回归系数

>>bb0=mean(y)-mean(x)*bb;　%最终常数项

>>coff=[bb0 bb']　%回归模型的常数项及各自变量的系数

结果为

coff=-9.1301　　0.0728　　0.6092　　0.1063

从结果能看出, 建立的主成分回归模型为

$$\hat{y} = -9.1301 + 0.0728x_1 + 0.6092x_2 + 0.1063x_3.$$

2）岭回归

岭回归中确定岭参数 k 的方法目前还没有满意的, 这里就略去介绍, 在软件中相关的命令是

$$b=ridge(y,X,k),$$

详细解释请参考软件帮助.

3）偏最小二乘回归

考虑 p 个因变量 $y_1, y_2, \cdots, y_p$ 与 m 个自变量 $x_1, x_2, \cdots, x_m$ 的建模问题. 偏最小二乘回归的基本做法是：首先在自变量集中提出第一成分 u_1（u_1 是 $x_1, \cdots, x_m$ 的线性组合, 且尽可能多地提取原自变量集中的变异信息）；同时在因变量集中也提取第一成分 v_1, 并要求 u_1 与 v_1 的相关程度达到最大. 然后建立因变量 $y_1, \cdots, y_p$ 与 u_1 的回归, 如果回归方程已达到满意的精度, 则算法中止, 否则继续第二对成分提取, 直到达到满意的精度为止. 若最终对自变量集提取 r 个成分 $u_1, u_2, \cdots, u_r$, 偏最小二乘回归将通过建立 $y_1, \cdots, y_p$ 与 $u_1, u_2, \cdots, u_r$ 的回归式, 然后再表示为 $y_1, \cdots, y_p$ 与原自变量的回归方程式, 即偏最小二乘回归方程式.

为了方便起见, 不妨假定 p 个因变量 $y_1, \cdots, y_p$ 与 m 个自变量 $x_1, \cdots, x_m$ 均为标准化变量. 自变量组和因变量组的 n 个标准化观测数据矩阵分别记为

$$A = \begin{bmatrix} a_{11} & \cdots & a_{1m} \\ \vdots & & \vdots \\ a_{n1} & \cdots & a_{nm} \end{bmatrix}, \quad B = \begin{bmatrix} b_{11} & \cdots & b_{1p} \\ \vdots & & \vdots \\ b_{n1} & \cdots & b_{np} \end{bmatrix}.$$

偏最小二乘回归分析建模的具体步骤如下：

(1) 分别提取两变量组的第一对成分，使之相关性达到最大.

假设从两组变量分别提取的第一对成分为 u_1 和 v_1，u_1 是自变量 $X = [x_1, \cdots, x_m]^T$ 的线性组合

$$u_1 = \alpha_{11} x_1 + \cdots + \alpha_{1m} x_m = \rho^{(1)T} X ;$$

v_1 是因变量集 $Y = [y_1, \cdots, y_p]^T$ 的线性组合

$$v_1 = \beta_{11} y_1 + \cdots + \beta_{1p} y_p = \gamma^{(1)T} Y .$$

为了回归分析的需要，要求 u_1 和 v_1 各自尽可能多地提取所在变量组的变异信息，同时使 u_1 和 v_1 的相关程度达到最大.

由两组变量集的标准化观测数据矩阵 A 和 B，可以计算第一对成分的得分向量，记为 $\hat{u}_1$ 和 $\hat{v}_1$：

$$\hat{u}_1 = A\rho^{(1)} = \begin{bmatrix} a_{11} & \cdots & a_{1m} \\ \vdots & & \vdots \\ a_{n1} & \cdots & a_{nm} \end{bmatrix} \begin{bmatrix} \alpha_{11} \\ \vdots \\ \alpha_{1m} \end{bmatrix}, \quad \hat{v}_1 = B\gamma^{(1)} = \begin{bmatrix} b_{11} & \cdots & b_{1p} \\ \vdots & & \vdots \\ b_{n1} & \cdots & b_{np} \end{bmatrix} \begin{bmatrix} \beta_{11} \\ \vdots \\ \beta_{1p} \end{bmatrix}.$$

第一对成分 u_1 和 v_1 的协方差 $\text{Cov}(u_1, v_1)$ 可用第一对成分的得分向量 $\hat{u}_1$ 和 $\hat{v}_1$ 的内积来计算. 故而以上两个要求可化为数学上的条件极值问题：

$$\max(\hat{u}_1 \cdot \hat{v}_1) = (A\rho^{(1)} \cdot B\gamma^{(1)}) = \rho^{(1)T} A^T B \gamma^{(1)} ,$$

$$\text{s.t.} \begin{cases} \rho^{(1)T} \rho^{(1)} = \left\| \rho^{(1)} \right\|^2 = 1, \\ \gamma^{(1)T} \gamma^{(1)} = \left\| \gamma^{(1)} \right\|^2 = 1. \end{cases}$$

利用 Lagrange 乘数法，问题化为求单位向量 $\rho^{(1)}$ 和 $\gamma^{(1)}$，使

$$\theta_1 = \rho^{(1)T} A^T B \gamma^{(1)}$$

达到最大. 问题的求解只需通过计算 $m \times m$ 矩阵 $M = A^T B B^T A$ 的特征值和特征向量，且 M 的最大特征值为 θ_1^2，相应的单位特征向量就是所求的解 $\rho^{(1)}$，而 $\gamma^{(1)}$ 可由 $\rho^{(1)}$ 计算得到

$$\gamma^{(1)} = \frac{1}{\theta_1} B^T A \rho^{(1)} .$$

(2) 建立 $y_1, \cdots, y_p$ 对 u_1 的回归及 $x_1, \cdots, x_m$ 对 u_1 的回归.

假定回归模型为

$$\begin{cases} A = \hat{u}_1 \sigma^{(1)T} + A_1, \\ B = \hat{u}_1 \tau^{(1)T} + B_1, \end{cases}$$

其中 $\sigma^{(1)} = [\sigma_{11}, \cdots, \sigma_{1m}]^T$，$\tau^{(1)} = [\tau_{11}, \cdots, \tau_{1p}]^T$ 分别是多对一的回归模型中的参数向量，A_1 和 B_1 是残差阵. 回归系数向量 $\sigma^{(1)}, \tau^{(1)}$ 的最小二乘估计为

$$\begin{cases} \sigma^{(1)} = A^{\mathrm{T}}\hat{u}_1 / \|\hat{u}_1\|^2, \\ \tau^{(1)} = B^{\mathrm{T}}\hat{u}_1 / \|\hat{u}_1\|^2, \end{cases}$$

称 $\sigma^{(1)}, \tau^{(1)}$ 为模型效应负荷量.

(3) 用残差阵 A_1 和 B_1 代替 A 和 B 重复以上步骤.

记 $\hat{A} = \hat{u}_1 \sigma^{(1)\mathrm{T}}$, $\hat{B} = \hat{u}_1 \tau^{(1)\mathrm{T}}$, 则残差阵 $A_1 = A - \hat{A}$, $B_1 = B - \hat{B}$. 如果残差阵 B_1 中元素的绝对值近似为 0, 则认为用第一个成分建立的回归式精度已满足需要了, 可以停止抽取成分; 否则用残差阵 A_1 和 B_1 代替 A 和 B 重复以上步骤即得

$$\rho^{(2)} = [\alpha_{21}, \cdots, \alpha_{2m}]^{\mathrm{T}}, \quad \gamma^{(2)} = [\beta_{21}, \cdots, \beta_{2p}]^{\mathrm{T}},$$

而 $\hat{u}_2 = A_1 \rho^{(2)}$, $\hat{v}_2 = B_1 \gamma^{(2)}$ 为第二对成分的得分向量, 且

$$\sigma^{(2)} = A_1^{\mathrm{T}}\hat{u}_2 / \|\hat{u}_2\|^2, \quad \tau^{(2)} = B_1^{\mathrm{T}}\hat{u}_2 / \|\hat{u}_2\|^2$$

分别为 X, Y 的第二对成分的负荷量. 这时有

$$\begin{cases} A = \hat{u}_1 \sigma^{(1)\mathrm{T}} + \hat{u}_2 \sigma^{(2)\mathrm{T}} + A_2, \\ B = \hat{u}_1 \tau^{(1)\mathrm{T}} + \hat{u}_2 \tau^{(2)\mathrm{T}} + B_2. \end{cases}$$

(4) 设 $n \times m$ 数据阵 A 的秩为 $r \leq \min(n-1, m)$, 则存在 r 个成分 $u_1, u_2, \cdots, u_r$, 使得

$$\begin{cases} A = \hat{u}_1 \sigma^{(1)\mathrm{T}} + \cdots + \hat{u}_r \sigma^{(r)\mathrm{T}} + A_r, \\ B = \hat{u}_1 \tau^{(1)\mathrm{T}} + \cdots + \hat{u}_r \tau^{(r)\mathrm{T}} + B_r. \end{cases}$$

把 $u_k = \alpha_{k1} x_1 + \cdots + \alpha_{km} x_m$ ($k = 1, 2, \cdots, r$), 代入 $Y = u_1 \tau^{(1)} + \cdots + u_r \tau^{(r)}$, 即得 p 个因变量的偏最小二乘回归方程式

$$y_j = c_{j1} x_1 + \cdots + c_{jm} x_m, \quad j = 1, 2, \cdots, p.$$

(5) 交叉有效性检验.

一般情况下, 偏最小二乘法并不需要选用存在的 r 个成分 $u_1, u_2, \cdots, u_r$ 来建立回归式, 而像主成分分析一样, 只选用前 l 个成分 ($l \leq r$), 即可得到预测能力较好的回归模型. 对于建模所需提取的成分个数 l, 可以通过交叉有效性检验来确定.

每次舍去第 i 个观测数据 ($i = 1, 2, \cdots, n$), 对余下的 $n-1$ 个观测数据用偏最小二乘回归方法建模, 并考虑抽取 h ($h \leq r$)个成分后拟合的回归式, 然后把舍去的自变量组的第 i 个观测数据代入所拟合的回归方程式, 得到 $y_j (j = 1, 2, \cdots, p)$ 在第 i 个观测点上的预测值 $\hat{b}_{(i)j}(h)$. 对 $i = 1, 2, \cdots, n$ 重复以上验证, 即得抽取 h 个成分时第 j 个因变量 $y_j (j = 1, 2, \cdots, p)$ 的预测误差平方和:

$$\mathrm{PRESS}_j(h) = \sum_{i=1}^{n} (b_{ij} - \hat{b}_{(i)j}(h))^2, \quad j = 1, 2, \cdots, p,$$

$Y = [y_1, \cdots, y_p]^{\mathrm{T}}$ 的预测误差平方和为

$$\mathrm{PRESS}(h) = \sum_{i=1}^{p} \mathrm{PRESS}_j(h).$$

另外, 再采用所有的样本点, 拟合含 h 个成分的回归方程. 这时, 记第 i 个样本点的预测

值为 $\hat{b}_{ij}(h)$，则可以定义 y_j 的误差平方和为

$$SS_j(h) = \sum_{i=1}^{n}(b_{ij} - \hat{b}_{ij}(h))^2 .$$

又记 $SS(h) = \sum_{j=1}^{p} SS_j(h)$，当 $PRESS(h)$ 达到最小值时，对应的 h 即为所求的成分个数 l. 通常，总有 $PRESS(h)$ 大于 $SS(h)$，而 $SS(h)$ 则小于 $SS(h-1)$. 因此，在提取成分时，总希望比值 $PRESS(h)/SS(h-1)$ 越小越好. 一般可设定限制值为 0.05，即当

$$PRESS(h)/SS(h-1) \leqslant (1-0.05)^2 = 0.95^2$$

时，增加成分 u_h 有利于模型精度的提高. 或者反过来说，当

$$PRESS(h)/SS(h-1) > 0.95^2$$

时，就认为增加新的成分 u_h 对减少方程的预测误差无明显的改善作用. 为此，定义交叉有效性为

$$Q_h^2 = 1 - PRESS(h)/SS(h-1),$$

这样，在建模的每一步计算结束前，均进行交叉有效性检验，如果在第 h 步有

$$Q_h^2 < 1 - 0.95^2 = 0.0985,$$

则模型达到精度要求，可停止提取成分；若 $Q_h^2 \geqslant 0.0975$，表示第 h 步提取的 u_h 成分的边际贡献显著，应继续第 $h+1$ 步计算.

MATLAB 工具箱中偏最小二乘回归命令为

plsregress

[XL,YL,XS,YS,BETA,PCTVAR,MSE,stats]=plsregress (X,Y,ncomp).

其中 X 为 $n \times m$ 的自变量数据矩阵，每一行对应一个观测，每一列对应一个变量；Y 为 $n \times p$ 的因变量数据矩阵，每一行对应一个观测，每一列对应一个变量；ncomp 为成分的个数，ncomp 的默认值为 min(n-1,m). 返回值 XL 对应于 $\hat{\sigma}_i$ 的 m × ncomp 的负荷量矩阵，它的每一行对应于步骤（3）中第一式的回归表达式；YL 对应于 $\hat{\tau}_i$ 的 p × ncomp 矩阵，它的每一行对应于步骤（3）中第二式的回归表达式；XS 对应于 $\hat{u}_i$ 的得分矩阵，MATLAB 工具箱中对应于步骤（1）中条件极值问题的特征向量 $\rho^{(i)}$ 不是取为单位向量，而是取为使得每个 $\hat{u}_i$ 对应的得分向量是单位向量，且不同的得分向量是正交的；YS 对应于 $\hat{v}_i$ 的得分矩阵，它的每一列不是单位向量，列与列之间也不正交；BETA 的每一列对应于步骤（4）中最后的回归表达式；PCTVAR 是一个两行矩阵，第一行的每个元素对应着自变量提出成分的贡献率，第二行的每个元素对应着因变量提出成分的贡献率；MSE 是一个两行矩阵，第一行的第 j 个元素对应着自变量与它的前 $j-1$ 个提出成分之间回归方程的剩余标准差，第二行的第 j 元素对应着因变量与它的前 $j-1$ 个提出成分之间回归方程的剩余标准差；stats 返回 4 个值，其中返回值 stats.W 的每一列对应着特征向量 $\rho^{(i)}$，这里的特征向量不是单位向量.

例 5.4.5 兰纳胡德（Linnerud）给出的关于体能训练的数据见表 5.4.4. 在这个数据系统

中被测的样本点, 是某健身俱乐部的 20 位中年男子. 被测变量分为两组: 第一组是身体特征指标 X, 包括体重、腰围、脉搏; 第二组变量是训练结果指标 Y, 包括单杠、弯曲、跳高. 请进行偏最小二乘回归建模.

表 5.4.4　例 5.4.5 数据

体重	腰围	脉搏	单杠	弯曲	跳高	体重	腰围	脉搏	单杠	弯曲	跳高
191	36	50	5	162	60	189	37	52	2	110	60
193	38	58	12	101	101	162	35	62	12	105	37
189	35	46	13	155	58	182	36	56	4	101	42
211	38	56	8	101	38	167	34	60	6	125	40
176	31	74	15	200	40	154	33	56	17	251	250
169	34	50	17	120	38	166	33	52	13	210	115
154	34	64	14	215	105	247	46	50	1	50	50
193	36	46	6	70	31	202	37	62	12	210	120
176	37	54	4	60	25	157	32	52	11	230	80
156	33	54	15	225	73	138	33	68	2	110	43

解　例 5.4.5 实现程序:

```
>> A=[];    %请把数据按一个变量一列输入这里的中括号中
>>x=A(:,1:3);y=A(:,4:6);p=3;    %自变量个数
>>x1=zscore(x);y1=zscore(y);
>> [XL,YL,XS,YS,BETA,PCTVAR,MSE,stats]=plsregress(x1,y1);
>>PCTVAR
PCTVAR= %结果
    0.6948    0.2265    0.0787
    0.2094    0.0295    0.0377
```

从结果能看出, 由自变量提出的第 k 个成分 u_k 可解释自变量变差的比例分别为 69.48%, 22.65%, 7.87%, 而 u_k 可解释因变量变差的比例分别为 20.94%, 2.95%, 3.77%, 由此可见, u_2, u_3 对因变量的解释能力已经非常弱了. 因此初步可以看出, 只抽取一个主成分就足够了, 作为方法的学习, 这里抽取两个主成分建立模型.

```
>> [XL,YL,XS,YS,BETA,PCTVAR,MSE,stats]=plsregress(x1,y1,2);
>>BETA(1,:)=[]    %删除矩阵 BETA 第一行
>>C1=diag([std(y(:,1))/std(x(:,1)) std(y(:,1))/std(x(:,2)) std(y(:,1))/std(x(:,3))]);    %逆变换
>>C2=diag([std(y(:,2))/std(x(:,1)) std(y(:,2))/std(x(:,2)) std(y(:,2))/std(x(:,3))]);    %逆变换
>>C3=diag([std(y(:,3))/std(x(:,1)) std(y(:,3))/std(x(:,2)) std(y(:,3))/std(x(:,3))]);    %逆变换
>>cof1=C1*BETA(:,1);    %y₁ 与自变量的回归方程系数
>>C01=mean(y(:,1))-mean(x)*cof1;    %y₁ 与自变量的回归方程常数
>>cof2=C2*BETA(:,2);    %y₁ 与自变量的回归方程系数
>>C02=mean(y(:,2))-mean(x)*cof2;    %y₂ 与自变量的回归方程常数
```

>>cof3=C3*BETA(:,3);　　%y_1 与自变量的回归方程系数

>>C03=mean(y(:,3))-mean(x)*cof3;　　%y_3 与自变量的回归方程常数

>>coff1=[C01;cof1]; coff2=[C02;cof2]; coff3=[C03;cof3];

>>coff=[coff1 coff2 coff3]

结果为

BETA=

-0.0773	-0.1380	-0.0603
-0.4995	-0.5250	-0.1559
-0.1323	-0.0855	-0.0072

coff=

47.0375	612.7674	183.9130
-0.0165	-0.3497	-0.1253
-0.8246	-10.2576	-2.4964
-0.0970	-0.7422	-0.0510

从结果能看出，标准化的因变量组与自变量组之间的回归方程为

$$\tilde{y}_1 = -0.0773\tilde{x}_1 - 0.4995\tilde{x}_2 - 0.1323\tilde{x}_3,$$

$$\tilde{y}_2 = -0.1380\tilde{x}_1 - 0.5250\tilde{x}_2 - 0.0855\tilde{x}_3,$$

$$\tilde{y}_3 = -0.0603\tilde{x}_1 - 0.1559\tilde{x}_2 - 0.0072\tilde{x}_3.$$

将标准化变量 $\tilde{y}_j, \tilde{x}_j (j=1,2,3)$ 分别还原成原始变量 y_j, x_j，得到回归方程

$$y_1 = 47.0375 - 0.0165x_1 - 0.8246x_2 - 0.0970x_3,$$

$$y_2 = 612.7674 - 0.3497x_1 - 10.2576x_2 - 0.7422x_3,$$

$$y_3 = 183.9130 - 0.1253x_1 - 2.4964x_2 - 0.0510x_3.$$

模型的解释与检验等略去.

习题 5

1. 在饲料养鸡增肥的研究中，某研究所提出三种饲料配方：A_1 是以鱼粉为主的饲料，A_2 是以槐树粉为主的饲料，A_3 是以苜蓿粉为主的饲料. 为比较三种饲料的效果，特选 24 只相似的雏鸡随机均分为三组，每组各喂一种饲料，60 天后观察它们的重量. 试验结果如下表所示：

饲料 A	鸡重（克）							
A_1	1 073	1 009	1 060	1 001	1 002	1 012	1 009	1 028
A_2	1 107	1 092	990	1 109	1 090	1 074	1 122	1 001
A_3	1 093	1 029	1 080	1 021	1 022	1 032	1 029	1 048

请比较三种饲料配方下鸡的平均重量是否相等? 如果不等, 请进行多重比较, 同时进行均值的点估计和区间估计. ($\alpha = 0.05$)

2. 一位经济学家对生产电子计算机设备的企业收集了在一年内生产力提高指数(用 0~100 的数表示), 并按过去三年间在科研上和开发上的平均花费分为三类: A_1: 花费少, A_2: 花费中等, A_3: 花费多.

收集的数据如下表所示:

水平	生产力提高指数											
A_1	7.6	8.2	6.8	5.8	6.9	6.6	6.3	7.7	6.0			
A_2	6.7	8.1	9.4	8.6	7.8	7.7	8.9	7.9	8.3	8.7	7.1	8.4
A_3	8.5	9.7	10.1	7.8	9.6	9.5						

请列出方差分析表, 并进行多重比较.

3. 考虑合成纤维收缩率(因子 A)和总拉伸倍数(因子 B)对纤维弹性 Y 的影响. 因子 A 取 4 个水平: $A_1 = 0$, $A_2 = 4$, $A_3 = 8$, $A_4 = 12$; 因子 B 取 4 个水平: $B_1 = 460$, $B_2 = 520$, $B_3 = 580$, $B_4 = 640$. 在每个组合下重复作二次试验, 纤维弹性数据如下:

因子	B_1	B_2	B_3	B_4
A_1	71, 73	72, 73	75, 73	77, 75
A_2	73, 75	76, 74	78, 77	74, 74
A_3	76, 73	79, 77	74, 75	74, 73
A_4	75, 73	73, 72	70, 71	69, 69

问: (1) 因子 A 与因子 B 对纤维弹性 Y 有无影响?

(2) 因子 A 与因子 B 交互作用对纤维弹性 Y 有无影响?

4. 设甲、乙、丙、丁四个工人操作机器 1, 2, 3 各一天, 其产品产量如下表所示, 问工人和机器对产品产量是否有显著影响?

因子	1	2	3
甲	50	63	52
乙	47	54	52
丙	47	57	41
丁	53	58	48

5. 某城三个地区小饭馆的利润各有不同, 但是各个地区本身饭馆的差距是否因地区而变化呢? 一个月中在这三个地区取了样本量分别为 15, 18 和 12 的三组饭馆的月利润(单位: 万元):

地区 1: 15.66 16.06 16.35 22.76 4.28 8.71 11.71 16.48 16.62 19.58 16.27 12.58 14.51 25.15 15.51

地区 2: 28.01 14.73 12.23 16.77 15.04 21.07 25.26 17.77 33.31 17.09 15.41 21.11 25.27 17.88 22.78 15.84 12.09 4.13

地区 3: 19.08 9.31 5.72 15.00 18.62 13.10 13.10 13.96 11.96 12.40 14.51 16.50

从这个数据, 能否看出这三个地区饭馆利润的尺度有所不同?

6. 全国人均消费金额 y (元) 和人均国民收入 x (元) 的数据如下表所示, 请建立它们之间的线性模型, 并对残差进行分析.

年份	x	y	年份	x	y	年份	x	y
1980	460	234.75	1987	1 104	545.40	1994	3 923	1 736.32
1981	489	259.26	1988	1 355	687.51	1995	4 854	2 224.59
1982	525	280.58	1989	1 512	756.27	1996	5 576	2 627.06
1983	580	305.97	1990	1 634	797.08	1997	6 053	2 819.36
1984	692	347.15	1991	1 879	890.66	1998	6 392	2 958.18
1985	853	433.53	1992	2 287	1 063.39			
1986	956	481.36	1993	2 939	1 323.22			

7. 为研究我国人均 GDP 和第一产业增加值 x_1, 第二产业增加值 x_2, 第三产业增加值 x_3 之间的关系 (单位: 均为亿元), 收集了 1990—2004 年的数据, 请建立它们之间的线性方程.

年份	GDP	x_1	x_2	x_3	年份	GDP	x_1	x_2	x_3
1990	18 547.9	5 017.0	7 717.4	5 813.5	1998	78 345.2	14 552.4	38 619.3	25 173.5
1991	21 617.8	5 288.6	9 102.2	7 227.0	1999	82 067.5	14 472.0	40 557.8	27 037.7
1992	26 638.1	5 800.0	11 699.5	9 138.6	2000	89 468.1	14 628.2	44 935.3	29 904.6
1993	34 634.4	6 882.1	16 428.5	11 323.8	2001	97 314.8	15 411.8	48 750.0	33 153.0
1994	46 759.4	9 457.2	22 372.2	14 930.0	2002	105 172.3	16 117.3	52 980.2	36 074.8
1995	58 478.1	11 993.0	28 537.9	17 947.2	2003	117 390.2	16 928.1	61 274.1	39 188.0
1996	67 884.6	13 844.2	33 612.9	20 427.5	2004	136 875.9	20 768.1	72 387.2	43 720.6
1997	74 462.6	14 211.2	37 222.7	23 028.7					

8. 龚珀兹 (Gompertz) 模型是计量经济中的一个常用模型, 用来拟合社会经济现象发展趋势, 龚珀兹曲线形式为: $y_t = k \cdot a^{b^t}$. 其中 k 为变量的增长上限, $0 < a < 1$ 和 $0 < b < 1$ 是未知参数. 当 k 未知时, 龚珀兹模型不能线性化, 可以用非线性最小二乘法求解. 下表的数据是我国民航国内航线里程数据 (单位: 万公里), 请用龚珀兹模型拟合这个数据.

年份	t	y	年份	t	y	年份	t	y
1980	1	11.41	1989	10	30.55	1998	19	100.14
1981	2	13.55	1990	11	34.04	1999	20	99.89
1982	3	13.28	1991	12	38.17	2000	21	99.45
1983	4	12.92	1992	13	53.36	2001	22	103.67
1984	5	15.28	1993	14	68.21	2002	23	106.32
1985	6	17.12	1994	15	69.37	2003	24	103.42
1986	7	21.67	1995	16	78.08	2004	25	115.52
1987	8	24.02	1996	17	78.02			
1988	9	24.55	1997	18	92.06			

9. 40 个国家的 CPI 和 GINI 指数数据如下，请建立自变量为 CPI 的非参数稳健回归模型，同时和普通最小二乘回归模型进行比较.

CPI	GINI	CPI	GINI	CPI	GINI	CPI	GINI	CPI	GINI	CPI	GINI
9.7	25.6	7.3	30	4.8	34	2.9	44.7	7.7	45	8.5	25.8
9.5	24.7	7.1	28.7	4.5	35.8	2.7	39.9	7.5	57.1	7.8	31
9.3	25	6.9	35.9	4.2	35.4	2.6	41	5.1	44.8	5.6	37
9	31.5	6.3	32.7	4	31.6	2.5	49.5	4.9	24.4	5.2	27.3
8.7	36.8	6	28.4	3.9	40.7	2.4	36.1	3.1	41.3	3.7	34.4
8.6	35.2	5.7	70	3.8	29	2.2	42	3	48.5	3.2	51.1
2	36	1.6	50.6	2.1	37.4	1.7	38.1				

10. 为了研究我国香港股市的变化规律，以恒生指数为例，建立回归方程，分析影响股票价格趋势变动的因素. 这里选了 6 个影响股票价格指数的经济变量：

x_1——成交额（百万$），$x_2$——九九金价（$/两），x_3——港汇指数，x_4——人均生产总值（现价$），$x_5$——建筑业总开支（现价百万$），x_6——房地产买卖金额（百万$），$x_7$——优惠利率（最低%），$y$——恒生指数.

年份	y	x_1	x_2	x_3	x_4	x_5	x_6	x_7
1974	172.9	1 1246	681	105.9	1 0183	4 110	1 1242	9
1975	352.94	1 0335	791	107.4	1 0414	3 996	1 2693	6.5
1976	447.67	1 3156	607	114.4	1 3134	4 689	1 6681	6
1977	404.02	6 127	714	110.8	1 5033	6 876	2 2131	4.75
1978	409.51	2 7419	911	99.4	1 7389	8 636	3 1353	4.75
1979	619.71	2 5633	1 231	91.4	2 1715	1 2339	4 3528	9.5
1980	1 121.17	9 5684	2 760	90.8	2 7075	1 6623	7 0752	10
1981	1 506.94	1 05987	2 651	86.3	3 1827	1 9937	1 25989	16
1982	1 105.79	4 6230	2 105	125.3	3 5393	2 4787	9 9468	10.5
1983	933.03	3 7165	3 030	107.4	3 8823	2 5112	8 2478	10.5
1984	1 008.54	4 8787	2 810	106.6	4 6079	2 4414	5 4936	8.5
1985	1 567.56	7 5808	2 649	115.7	4 7871	2 2970	8 7135	6
1986	1 960.06	1 23128	3 031	110.1	5 4372	2 4403	1 29884	6.5
1987	2 884.88	3 71406	3 644	105.8	6 5602	3 0531	1 53044	5
1988	2 556.72	1 98569	3 690	101.6	7 4917	3 7861	2 15033	5.25

11. 请根据下表建立中国民航客运量的主成分回归模型.

y——民航客运量（万人），x_1——国民收入（亿元），x_2——消费额（亿元），x_3——铁路客运量（万人），x_4——民航航线里程（万公里），x_5——来华旅游入境人数（万人）.

年份	y	x_1	x_2	x_3	x_4	x_5
1978	231	3 010	1 888	8 1491	14.89	180.92
1979	298	3 350	2 195	8 6389	16	420.39
1980	343	3 688	2 531	9 2204	19.53	570.25
1981	401	3 941	2 799	9 5300	21.82	776.71
1982	445	4 258	3 054	9 9922	23.27	792.43
1983	391	4 736	3 358	1 06044	22.91	947.7
1984	554	5 652	3 905	1 10353	26.02	1 285.22
1985	744	7 020	4 879	1 12110	27.72	1 783.3
1986	997	7 859	5 552	1 08579	32.43	2 281.95
1987	1 310	9 313	6 386	1 12429	38.91	2 690.23
1988	1 442	1 1738	8 038	1 22645	37.38	3 169.48
1989	1 283	1 3176	9 005	1 13807	47.19	2 450.14
1990	1 660	1 4384	9 663	9 5712	50.68	2 746.2
1991	2 178	1 6557	1 0969	9 5081	55.91	3 335.65
1992	2 886	2 0223	1 2985	9 9693	83.66	3 311.5
1993	3 383	2 4882	1 5949	1 05458	96.08	4 152.7

12. 某学校为研究学生的体质与运动能力的关系, 对 38 名学生的体质情况每人测试了 7 项指标: x_1 (反复横荡次数), x_2 (纵跳高度), x_3 (背力), x_4 (握力), x_5 (踏台升降指数), x_6 (立姿体前屈), x_7 (卧姿上体后仰); 对运动能力情况每人测试了 5 项指标: x_8 (50 米跑), x_9 (1000 米跑), x_{10} (投掷), x_{11} (悬垂次数), x_{12} (持久走), 数据如下表所示:

序号	体质情况							运动能力				
	x_1	x_2	x_3	x_4	x_5	x_6	x_7	x_8	x_9	x_{10}	x_{11}	x_{12}
1	46	55	126	51	75.0	25	72	6.8	489	27	8	360
2	52	55	95	42	81.2	18	50	7.2	464	30	5	348
3	46	69	107	38	98.0	18	74	6.8	430	32	9	186
4	49	50	105	48	97.6	16	60	6.8	362	26	6	331
5	42	55	90	46	66.5	2	68	7.2	453	23	11	391
6	48	61	106	43	78.0	25	58	7.0	405	29	7	389
7	49	60	100	49	90.6	15	60	7.0	420	21	10	379
8	48	63	122	52	56.0	17	68	7.0	466	28	2	362
9	45	55	105	48	76.0	15	61	6.8	415	24	6	386
10	48	64	120	38	60.2	20	62	7.0	413	28	7	398
11	49	52	100	42	53.4	6	42	7.4	404	23	6	400
12	47	62	100	34	61.2	10	62	7.2	427	25	7	407

请用偏最小二乘法建立 5 个运动能力指标与 7 个体质变量的回归方程.

6 随机过程计算与仿真

在客观世界中, 许多随机现象都表现为带随机性的变化过程, 比如某天气温的变化过程, 它不能用一个或几个随机变量来刻画, 而要用一族随机变量来刻画, 这就是随机过程. 顾名思义**随机过程就是把随机变量依赖某参数进行排列**. 随机过程是概率论的继续和发展, 被认为是概率论的"动力学"部分, 它的研究对象是随时间变化的随机现象. 随机过程的理论分析比较复杂, 有时候甚至无法进行, 但通过计算机仿真可以得到很多实际问题的数值解, 因此, 对随机过程的计算机仿真进行研究是非常必要的, 但遗憾的是目前关于这方面的文献比较少. MATLAB 软件是最专业的数值计算软件, 可以进行数据计算, 也擅长进行系统仿真. 本章主要给出了几种重要随机过程的定义及性质, 重点研究随机过程的计算与仿真, 并给出MATLAB 程序.

6.1 随机过程的基本概念

初等概率论所研究的随机现象, 基本上都可由随机变量或随机向量来描述, 然而随着科学技术的发展, 我们必须对一些随机现象的变化过程进行研究, 这就要考虑无穷个随机变量的一次具体观测. 这时必须用一族随机变量 (随机过程) 才能刻画这种随机现象的全部统计规律性. 实际上, **随机过程是随机变量的扩展, 可以看作多维随机变量的延伸**. 现在来看几个具体的例子.

例 6.1.1 生物群体的增长问题. 在描述生物群体的发展和演变过程中, 如果以 $X(t)$ 表示 t 时刻群体的个数, 对每一个 t, $X(t)$ 是一个随机变量, 则 $\{X(t), t \geqslant 0\}$ 是一个随机过程, 可用来刻画种群数量的变化过程.

例 6.1.2 某电话交换台在时间段 $[0, t]$ 内接到的呼唤次数是与 t 有关的随机变量 $X(t)$, 对于固定的 t, $X(t)$ 是一个取自然数值的随机变量, 故 $\{X(t), t \in [0, \infty)\}$ 是随机过程.

在许多现代科学技术领域, 还有许多现象要用一族随机变量来刻画. 我们撇开这些现象的具体意义, 抓住它们在数量上的共性来分析. 所谓一族随机变量, 首先是随机变量, 其次形成一族, 因而它还取决于另一变量, 即还是另一参数的函数, 所以**随机过程就是一个二元函数**. 其精确的数学定义如下:

定义 6.1.1 给定参数集 T 和可测空间 $(S, \mathcal{B})$, 若对每一个 $t \in T$, 都有一个定义在概率空间 $(\Omega, \mathcal{F}, P)$ 上的 $\mathcal{B}$ 可测函数 $X(t, \omega)$ 与它对应, 则称依赖于参数 t 的 $\mathcal{B}$ 可测函数集合 $X = \{X(t, \omega), t \in T\}$ (或简记为 $X = \{X(t), t \in T\}$) 为定义在 $(\Omega, \mathcal{F}, P)$ 上取值于 $(S, \mathcal{B})$ 的随机过程, 简称**随机过程**.

$(S, \mathcal{B})$ 称为随机过程的**状态空间**或**相空间**, S 中的元素称为**状态**.

当 $T = \{0, 1, 2, \cdots\}$ 时, 称之为**随机序列**或**时间序列**, 常记为 $\{X(n), n = 0, 1, 2, \cdots\}$.

从数学观点来说, 随机过程 $X = \{X(t, \omega), t \in T\}$ 是定义在 $T \times \Omega$ 上的二元函数:

(1) 对固定的 t, $X(t, \omega)$ 是概率空间 $(\Omega, \mathcal{F}, P)$ 上的一个随机变量, 其取值随试验结果而变

化, 变化有一定的统计规律, 称为**概率分布**.

(2) 对于固定的样本点 $\omega_0 \in \Omega$, $X(t, \omega_0)$ 就是定义在 T 上的普通函数, 记为 $x(t), t \in T$, 称为随机过程 X 的一个**样本函数**或一条**样本轨道**. 其图像是随机过程的**一条样本曲线（一次实现）**, 样本函数的全体称为样本函数空间.

固定样本点的过程就是对随机过程进行抽样, 即对随机过程 X 进行一次试验, 其结果是 t 的函数, 称为**样本函数**, 所有不同的试验结果构成一族样本函数. **随机过程与其样本函数的关系就像数理统计中总体与样本之间的关系**.

在工程技术、金融保险中有很多随机现象都可用随机过程来描绘, 但这些随机过程很难具体用时间和随机变量的关系式表示出来, 原因在于自然界和社会中产生随机因素的机理十分复杂, 甚至不可能被观测到. 因此对于这样的随机过程, 只有通过分析观察得到的样本函数才能掌握它们随时间变化的统计规律. 随机过程的不同描述方法在本质上一致的, 在理论分析时往往以随机变量族的描述方式作为出发点, 而在实际测量和数据处理中往往采用样本函数族的描述方式, 这两种描述方式在理论和实际上互为补充. 有时, 为了适应数字化的需要, 实际中往往将连续时间随机过程离散化为随机序列进行处理. 在例 6.1.1 中, 假设从 $t = 0$ 开始, 我们只在时间集 $T = \{\Delta t, 2\Delta t, 3\Delta t, \cdots\}$ 上对群体的个数 $X(t)$ 进行观测, 就可得到一个随机序列 $\{X_n = X(n\Delta t), n = 1, 2, \cdots\}$. 当 Δt 充分小时, 这个随机序列能够近似描述连续时间情况下种群的数量.

许多应用问题要求根据观测数据去建立这些数据所来自的随机过程的模型, 为此产生了时间序列分析这一课题, 提出了宽平稳序列的自回归滑动平均（ARMA）模型以及一些非线性模型, 可以这么说, 应用时间序列分析是随机过程的一个重要分支.

为书写方便, 随机过程 $\{X(t), t \in T\}$ 也常简写为 $\{X_t, t \in T\}$. 今后我们对随机过程的几种书写方式不加区分, 读者也许会发现这样很方便, 但又不会增加混乱.

其实, 随机变量 X 就是最简单的随机过程, 时间指标集 $T = \{1\}$, 对其仿真就是从总体 X 随机抽样, 即生成随机数 $x \sim X$. 二维随机变量 (X_1, X_2) 也是非常简单的随机过程, 时间指标集为 $T = \{1, 2\}$.

例 6.1.3 （随机游动） 一个醉汉在路上行走, 以概率 p 前进一步, 以概率 $1 - p$ 后退一步, 假设步长相同, 以 X_t 表示他在 t 时刻在路上的位置, 则 X_t 就是直线上的随机游动.

下面我们对随机游动进行随机模拟, MATLAB 程序如下, 运行结果如图 6.1.1 所示.

```
%随机游动, p=0.5
n=1000;  %醉汉行走的步数
x1=zeros(1,n+1);x=zeros(1,n);
N=binornd(1,0.5,1,n);   %生成 n 个两点分布随机数
for i=1:1:n
    if N(i)==0 x1(i+1)=x1(i)+1;x(i)=x1(i+1);
    else x1(i+1)=x1(i)-1;x(i)=x1(i+1);
    end
end
x   %醉汉的运动轨迹
plot(x)
```

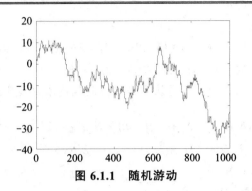

图 6.1.1　随机游动

例 6.1.4（伯努利过程与二项过程）　设 $X = \{X_n, n \in \mathbf{N}\}$ 是一离散时间随机过程，并且 $X_1, \cdots, X_n, \cdots$ 是相互独立的随机变量序列. 如果它们的分布相同，且服从 0-1 分布，则称 X 为**伯努利过程**. 进一步定义，伯努利过程的前 n 项和 $S_n = \sum_{i=1}^{n} X_i$，令 $S_0 = 0$，则称随机变量序列 $S = \{S_n, n \in \mathbf{N}\}$ 为**二项过程**. 它们的时间指标集 T 和状态空间 S 都是离散的，因此伯努利过程与二项过程都是离散时间离散状态的随机过程.

```
n=10;T=[1:1:n];
N=binornd(1,0.5,1,n);    %伯努利过程样本轨迹
S=cumsum(N);    %二项过程样本轨迹
stairs(T,S);    %二项过程样本轨迹梯形图
```

6.2　泊松过程的计算与仿真

泊松过程在物理学、生物学、金融和可靠性理论等领域都有广泛应用. 本节探讨了泊松过程的计算与仿真，借助 MATLAB 语言展开探讨并给出模拟程序.

6.2.1　泊松过程

定义 6.2.1　$\{N(t), t \geq 0\}$ 称为**计数过程**，如果 $N(t)$ 是取非负整数值的随机变量，满足如果 $s \leq t$，则 $N(s) \leq N(t)$.

显然，计数过程 $N_0 = 0$，状态空间 $S = \mathbf{N}^*$，且样本轨道是单调不减的，但不是连续的，而是右连续的. 轨道间断点的跳跃高度永远是 1.

泊松过程是具有独立增量和平稳增量的计数过程，具体定义如下：

定义 6.2.2　称有限值计数过程 $\{N(t), t \geq 0\}$ 为**齐次泊松过程**，简称**泊松过程**，如果

(1)　$P(N(0) = 0) = 1$；

(2)　具有独立增量；

(3)　$\forall s, t \geq 0,\ P\{N(t+s) - N(s) = n\} = \mathrm{e}^{-\lambda t} \dfrac{(\lambda t)^k}{k!}, k = 0, 1, \cdots$.

等价定义：

(1)　$P(N(0) = 0) = 1$；

(2) 具有平稳独立增量;

(3) $\forall t \geqslant 0$, 当 $h \rightarrow 0^+$ 时,　　$P\{N(t+h) - N(t) = 1\} = \lambda h + o(h), \lambda > 0$;

(4) $\forall t \geqslant 0$, 当 $h \rightarrow 0^+$ 时, $P\{N(t+h) - N(t) \geqslant 2\} = o(h)$.

显然, $E[N_t] = D[N_t] = \lambda t$, 于是 λ 可认为是单位时间内事件发生的平均次数.

$$E[N_t N_{t+s}] = E[N_t (N_{t+s} - N_t + N_t)] = E[N_t N_{t,t+s}] + E[N_t^2] = \lambda^2 t(s+t) + \lambda t,$$

$$\operatorname{cov}(N_t, N_{t+s}) = E(N_t N_{t+s}) - E(N_t)E(N_{t+s}) = \lambda^2 t(s+t) + \lambda t - \lambda t \lambda(t+s) = \lambda t,$$

$$\rho(t, t+s) = \frac{\operatorname{cov}(N_t, N_{t+s})}{(DN_t \cdot DN_{t+s})^{1/2}} = \left(\frac{t}{t+s}\right)^{1/2}.$$

$EN_t = DN_t$ 是泊松过程的一个重要特征, 在应用中人们常把被研究过程的方差与期望的比值与 1 比较, 借此对它和齐次泊松模型的吻合程度作出初步的判断.

令 $X_n, (n \geqslant 1)$ 表示 $n-1$ 次事件与第 n 个事件到达时间的间隔, $\{X_n, n \geqslant 1\}$ 称为**到达时间间隔序列**. 用 S_n 表示第 n 个事件出现的时刻, 即 $S_n = X_1 + \cdots + X_n$, 称 S_n 为直到第 n 个事件出现的等待时间, 也称**到达时间**.

由于泊松过程具有独立增量, 所以某一时刻事件到达的情况与这一时刻以前的情况独立. 由于过程有平稳增量, 知其分布也与先前那段时间的过程是一样的, 具有无记忆性, 但从初等概率论中我们知道, 具有无记忆性的连续分布只有指数分布, 这正是下面命题的结论.

定理 6.2.1　计数过程 $\{N(t), t \geqslant 0\}$ 是强度为 λ 的泊松过程的充分必要条件是 $\{X_n, n \geqslant 1\}$ 相互独立且参数同为 λ 的指数分布.

定理 6.2.1 提供了对泊松过程进行计算机模拟的方法, 只需产生 n 个独立指数分布随机数, 将其作为 $X_i, i = 1, 2 \cdots$, 即可得泊松过程的一条样本路径.

方法一: 由定理可知, 强度为 λ 的泊松过程的点间间距 $X_n, n = 1, 2, \cdots$, 独立同分布于 $\operatorname{Exp}(\lambda)$, 基于这一事实, 我们有:

(1) 令 $S_0 = 0$ 和 $t_0 = 0$.

(2) 对于 $n = 1, 2, \cdots$, 生成均匀随机数 u_i, 令 $t_i = -\log u_i / \lambda$, 可知 t_i 为 $\operatorname{Exp}(\lambda)$ 随机数. 令 $S_i = S_{i-1} + t_i$, 则 $\{S_i, i = 1, 2, \cdots\}$ 就是我们要模拟泊松过程的一个实现.

从而由序列 $u_1, \cdots, u_n$ 可实现对 $N(t)$ 过程的模拟:

$$N(t) = \max\left\{n \left| \sum_{k=1}^{n} t_k \leqslant t\right.\right\} = \max\left\{n \left| \sum_{k=1}^{n} \ln u_k \leqslant -\lambda t\right.\right\} = \max\{n \mid u_1 \cdots u_n \leqslant \exp(-\lambda t)\}.$$

因为泊松过程有平稳独立增量, 事件在 $[0, t]$ 的任何相同长度的子区间内发生的概率都是相等的, 所以在已知 $[0, t]$ 内发生了 n 次事件的前提下, 各次事件发生的时刻 $S_1, \cdots, S_n$（不排序）可看作相互独立的 $U[0, t]$. 在 $N(t) = n$ 的条件下 n 个事件的到达时间 $S_1, \cdots, S_n$ 的联合密度等于 n 个独立的 $U[0, t]$ 随机变量的顺序统计量的密度函数.

方法二: 由于 n 个点发生的时间 $S_1, \cdots, S_n$ 与 n 个独立同分布 $U(0, T)$ 的次序统计量有相同的分布, 于是有:

(1) 给定 $T > 0$, 生成 $P(\lambda T)$ 随机数 x.

(2) 假定 $x = n$，独立生成 n 个均匀随机数 $u_1, \cdots, u_n$，由小到大次序排列得 $0 < u_1' < \cdots < u_n' \leqslant 1$. 令 $S_i = Tu_i', i = 1, \cdots, n$，则 $\{S_i, i = 1, 2, \cdots\}$ 就是我们要模拟泊松过程的一个实现.

泊松过程随机模拟的 MATLAB 程序如下:

```
n=1000;   %总共到达的事件数
x1=zeros(1,n+1);x=zeros(1,n);
N=exprnd(1,1,n);   %事件到达的时间间隔
for i=1:1:n
     x1(i+1)=x1(i)+N(i);
     x(i)=x1(i+1);   %第 i 次事件到达的时刻
end
%需找 t 时刻, 泊松过程到达多少次事件 a
t=95;   %小于 x(n)
for i=1:1:n
     if x(i)<t i=i+1;a=i-1;
     else break;   %跳出循环
     end
end
a
```

一条仿真的泊松过程的样本轨道, MATLAB 程序如下:

```
K=10;u=rand(1,K);T=zeros(1,K+1);k=zeros(1,K+1);lambda=1;
for j=1:1:K
     k(j+1)=j;T(j+1)=T(j)-log(u(j))/lambda;
end
stairs(T,k);   %绘制阶梯图形命令
```

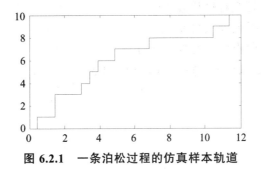

图 6.2.1 一条泊松过程的仿真样本轨道

例 6.2.1 某城市火警中心白天 8: 00 ~ 16: 00 接收报警电话可视为泊松过程, 假如平均每小时有三起报警电话, 试模拟该过程.

解 MATLAB 程序如下, 模拟结果如图 6.2.2 所示.

```
k=input('输入泊松过程记录次数 k=');
d=input('输入远大于期望次数的数字 d=');
t=linspace(0.01,8,k);c=[];
```

```
    for i=1:k
        n=0;b=1;
        for j=1:d
            b=b*rand(1);
            if b>=exp(-3*t(i)) n=n+1;end
        end
        c=[c,n];
    end
plot(t,c,'r*','MarkerSize',5)
```

注: 由于每小时平均有 3 次报警, 共 8 个小时, 故期望报警总次数为 24 次, 因此输入的 d 应远大于 24.

练习: 显然 d 越大, 计算效率越低, 如何利用 while 循环语句克服此缺陷?

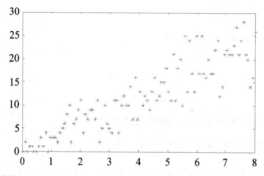

图 6.2.2　$k=100$, $d=100$ 时的（不连续）模拟结果

我们共记录 100 次, 报警次数最多不超过 30 次. 值得注意的是: 本程序 $c(i)$ 表示 $[0, t_i]$ 内的报警次数, 且每次都是重新模拟, 而与上次模拟不连续, 这也是本程序的一个缺陷. 如果想让模拟过程是连续的, 可把程序修改为:

```
k=input('输入泊松过程记录次数 k=');
d=input('输入远大于期望次数的数字 d=');
t=linspace(0.01,8,k);c=zeros(1,k);u=unifrnd(0,1,1,d);
for i=1:k
    n=0;b=1;
    for j=1:d
        b=b*u(j);
        if b>=exp(-3*t(i)) n=n+1;end
    end
    c(i)=n;
end
plot(t,c,'r*','MarkerSize',5)
```

结果见图 6.2.3.

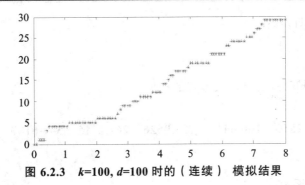

图 6.2.3 $k=100, d=100$ 时的（连续）模拟结果

从图 6.2.3 易见，报警次数是递增的，如果在一条直线上，表示此段时间内报警次数为 0，这符合计数过程的特性，而图 6.2.2 模拟的报警次数忽高忽低．它们的主要区别在于图 6.2.3 用的是一次生成的固定随机数，而图 6.2.2 每次用的随机数都是重新生成的．

6.2.2 复合泊松过程

定义 6.2.3 称 $\{X(t), t \geq 0\}$ 为**复合泊松过程**，如果对于 $t \geq 0$，

$$X(t) = \sum_{k=1}^{N(t)} Y_k, \quad t \geq 0,$$

其中 $\{N(t), t \geq 0\}$ 是强度为 λ 的泊松过程，$\{Y_k, k=1,2,\cdots\}$ 是独立同分布的随机变量序列，且与 $\{N(t), t \geq 0\}$ 独立．

显然，复合泊松过程不一定是计数过程，因为复合泊松过程的取值不一定是自然数，但当 $Y_i \equiv c, i=1,2,\cdots,c$，为常数时，可化为泊松过程．在经典风险模型中，索赔过程经常用一个复合泊松过程来描述．

设 $\{N(t), t \geq 0\}$ 是强度为 $\lambda = 6$ 的泊松过程，$Y_k, k=1,2,\cdots$，是独立同分布于 $\mathrm{Exp}(0.1)$，则复合泊松过程 $X(t) = \sum_{k=1}^{N(t)} Y_k$，$t \geq 0$，的随机模拟为：

(1) 将时间离散化，即 $t=1,2,3,\cdots,n$．

(2) 生成 n 个 $P(6)$ 随机数，记为 $N_1,\cdots,N_n$，N_i 表示时刻 $(i-1,i]$ 内事件发生的次数．

(3) 生成 N_i 个 $\mathrm{Exp}(0.1)$ 随机数，其和 S_i 作为时刻 $(i-1,i]$ 内 $\{X(t)\}$ 的增量．

(4) $X_i = \sum_{j=1}^{n} S_i$ 表示到时刻 n 复合泊松过程的取值．

MATLAB 程序如下：

```
% 模拟复合泊松过程, 指数随机数的参数为其期望
clear;n=10;x=zeros(1,n);s=zeros(1,n);N=poissrnd(6,1,n);
for i=1:1:n
    for j=1:1:N(i)
        y=exprnd(1/0.1,1,N(i)); s(i)=sum(y);
    end
    if i==1 x(i)=s(i);
```

```
        else x(i)=x(i-1)+s(i);
        end
    end
x    %x(i)表示[0,n]时刻复合泊松过程的取值
```

一次模拟结果如下:

x=31.1008　122.2550　160.6413　223.9526　261.2715　347.6187　419.6420　459.1739
567.8098　627.2827

6.2.3　随机服务系统

众所周知, 某些资源、设备或空间的有限性及社会各部门对它们的需求是存在排队现象的主要因素, 而诸如服务机构的管理水平的高低, 服务质量的好坏, 效率如何, 或顾客的无计划性以及其他原因也往往使不该有的排队现象出现. 面对拥挤现象, 人们总是希望尽量设法减少排队. 通常的做法是增加服务设施, 但是增加的数量越多, 人力、物力的支出就越大, 甚至会出现空闲浪费; 如果服务设施太少, 顾客排队等待的时间就会很长, 这样会对顾客产生不良影响, 也会带来社会效益的损失. 顾客排队时间的长短与服务设施规模的大小构成了设计随机服务系统中的一对矛盾. 如何做到既保证一定的服务质量指标, 又使服务设施费用经济合理, 恰当地解决顾客排队时间与服务设施费用大小这对矛盾, 就是**随机服务系统理论——排队论**所要研究解决的问题.

单服务员的排队模型: 在某商店有一个售货员, 顾客陆续来到, 售货员逐个地接待顾客. 当到来的顾客较多时, 一部分顾客就要排队等待, 而被接待后的顾客便离开商店. 设顾客到来间隔时间服从参数为 0.1 的指数分布, 对顾客的服务时间服从 [4,15] 上的均匀分布, 排队按先到先服务规则, 队长无限制. 假定一个工作日为 8 小时, 时间以分钟为单位.

(1) 模拟一个工作日内完成服务的个数及顾客平均等待时间.

(2) 模拟 100 个工作日的每日完成服务的个数及每日顾客的平均等待时间.

假定下述符号说明:

w: 总等待时间;

$c(i)$: 第 i 个顾客的到达时刻;

$b(i)$: 第 i 个顾客开始服务时刻;

$e(i)$: 第 i 个顾客服务结束时刻;

$x(i)$: 第 i-1 个顾客与第 i 个顾客到达之间的时间间隔;

$y(i)$: 对第 i 个顾客的服务时间.

则有

$$c(i)=c(i-1)+x(i),\ e(i)=b(i)+y(i),\ b(i)=\max(c(i),e(i-1)).$$

我们模拟 n 日内完成服务的个数及顾客平均等待时间, 程序如下:

```
n=1;    %模拟的天数
for j=1:1:n
    i=1;w=0;x(i)=exprnd(10);c(i)=x(i);b(i)=x(i);
    while b(i)<=480
```

```
        y(i)=unifrnd(4,15); e(i)=b(i)+y(i); w=w+b(i)-c(i);
        i=i+1;
        x(i)=exprnd(10); c(i)=c(i-1)+x(i); b(i)=max(c(i),e(i-1));
      end
      i=i-1;t(j)=w/i;m(j)=i;
   end
   t     %t 为 n 个工作日的每日平均等待时间
   m     %m 为 n 个工作日的每日完成的顾客数
   mean(t),std(t),mean(m),std(m)
   subplot(1,2,1),histfit(t);
   subplot(1,2,2),histfit(m);
```

当 $n=1$ 时，可得一个工作日内完成服务的个数及顾客平均等待时间，一次模拟结果为 $t=67.7229, m=51$.

当 $n=100$ 时，可得 100 个工作日的每日完成服务的个数及每日顾客的平均等待时间，一次模拟结果如图 6.2.4 所示.

$$mean(t)=25.3078, std(t)=16.6442, mean(m)=43.5800, std(m)=5.1994.$$

即 100 个工作日内完成服务的顾客数为 43.58 人，平均等待时间为 25.3078 分钟.

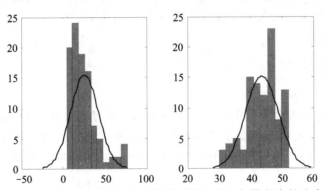

图 6.2.4　100 个工作日每日顾客平均等待时间（左）与服务个数（右）直方图

请读者注意，由于存在随机性，每次模拟结果可能不一样.

思考：如果此商品的售货员为 2 个，其他条件不变，该如何进行计算机仿真?

6.3　马氏链的计算与仿真

有一类随机过程具有无后效性，即要确定过程将来状态的概率分布，只需知道现在的状态即可，并不需要知道系统过去的状态，我们称这类过程为**马尔可夫过程**. 它的状态空间离散也称为**马尔可夫链**（MC）. 近年来，MC 在动态蒙特卡洛计算中发挥着重要作用. 通过模拟特定的 MC 可以得到一些复杂概率分布的样本，进而设计在数据分析、统计计算中的算法.

6.3.1 马氏链的基本概念

定义 6.3.1 定义在 $(\Omega, \mathcal{F}, P)$ 上的随机过程 $X = \{X_n, n \in \mathbf{N}\}$，状态空间为 $S = \{i_0, i_1, \cdots\}$（为讨论方便可记 $S = \{1, 2, 3, \cdots\}$，它是有限的或可列的），对于 $\forall$ 正整数 $n \in T$，$i_0, i_1, i_2, \cdots, i_{n+1} \in S$，有

$$P\{X_{n+1} = i_{n+1} \mid X_0 = i_0, X_1 = i_1, \cdots, X_n = i_n\} = P\{X_{n+1} = i_{n+1} \mid X_n = i_n\},$$

成立，则称 X 为**离散时间 Markov 链**，简称 **Markov 链**（**马氏链**）.

Markov 性是说，如果给定了随机过程的历史和现在信息，去判断系统在将来某个时刻的转移概率，则历史信息无用，起作用的只是现在信息，因此马氏性也简称**无记忆性**.

$$
\begin{aligned}
&P\{X_0 = i_0, X_1 = i_1, \cdots, X_n = i_n\} \\
&= P\{X_n = i_n \mid X_0 = i_0, X_1 = i_1, \cdots, X_{n-1} = i_{n-1}\} P\{X_0 = i_0, X_1 = i_1, \cdots, X_{n-1} = i_{n-1}\} = \cdots \\
&= P\{X_n = i_n \mid X_{n-1} = i_{n-1}\} P\{X_{n-1} = i_{n-1} \mid X_{n-2} = i_{n-2}\} \cdots P\{X_1 = i_1 \mid X_0 = i_0\} P\{X_0 = i_0\}
\end{aligned}
$$

可见 MC 的统计特性完全由初始分布 $P(X_0 = i_0)$ 和条件概率 $P\{X_{n+1} = j \mid X_n = i\}$ 决定，如何确定这个条件概率是 MC 理论和应用的重要问题之一.

定义 6.3.2 称 $p_{ij}^{(k)}(n) = P\{X_{n+k} = j \mid X_n = i\}$ 为 X 在时刻 n 的 k 步转移概率，其中 $i, j \in S$. 如果转移概率与 n 无关，则称为齐 MC，并记 $p_{ij}(n) = p_{ij}$. 一步转移概率简称转移概率.

若无特别声明，本书所指马氏链都是齐次的. 由全概率公式和 Markov 性可得：

定理 6.3.1 设 $\{X_n, n \in \mathbf{N}\}$ 为 Markov 链，则对任意整数 $n \geqslant 0$，$1 \leqslant l < n$ 和 $i, j \in S$，n 步转移概率 $p_{ij}^{(n)}$ 具有下列性质：

(1) $p_{ij}^{(n)} = \sum_{k \in S} p_{ik}^{(l)} p_{kj}^{(n-l)}$；

(2) $P^{(n)} = PP^{(n-1)} = P^n$.

(2) 只是（1）的矩阵表现形式而已.（1）式简称 **C-K 方程**，它在 Markov 链的转移概率计算中起着重要作用. C-K 方程有以下直观意义：马氏链从状态 i 出发，经过 n 步转移到状态 j，可以从状态 i 出发，经过 l 步转移到中间状态 k，再经 $n - l$ 步转移到状态 j，而中间状态取遍状态空间 S.

定义 6.3.3 称 $p_j = P\{X_0 = j\}$，$p_j(n) = P\{X_n = j\}, j \in S$ 为 Markov 链 $\{X_n, n \in \mathbf{N}\}$ 的**初始概率**和**绝对概率**，$\{p_j, j \in S\}$ 和 $\{p_j(n), j \in S\}$ 为**初始分布**和**绝对分布**.

由于初始分布表示 Markov 链在开始时刻所处状态的概率，转移概率表达了 Markov 链在状态转移过程的规律，因此初始分布和转移概率决定了 Markov 链的有限维分布，从而也决定了它的统计规律.

$$
\begin{aligned}
P(X_{t_1} = i_1, X_{t_2} = i_2, \cdots, X_{t_n} = i_n) &= P\left(\bigcup_{i \in S}(X_0 = i), X_{t_1} = i_1, X_{t_2} = i_2, \cdots, X_{t_n} = i_n\right) \\
&= \sum_{i \in S} P(X_0 = i, X_{t_1} = i_1, X_{t_2} = i_2, \cdots, X_{t_n} = i_n) \\
&= \sum_{i \in S} p_i p_{ii_1}^{(t_1)} p_{i_1 i_2}^{(t_2 - t_1)} \cdots p_{i_{n-1} i_n}^{(t_n - t_{n-1})}.
\end{aligned}
$$

Markov 链的绝对分布由它的初始分布和转移概率完全确定. 事实上，

$$p_j(n) = P(X_n = j) = P\left(\bigcup_{i \in S}(X_0 = i), X_n = j\right)$$

$$= \sum_{i \in S}P(X_0 = i, X_n = j) = \sum_{i \in S}P(X_0 = i)P(X_n = j \mid X_0 = i) = \sum_{i \in S}p_i p_{ij}^{(n)}.$$

所以
$$p_j(n) = \sum_{i \in S}p_i p_{ij}^{(n)} = \sum_{i \in S}p_i(n-1)p_{ij},$$

$$P^{\mathrm{T}}(n) = P^{\mathrm{T}}(0)P^{(n)} = P^{\mathrm{T}}(n-1)P.$$

我们从 MC 的转移概率出发，建立若干有实际意义的事件和数字特征，用它们表示状态的属性以及各个状态之间的关系，以便对所有状态依概率性质进行分类.

定义 6.3.4 如果对于状态 $i, j \in S$，存在 $n \geq 0$，s.t. $p_{ij}^{(n)} > 0$，则称状态 i 可达状态 j，记为 $i \to j$. 若同时 $j \to i$，则称 i, j 互通，记为 $i \leftrightarrow j$.

显然，互通是一种等价关系，即满足：

(1) 自反性：$i \leftrightarrow i$；

(2) 对称性：$i \leftrightarrow j \Leftrightarrow j \leftrightarrow i$；

(3) 传递性：若 $i \leftrightarrow k$ 且 $k \leftrightarrow j$，则 $i \leftrightarrow j$.

我们可以根据各个状态之间的关系进行分类. 如果把任何两个互通的状态归为一类，则任何一个状态不可能属于两个类. 若 MC 只存在一个类，则称为**不可约的**，否则称为**可约的**.

定义 6.3.5 若集合 $\{n : n \geq 1, p_{ii}^{(n)} > 0\}$ 非空，则称它的最大公约数 $d = d(i)$ 为状态 i 的周期. 若 $d > 1$，则称 i 是周期的；若 $d = 1$，则称 i 是非周期的.

特别规定：上述集合是空集时，称 i 的周期无穷大.

虽然 i 的周期为 d，但并不是对所有 n，$p_{ii}^{(nd)} > 0$，而是系统从状态 i 出发，当转移步数为周期的非整数倍时，回来的概率一定为 0. 但是我们可以证明，当 n 充分大时，一定有 $p_{ii}^{(nd)} > 0$.

记 $f_{ij}(n) = f_{ij}^{(n)} = P\{$从状态 i 出发经 n 步首次回到 $j\} = P(X_n = j, X_k \neq j, k = 1, 2, \cdots, n-1 \mid X_0 = i)$，简称**首达概率**.

记 $f_{ij} = P\{$从状态 i 出发经过有限步回到 $j\}$，简称**迟早概率**，则 $f_{ij} = \sum_{n=1}^{\infty} f_{ij}^{(n)}$.

称 $f_{ij}^{(+\infty)} = P(X_n = j, X_k \neq j, n = 1, 2, \cdots \mid X_0 = i)$ 为系统在 0 时刻从状态 i 出发永远也不能回到状态 j 的概率. 称 $\mu_{ij} = \sum_{n=1}^{\infty} n f_{ij}^{(n)}$ 为从状态 i 出发到达状态 j 的**平均转移步数**. 由模型的概率含义可得

$$0 \leq f_{ij}^{(n)} \leq p_{ij}^{(n)} \leq f_{ij} \leq 1.$$

定义 6.3.6 设 $i \in S$.

(1) 若 $f_{ii} = 1$，则说明从 i 出发回到 i 是必然事件，称状态 i 是**常返的**；若 $f_{ii} < 1$，则称状态 i 是**非常返态**或**瞬过状态**（**滑过状态**）；

(2) 对于常返态 i，定义 $\mu_i = \sum_{n=1}^{\infty} n f_{ii}^{(n)}$，表示由 i 出发再返回 i 的平均步数. 若 $\mu_i < +\infty$，则称 i 为**正常返态**；若 $\mu_i = +\infty$，则称 i 为**零常返态**；

(3) 若 $d_i > 1$，则称 i 为**周期状态**，且周期为 d_i；若 i 为正常返态且非周期，则称为**遍历状态**. 若 i 为遍历状态，且 $f_{ii}^{(n)} = 1$，则称 i 为**吸收态**.

对常返和非常返的直观解释: 如果状态 i 是常返的，则表示 MC 从状态 i 出发经过有限步必定再返回 i，这也意味着从状态 i 出发将无数次再返回 i. 如果状态 i 是非常返的，则表示 MC 从状态 i 出发后，以一个正概率 $1 - f_{ii}$ 不再返回 i，这也意味着从状态 i 出发返回 i 的次数是有限的，因此也称非常返为瞬过状态.

对正常返和零常返的直观解释: 状态 i 是正常返的，则 MC 从状态 i 出发再返回 i 的平均步数是有限的. 状态 i 是零正常返的，则 MC 从状态 i 出发再返回 i 的平均步数是无限的，因此零常返也称消极常返.

综上所述，我们有

$$
状态 i \begin{cases} 非常返(f_{ii} < 1) \\ 常返(f_{ii} = 1) \begin{cases} 零常返(\mu_i = +\infty) \\ 正常返(\mu_i < +\infty) \begin{cases} 周期(d_i > 1) \\ 非周期(d_i = 1) \rightarrow 遍历态 \end{cases} \end{cases} \end{cases}
$$

例 6.3.1　设 Markov 链 $\{X_n, n \in \mathbf{N}\}$ 的初始分布 $p_j = P\{X_0 = j\} = \dfrac{1}{3}, j = 0, 1, 2$，状态空间 $S = \{1, 2, 3\}$，转移概率矩阵 $P = \begin{pmatrix} 3/4 & 1/4 & 0 \\ 1/4 & 1/2 & 1/4 \\ 0 & 3/4 & 1/4 \end{pmatrix}$. 求 $P(X_0 = 0, X_2 = 1)$，$P(X_2 = 1)$.

解　状态转移图如图 6.3.1 所示.

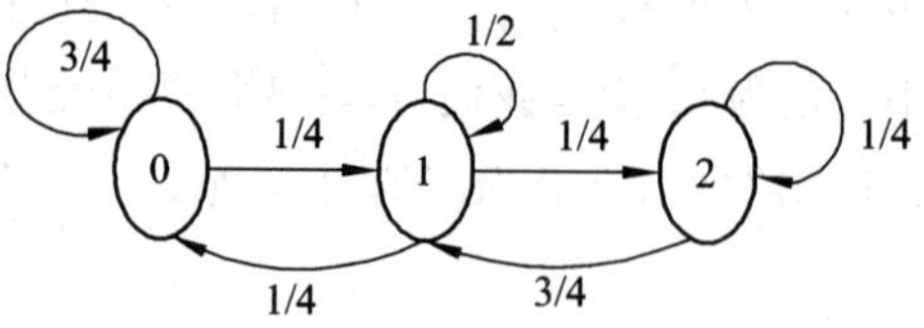

图 6.3.1

由于 $P^{(2)} = P^2 = \begin{pmatrix} \dfrac{5}{8} & \dfrac{5}{16} & \dfrac{1}{16} \\ \dfrac{5}{16} & \dfrac{1}{2} & \dfrac{3}{16} \\ \dfrac{3}{16} & \dfrac{9}{16} & \dfrac{1}{4} \end{pmatrix}$，因此由乘法公式可得

$$
P(X_0 = 0, X_2 = 1) = P(X_0 = 0)P(X_2 = 1 \mid X_0 = 0) = \frac{1}{3} \times \frac{5}{16} = \frac{5}{48}.
$$

由全概率公式可得

$$
P(X_2 = 1) = \sum_{j=0}^{3} p_j p_{j1}^2 = \frac{1}{3} \times \left(\frac{5}{16} + \frac{1}{2} + \frac{9}{16} \right) = \frac{11}{24}.
$$

我们现在通过计算机对此马尔可夫链进行随机模拟，即生成一个样本函数.

第一步: 打开 File|New|M-File, 输入下面程序代码, 保存为 dis_rand.m, 即建立生成离散随机数函数.

```
function y=dis_rand(x,p,n)
%dis_rand 产生离散分布随机数
% x:可能取值; p:取值概率; n:拟生成随机数的数目
cp=cumsum(p);y=zeros(1,n);
for i=1:n
    y(i)=x(sum(cp<=rand(1))+1);
end
```

第二步: 在命令窗口输入如下程序代码.

```
P=[3/4,1/4,0;1/4,1/2,1/4;0,3/4,1/4;];   %一步转移矩阵
m=10000;   %样本函数的长度
m1=length(P(1,:));   %状态空间的个数
S=[];S(1)=3;   %MC 初始状态
x=[1,2,3];   %状态空间, 从 1 开始计数
N=zeros(1,m1);
for i=1:1:m-1
    for j=1:1:m1
        if S(i)==j S(i+1)=dis_rand(x,P(j,:),1);N(j)=N(j)+1;end
    end
end
for i=1:1:m1
    if S(m)==i N(i)=N(i)+1;end
end
S-1;   %样本函数
N   %状态出现的频数
```

注: MATLAB 软件中没有给出一般离散随机变量的随机数生成函数, 但我们可以自己通过 M 文件定义一般离散随机数函数, 进而扩展 MATLAB 函数库, 以后可以直接调用, 这也是 MATLAB 软件的优点之一.

例 6.3.2 设 Markov 链的状态空间 $S = \{1,2,3,4,5\}$, 转移概率矩阵

$$P = \begin{pmatrix} 1 & 0 & 0 & 0 & 0 \\ 0 & 1 & 0 & 0 & 0 \\ \dfrac{1}{2} & 0 & 0 & \dfrac{1}{2} & 0 \\ 0 & 0 & \dfrac{1}{2} & 0 & \dfrac{1}{2} \\ 0 & \dfrac{1}{2} & 0 & \dfrac{1}{2} & 0 \end{pmatrix}$$

试确定常返状态、瞬过状态, 并对常返状态 i 确定平均回转时间 μ_i.

解　马氏链的状态转移图如图 6.3.2 所示.

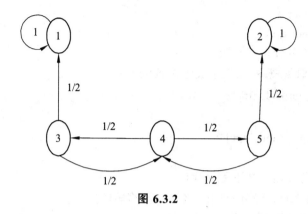

图 6.3.2

显然状态 1, 2 的周期为 1, 状态 3, 4, 5 的周期为 2.

由于 $f_{11} = f_{22} = 1$, $\mu_1 = \mu_2 = 1$, 所以 1, 2 是正常返的.

对于状态 3, 4, 5:

$$f_{33} = \sum_{m=1}^{+\infty} f_{33}^{(2m)} = \sum_{m=1}^{+\infty}\left(\frac{1}{2}\right)^{2m} + \sum_{m=1}^{+\infty}\left(\frac{1}{2}\right)^{3m} < \frac{1}{2} < 1.$$

同理有
$$f_{44} < 1, \quad f_{55} < 1.$$

故 3, 4, 5 是非常返的, 即瞬过的.

实际上, 1, 2 为吸收态, 而 3, 4, 5 可达 1, 2, 即系统一旦到达, 便永远出不去了.

根据互通可以分为三类, {1}, {2}, {3,4,5}.

练习: 在例 6.3.2 中, 我们可发现互通的状态具有相同的常返性, 请读者思考, 这到底是偶然现象, 还是一般规律呢? 请读者对此马氏链进行仿真, 并验证理论分析是否正确?

在实际问题中, 只要定义适当的状态空间, Markov 链可以描述自然现象、社会现象中的很多问题. 但是利用定义直接验证 Markov 链是很困难的, 因此人们凭借经验认为一些现象具有或近似具有马氏性, 就可以建立 Markov 模型, 进而利用 Markov 链理论研究我们感兴趣的问题.

6.3.2　极限分布与平稳分布

定义 6.3.7　设 Markov 链 $X = \{X_n, n \in \mathbf{N}\}$ 的状态空间 $S = \{1, \cdots, n, \cdots\}$, 如果对任意 $i, j \in S$, 转移概率 $\lim_{n\to\infty} p_{ij}^{(n)} = \pi_j$ (不依赖 i), 则称**此链具有遍历性**. 又若 $\sum_{j\in S} \pi_j = 1$, 则称 $\pi = (\pi_j, j \in S)$ 为此链的**极限分布**.

定义 6.3.8　称概率分布 $\{\pi_j, j \in S\}$ 为 Markov 链 $\{X_n, n \in \mathbf{N}\}$ 的**平稳分布(不变分布)**, 若它满足
$$\begin{cases} \pi_j = \sum_{i\in S} \pi_i p_{ij}, \\ \sum_{j\in S} \pi_j = 1, \pi_j \geqslant 0. \end{cases}$$

若 Markov 链的初始分布 $P(X_0 = j) = p_j$ 为不变分布, 则 X_1 的分布将是

$$P(X_1 = j) = \sum_{i \in S} P(X_1 = j \mid X_0 = i)P(X_0 = i) = \sum_{i \in S} p_{ij}p_i = p_j,$$

这与 X_0 分布是相同的. 依次递推 $X_n, n = 0,1,2,\cdots$，都有相同的分布，这也是称 $\{\pi_j, j \in S\}$ 为不变分布的原因.

定理 6.3.2 对于不可约非周期 Markov 链:

(1) 若它是遍历的，则 $\pi_j = \lim_{n \to \infty} p_{ij}^{(n)} > 0, j \in S$ 是不变分布且是唯一的不变分布;

(2) 若状态都是瞬过的或全为零常返的，则不变分布不存在.

可见，不可约非周期 Markov 链是正常返的充要条件是存在平稳分布，且此平稳分布就是极限分布 $\left\{\dfrac{1}{\mu_j}, j \in S\right\}$.

例 6.3.3 设马氏链 X 的状态空间 $S = \{1,2,3\}$，转移概率矩阵 $P = \begin{pmatrix} \dfrac{1}{4} & \dfrac{1}{2} & \dfrac{1}{4} \\ \dfrac{1}{2} & \dfrac{1}{4} & \dfrac{1}{4} \\ 0 & \dfrac{1}{4} & \dfrac{3}{4} \end{pmatrix}$，试分析马氏

链 X 是否存在极限分布、平稳分布，若存在，请求出.

解 从转移概率看，马氏链的状态互通，故马氏链不可约. 由第二列元素都大于 0 可知马氏链为遍历的. 因此马氏链存在唯一的极限分布和唯一的平稳分布，且极限分布就是平稳分布.

解方程组 $\begin{cases} (\pi_1, \pi_2, \pi_3)P = (\pi_1, \pi_2, \pi_3), \\ \sum_{i=1}^{3} \pi_i = 1, \end{cases}$ 可得 $\pi = (\pi_1, \pi_2, \pi_3) = \left(\dfrac{1}{5}, \dfrac{3}{10}, \dfrac{1}{2}\right)$. 则 π 为马氏链的唯一

极限分布和平稳分布.

马氏链的随机模拟及其平稳分布:

```
P=[1/4,1/2,1/4;1/2,1/4,1/4;0,1/4,3/4;];   %一步转移矩阵
m=1000;   %样本函数的长度
m1=length(P(1,:));   %状态空间的个数
S=[];S(1)=3;   %MC 初始状态
x=[1,2,3];   %状态空间，从 1 开始计数
N=zeros(1,m1);
for i=1:1:m-1
    for j=1:1:m1
        if S(i)==j S(i+1)=dis_rand(x,P(j,:),1);N(j)=N(j)+1;end
    end
end
for i=1:1:m1
    if S(m)==i N(i)=N(i)+1;end
end
```

```
S    %样本函数
N/m    %状态出现的频率
```

一次模拟结果为:

```
0.1850    0.3010    0.5140
```

显然,一次模拟结果的各个状态出现的频率很接近其平稳分布.

```
N1=zeros(1,m1);
for i=101:1:m
    for j=1:1:m1
        if S(i)==j N1(j)=N1(j)+1;end
    end
end
N1/(m-100)    %MC 自时刻 100 后各个状态出现的频率
E=eye(m1);e1=ones(m1,1);b1=zeros(1,m1);pwfb=[b1 1]/([P-E e1]);
Pwfb    %平稳分布
P^100    %100 步转移概率矩阵
```

一次模拟结果为:

```
ans=0.1911    0.2989    0.5100
pwfb=0.2000    0.3000    0.5000
ans=
      0.2000    0.3000    0.5000
      0.2000    0.3000    0.5000
      0.2000    0.3000    0.5000
```

　　由于计算机刚产生的马氏链没达到平稳状态,故我们从第 101 步开始统计频数,很明显这次频数更接近其平稳分布. 马氏链不论从什么状态出现,经过 100 次转移就可达到平稳状态. 遗憾的是,判断马氏链从哪个时刻开始进入平稳状态是件很困难的事情,一般的做法是截断刚产生的马氏链,至于多长,凭作者的喜好和经验. 若太长,效率太低,太短,马氏链还没有收敛到平稳状态,模拟效果不佳,甚至可能发生错误. 当然,人们也找到了一些有效办法,对此有兴趣的读者可参考相应的专业文献.

6.4　布朗运动计算与仿真

　　1827 年,英国生物学家 Brown 发现悬浮在液体表面的花粉颗粒会无序地向各个方向运动,无法预测,后人把这种运动称为**布朗运动**. 以后的研究者发现了更多类似现象,如空气中的烟雾扩散. 直到 19 世纪才知道其机理:由于花粉、烟尘等微粒,受到大量液体分子或气体分子所作的无规则碰撞而形成的运动. 1905 年,Einstein 用自己非凡的物理知觉找到了答案:花粉颗粒的无序运动是因为水分子在各个方向撞击它们的缘故,从而找出了其增量的分布. 1918 年,美国数学家、控制论创始人 Wiener 用随机过程的语言描述了布朗运动的严格数学模型,并首次给出了布朗运动存在性的数学证明,所以布朗运动也称为 Wiener 过程. 其实,早在 1900 年，法国数学家 Bachellier 在其博士论文《投机理论》中研究法国债券市场的规律时，首次提出了一个相当于布朗运动的直观模型，不幸的是他关于布朗运动量化的工作在当时并未引起人们的注意.

作为随机过程，布朗运动的性质最为特殊，作用也更广泛. 布朗运动不仅出现在概率论领域，还遍及数学、物理、化学、生物、天文等自然科学领域，也出现在数量经济、金融、保险精算等应用领域. 由此可见，对布朗运动进行研究意义重大. 本节主要给出布朗运动的定义并进行计算机仿真.

6.4.1 布朗运动的定义与计算

设一个粒子在直线上做随机游动，在每单位时间内等可能的向左或向右移动一单位长度，即每隔 Δt 时间等概率的向左或向后移动 Δx 的距离. 若 $X(t)$ 表示时刻 t 的位置，X_i，$i=1,2,\cdots$，独立同分布于 $P(X=1)=P(X=-1)=0.5$，则

$$X(t) = \Delta x(X_1 + \cdots + X_{[t/\Delta t]}).$$

显然，$EX_i=0, \mathrm{Var}(X_i)=1$，所以 $EX_t=0$，$\mathrm{var}(X_t)=(\Delta x)^2[t/\Delta t]$.

(1) 如果取 $\Delta x = \Delta t$，令 $\Delta t \to 0$，则 $\mathrm{var}(X_t) \to 0$，即 $X_t=0,\mathrm{a.s}$，这样，粒子几乎处处在 0 点，没有讨论的意义.

(2) 如果取 $\Delta t = (\Delta x)^3$，令 $\Delta t \to 0$，则 $\mathrm{var}(X_t) \to \infty$. 这显然是不合理的，因为在有限时间内方差达到无穷大，意味着粒子在有限时间内要运行到无穷远处，并要消耗无穷多的能量.

(3) 如果 $\Delta x = \sigma\sqrt{\Delta t}$，$\sigma$ 为某常数，则当 $\Delta t \to 0$，$\mathrm{var}(X_t) \to \sigma^2 t$.

由中心极限定理可知：$X_t \sim N(0,\sigma^2 t)$. 由于随机游动在不相互重叠的时间区间中的变化是独立的，故 $\{X_t, t \geqslant 0\}$ 具有独立增量. 又因为随机游动在任一时间区间中的位置变化只和时间区间的长度有关，与时间的起点无关，故 $\{X_t, t \geqslant 0\}$ 具有平稳增量.

综上所述，我们可抽象出：

定义 6.4.1 若随机过程 $\{X_t, t \geqslant 0\}$ 满足：

(1) $X_0 = 0$；

(2) 具有独立平稳增量；

(3) 对每一 $t > 0$，$X_t \sim N(0,\sigma^2 t)$，

则称 $\{X_t, t \geqslant 0\}$ 是**布朗运动**.

由于这一定义在应用中不方便，我们不加证明地给出下面性质作为布朗运动的等价定义，其证明过程可以在很多著作中找到.

布朗运动是具有下述性质的随机过程 $\{B_t, t \geqslant 0\}$：

(1) 正态增量，即 $\forall t > s$，$B_t - B_s \sim N(0,t-s)$.

(2) 独立增量，$B_t - B_s$ 独立于过去的状态 $B_u, 0 \leqslant u \leqslant s$.

(3) 路径的连续性，$B_t, t \geqslant 0$，是 t 的连续函数.

由于没有假定 $B_0 = 0$，因此称为**始于 x 的布朗运动**，所以有时为了强调起始点，也记为 $\{B^x(t), t \geqslant 0\}$. 当 $\sigma = 1$，称为**标准布朗运动**，下面如不特别声明，一律指标准布朗运动.

例 6.4.1 设 $\{B(t), t \geqslant 0\}$ 是标准布朗运动，求 $P(B(t) \leqslant 0, t = 0,1,2)$.

解 由于 $P(B(0) = 0) = 1$，$B(2) - B(1)$ 与 $B(1)$ 是相互独立的随机变量，且都服从 $N(0,1)$，所以

$$P(B(t) \leqslant 0, t = 0,1,2) = P(B(t) \leqslant 0, t = 1,2) = P(B(1) \leqslant 0, B(1) + B(2) - B(1) \leqslant 0)$$

$$= \int_{-\infty}^{0} P\{B(2) - B(1) \leqslant -x\} f(x) \mathrm{d}x = \int_{-\infty}^{0} [1 - \Phi(x)] \mathrm{d}\Phi(x)$$

$$= \Phi(0) - \int_{-\infty}^{0} \Phi(x) \mathrm{d}\Phi(x) = 0.5 - \int_{0}^{0.5} y \mathrm{d}y = \frac{3}{8},$$

其中 $\Phi(x)$ 为标准正态分布函数, $f(x) = \Phi'(x)$.

下面进行计算机仿真: 由布朗运动的性质可知, $B(2) - B(1)$ 与 $B(1)$ 是相互独立的随机变量, 且都服从 $N(0,1)$, 故只需生成两个独立标准正态分布随机数 u_1, u_2, 则 $u_1 \sim B(1)$, $u_1 + u_2 \sim B(2)$. 如果 $u_1 \leqslant 0, u_1 + u_2 \leqslant 0$, 则认为事件 $\{B(t) \leqslant 0, t = 1,2\}$ 发生. 由大数定律可知, 频率会以概率收敛到概率, 故可用事件发生的频率来估计概率.

MATLAB 程序如下:

```
k1=100;   %模拟次数
k=1000;   %每次模拟中再模拟k次, 以其平均数作为每次模拟结果
p=[];n=[];
for j=1:1:k1
    for i=1:1:k
        m=0;u=normrnd(0,1,1,2);
        b(1)=u(1);b(2)=u(1)+u(2);   %b(1),b(2) 分别为 BM 在时刻 1, 2 的取值
        if b(1)<=0&b(2)<=0 m=m+1;end
        n(i)=m;
    end
    p(j)=mean(n);
end
mean(p),std(p)
subplot(1,2,1),hist(p,8)   %频数直方图
[c,d]=hist(p,8);c=c/k1/((d(8)-d(1))/200);
subplot(1,2,2),bar(d,c)   %频率直方图
```

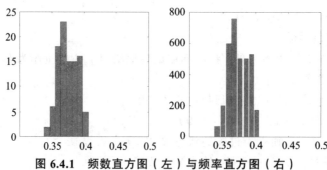

图 6.4.1　频数直方图（左）与频率直方图（右）

这 100 次模拟的平均值为 0.3747, 标准差为 0.0149. 显然, 期望非常接近真实值 $\frac{3}{8} = 0.375$, 且标准差不大, 所以模拟效果很好, 值得信赖. 由频率直方图可看出, 这 100 次模拟结果近似

服从正态分布. 下面检验这 100 次模拟结果是否服从正态分布:

(1) 利用图示法直观判断, 如频率直方图、QQ 图、PP 图, 一般 QQ 图检验法要求样本容量 n 较大, 当 n 很小时, QQ 图的直线性就不稳定.

(2) 利用正态分布的偏度 g_1 和峰度 g_2, 构造一个包含 g_1, g_2 的分布统计量 (自由度 $n=2$). 对于显著性水平, 当分布统计量小于分布的分位数时, 接受 H_0: 总体服从正态分布; 否则拒绝 H_0, 即总体不服从正态分布. 这个检验适用于大样本, 当样本容量较小时需慎用. MATLAB 命令:

h=jbtest(x), [h,p,jbstat,cv]=jbtest(x,alpha)

(3) 小样本正态分布检验可用 lillietest 检验, MATLAB 命令:

[H,P,LSTAT,CV]=lillietest(X)　%默认显著性水平为 0.05

[H,P,LSTAT,CV]=lillietest(X,alpha)　%显著性水平为 alpha

由于样本容量为 100, 可认为是大样本, 故可采用 jbtest 检验, 运行下面 MATLAB 程序代码:

subplot(1,2,1),normplot(p);　%pp 图

subplot(1,2,2),qqplot(p);　%qq 图

[H,P,JBSTAT,CV]=jbtest(p,0.05)　%正态分布的拟合检验

结果如图 6.4.2 所示.

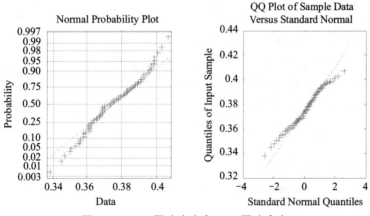

图 6.4.2　PP 图 (左) 与 QQ 图 (右)

经观察 QQ 图与 PP 图, 这 100 个离散数据非常靠近倾斜直线段, 与其吻合得不错, 图形为线性的, 故可初步得出结论: 数据近似服从正态分布. 在大样本情况下, 也可采用 jbtest 检验, 检验结果如下: $H=0$, 表示可接受原假设; $P=0.2214$ 表示接受的概率为 0.2214 (遗憾的是不是特别大); JBSTAT = 2.3336, CV = 5.4314 表示: 测试值 2.3336 小于临界值 5.4314, 所以接收原假设.

下面对 100 次模拟进行参数估计:

%参数估计: 均值, 方差, 均值的 0.95 置信区间, 方差的 0.95 置信区间

[muhat,sigmahat,muci,sigmaci]=normfit(p)

运行结果为

muhat = 0.3747, sigmahat = 0.0149,表示均值为 0.3747, 方差为 0.0149. muci = [0.3717,0.3777], sigmaci = [0.0131,0.0173], 表示均值的 0.95 置信区间为[0.3717,0.3777], 方差的 0.95 置信区间为[0.0131,0.0173]. 显然, 真实值 0.375 落入置信区间.

6.4.2　布朗运动的随机模拟

这一节介绍对布朗运动样本轨道的随机仿真方法, 其仿真的主要依据是布朗运动的定义. 通过随机游动模型, 使我们直观了解了布朗运动, 从而便于理解它的独特性. 布朗运动在数值计算中可以用离散的对称简单随机徘徊近似.

现在假设 $S = \{S_n, n \in \mathbf{N}\}$ 是一个随机游动, 即对 $\forall n \in \mathbf{N}$, $S_n = \sum_{k=1}^{n} \xi_k, S_0 = 0$, 其中 $\{\xi_n\}$ 独立同分布于离散随机变量 ξ, 且

$$P(\xi = -1) = P(\xi = 1) = 0.5 .$$

设 $N \in \mathbf{N}$, 定义随机变量:

$$W_{k\Delta t}^{(N)} = N^{-0.5} S_k ,$$

其中 $\Delta t = 1/N, k \in \mathbf{N}$. 对随机变量序列:

$$W_0^{(N)} = 0, \ W_{\Delta t}^{(N)} = N^{-0.5} S_1, \ \cdots, \ W_{k\Delta t}^{(N)} = N^{-0.5} S_k, \ W_1^{(N)} = N^{-0.5} S_N, \ \cdots,$$

进行逐段线性插值得到一连续随机过程:

$$W^{(N)} = \{W_t^{(N)}, t \geqslant 0\} ,$$

则 $W^{(N)}$ 就是布朗运动.

下面进行随机模拟: 令 $\sigma = 1$, $\Delta t = 0.0001$, 共模拟 1000 步, 程序如下:

```
%布朗运动轨迹 MATLAB 程序;
xt=[];xt(1)=0;   %xt 为布朗运动的轨迹, 初始位置为 0
t=[];    %布朗运动的时间参数集
tc=0.001;t=0:tc:1;   %tc 为模拟的时间间隔
for i=2:1:1001
    m=0;u=unifrnd(0,1,1,1);
    if u>=0.5 m=-1;else m=1;end
    bc=tc^0.5*m;xt(i)=xt(i-1)+bc;
end
plot(t,xt)
```

模拟结果如图 6.4.3 所示.

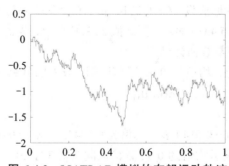

图 6.4.3　MATLAB 模拟的布朗运动轨迹

从布朗运动的运动轨迹上可以看出，样本轨迹处处连续，但起伏不平，甚至可以说曲线上处处是尖点，即处处不可微.

思考：如果一条曲线处处是尖点，请读者想象，它应该是什么形状？是否可测（度量长度）？众所周知，光滑很美，具有很多优良的性质，但尖点是不光滑的，是不可微的，而布朗运动几乎处处是尖点，这让布朗运动成为非常奇特的运动，也吸引了众多科学家对其进行探秘.

曼德布罗（Beonit Mandelbrot）1967 年在国际权威的美国《科学》杂志上发表了一篇划时代的论文，标题是《英国的海岸线有多长？统计自相似性与分数维数》，而他的答案却让你大吃一惊：他认为，无论你做得多么认真细致，你都不可能得到准确答案，因为根本就不会有准确答案. 英国的海岸线长度是不确定的！它依赖于测量时所用的尺度.

原来，海岸线由于被海水长年冲刷和陆地自身运动形成了大大小小的海湾和海岬，弯弯曲曲极不规则. 假如你乘一架飞机在 10000 m 的高空沿海岸线飞行测量，同时不断拍摄海岸照片，然后按适当的比例尺并计算这些照片显示的海岸总长度，其答案是否精确呢？否！因为，你在高空不可能区别许多的小海湾和小海峡. 如果你改乘一架小飞机在 500 m 高处重复上述的拍摄和测量，你就会看清许多原来没有看到的细部，而你的答案就会大大超过上次的答案. 现在再假设你就在地面上，测量其长度时如以千米为单位，则几米到几百米的弯曲就会被忽略而不能计入在内，设此时长度为 L_1；用长度为 10 m 的量规来测量海岸线的长度，那么那些在空中看不清的拐弯处就会使海岸线长度变得更大，即有 $L_2 > L_1$；如果你改用长度为 1 m 的量规，上面忽略了的弯曲都可计入，结果将继续增大，但仍有几厘米、几十厘米的弯曲被忽略，此时得出的长度 $L_3 > L_2 > L_1$；如此等等，采用的量度越精密，海岸线就显露出更多细节，而你获得的海岸线长度就越大. 可以设想，用分子、原子量级的尺度单位时，测得的长度将是一个天文数字. 这虽然没有什么实际意义，但说明了随测量单位变得无穷小，海岸线长度会变得无穷大，因而是不确定的. 所以长度已不是海岸线的最好的定量特征，为了描述海岸线的特点，需要寻找另外的参量.

当然，就人力而言，你可能会用 1 m 量规测量后就停止测量，而物理学家可能会认为这种测量过程必须在原子层次上达到一个理论极限，但从数学家理想化的观点看，这种越来越精细的测量过程可以无限继续下去，这就意味着相应的测量结果将无限地增大. 也就是说，所谓海岸线的长度并没有确切的数学定义，而通常我们谈论的海岸线长度只是在某种标度下的度量值. 曼德布罗说，其实，任何海岸线的长度在某个意义下皆为无限长，或者说，海岸线的长度是依量尺的长短而定.

对这一问题的研究使得分形概念开始萌芽、生根，并把一个世纪以来被传统数学视为"病态的"、"怪物类型"的数学对象（康托尔三分集、科赫曲线等）统一到一个崭新的几何体系中，让一门新的数学分支——**分形几何学**跻身于现代数学之林.

练习：请读者证明下面结论.

布朗运动的几乎所有样本路径 $B_t, 0 \leqslant t \leqslant T$，都具有如下性质：

(1) 在任何点都是 t 的连续函数，但都是不可微的.

(2) 在任何区间上都是不单调的.

(3) 对任何 t，$[0,t]$ 上的二次变差为 t.

(4) 在任何区间都是无限变差（即一次变差）的.

设 $\{B(t), t \geqslant 0\}$ 为标准布朗运动，下面我们仿真布朗运动在时间区间 $[0,T]$ 上的样本规定，

其中 $T > 0$ 是任意一个有限的固定时刻. 首先对区间 $[0, T]$ 取一个划分, 例如, 取小的时间增量 $\Delta T = T/N$, 其中 N 为一个自然数. 定义 $t_j = j\Delta T$ 和布朗运动的增量 $\Delta B_k = B_{t_{k+1}} - B_{t_k}$, $j = 0, 1, \cdots, N$, 于是 t_{j+1} 时刻布朗运动状态为

$$B_{t_{j+1}} = \sum_{k=0}^{j} \Delta B_k, j \in \mathbf{N}, \quad \Delta B_k \sim N\left(0, \frac{T}{N}\right), \text{对任意 } k \in \mathbf{N}.$$

运行下面代码:

```
T=1;N=1000;DT=T/N;DW=zeros(1,N);rand('state',0);
dW=sqrt(DT)*randn(1,N);W=cumsum(dW);
plot([0:DT:T],[0,W],'k-');
```

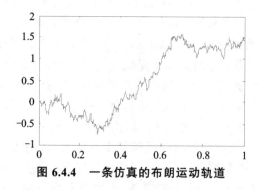

图 6.4.4　一条仿真的布朗运动轨道

如果我们希望在一个图上进行多条样本轨道仿真, 可将程序修改如下:

```
% 四条布朗运动仿真样本轨道程序:
T=1;N=1000;m=4;DT=T/N;DW=zeros(1,N);rand('state',0);
dW=sqrt(DT)*randn(m,N);W=cumsum(dW');
plot([0:DT:T],[zeros(m,1),W'],'k-');
```

注意: cumsum(A) 返回一个和 A 同行同列的矩阵, 矩阵中第 m 行第 n 列元素是 A 中第 1 行到第 m 行的所有第 n 列元素的累加和.

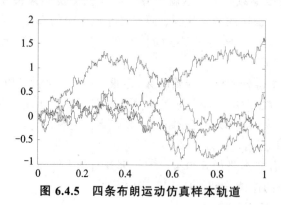

图 6.4.5　四条布朗运动仿真样本轨道

6.4.3　随机动力系统仿真

设种群在 t 时刻的数量为 $x(t)$, 净增长率为 $r(t, x)$, 则得

$$\frac{dx(t)}{dt} = r(t,x)x(t).$$

此模型需要简化，否则因对 $r(t,x)$ 的信息量不足，无法处理. 最简单的假设为 $r(t,x) = r > 0$，这就得到了著名的 Malthus **模型** $\frac{dx(t)}{dt} = rx(t)$，并且很容易求出解为 $x(t) = x(t_0)e^{r(t-t_0)}, t \geqslant t_0$，其中 $x(t_0)$ 是初始时刻 t_0 时种群的数量. 显然，$\lim_{t\to\infty} x(t) = \infty$，它描述的数量增长是没有界限的，但任何生物种群所在的环境资源是有限的，不可能无限增长. 其实，自然资源、环境条件等因素对种群的增长起到阻滞作用，并随着种群数量的增加，阻滞作用越来越大，这是因为随着种群数量上升，食物、空间等资源的需求就会迅速上升，由于环境的限制导致种群内生物个体的竞争加剧，必然影响出生率和死亡率，甚至出现负增长. 若 $r(t,x) = r(x)$ 关于 x 递减，则 Malthus 模型写作

$$\frac{dx(t)}{dt} = r(x)x(t), x(0) = x_0. \tag{6.4.1}$$

对 $r(x)$ 的一个最简单假设为线性函数 $r(x) = r\left(1 - \frac{x}{K}\right)$，即

$$\frac{dx(t)}{dt} = rx(t)(1 - \frac{x(t)}{K}), x(0) = x_0, \tag{6.4.2}$$

称之为 Logistic **种群模型**. 它是种群生态学的核心内容之一，其中常数 $r > 0$ 为种群的内秉自然增长率，$K > 0$ 为环境容纳量. 利用分解变量法解得：

$$x(t) = \frac{K}{1 + \left(\frac{K}{x_0} - 1\right)e^{-r(t-t_0)}} = \frac{Kx_0}{Ke^{r(t-t_0)} + x_0(1 - e^{-r(t-t_0)})}, \quad t \geqslant t_0,$$

其中 x_0 为种群在时刻 $t = t_0$ 时的数量. 只有 $0 < x_0 < \frac{K}{2}$ 时，才会出现 S 形曲线，x 的增加先快后慢，拐点为 $x = \frac{K}{2}$，且 $\lim_{t\to\infty} x(t) = K$. 可见，此生态系统的种群个数是一致持久的，不会趋于灭绝. 平衡点 $x_1(t) = 0$ 是不稳定的，$x_2(t) = K$ 是全局稳定的.

假设许多细小的随机干扰作用在增长率 r 上，于是可用 $r \to r + \sigma\dot{B}(t)$ 代替增长率 r，其中 $B(t)$ 为定义在完备的概率空间 $(\Omega, \mathcal{F}, P)$ 上的 Brown 运用，σ^2 为随机干扰的强度. 确定 Logistic 模型的随机类似物是如下系统，即方程（6.4.3）或（6.4.4），简称**随机 Logistic 模型**：

$$dx(t) = rx(t)\left(1 - \frac{x(t)}{K}\right)dt + \sigma x(t)\left(1 - \frac{x(t)}{K}\right)dB(t), \tag{6.4.3}$$

$$dx(t) = rx(t)\left(1 - \frac{x(t)}{K}\right)dt + \sigma x(t)dB(t). \tag{6.4.4}$$

初值 $x(0) = x_0$ 与 Brown 运动 $\{B(t), t \geqslant 0\}$ 独立.

显然，模型（6.4.3）在 $x(t) = \frac{K}{2}$ 时，波动 $\sigma x(t)\left(1 - \frac{x(t)}{K}\right)$ 最大；模型（6.4.4）随着种群数量

的增加，波动也在变大. 这也描述了人类数量在接近环境容量时，波动最大，科技的快速发展和无计划生育促使人类数量急剧增加，这增加了大型传染病、大规模杀伤性武器的风险.

从理论分析的角度考虑，随机模型比相应的确定性模型要难处理得多，通常不能像确定模型那样有明确的动态行为. 一般来说，当种群数量非常大时，随机波动对种群数量的影响是可忽略不计的，此时可用确定模型近似代替随机模型，比如研究人体的以数百万计的红细胞的增长规律时.

参数 r 和 K 对于自然选择和进化类型的研究具有重大意义，可把生物分为：

(1) r 对策者：比如蚊子、蝗虫、老鼠等，它们的进化方向是提高 r 值，于是它们的 r 值通常很大，生殖力强，寿命短，死亡率也高，因此这类生物数量波动剧烈，易出现大规模繁殖和死亡.

(2) K 对策者：比如狮子、老虎等，它们的进化方向是减小 r 值，使种群数量保持在 K 附近，通常它们的繁殖力低，个体大，寿命长，种群数量稳定.

(3) 介于二者之间的生物，比如野马、羚羊等.

由于 $(\mathrm{d}B(t))^2 = \mathrm{d}t$，因此，如果将 $\mathrm{d}t$ 视为一阶无穷小，那么 $\mathrm{d}B(t)$ 就是半阶无穷小 $\sqrt{\mathrm{d}t}$. 因此在对随机过程做微分时，必须将 Taylor 展开到二阶式，这样才包含了半阶无穷小的贡献，即 $\mathrm{d}x = x$ Taylor 展开式的一阶项和二阶项之和. 可见，随机 Logistic 模型（6.4.3）相应的离散化系统为

$$x_{k+1} = x_k + \Delta x_k + \frac{1}{2}[\Delta x_k]^2,$$

即

$$x_{k+1} = x_k + rx_k\left[1 - \frac{x_k}{K}\right]\Delta t + \sigma x_k\left[1 - \frac{x_k}{K}\right]\sqrt{\Delta t}\,\xi_k + \frac{\sigma^2}{2}x_k^2\left[1 - \frac{x_k}{K}\right]^2(\xi_k^2 - 1)\Delta t, \qquad (6.4.5)$$

其中 $\xi_k, k = 1, 2, \cdots n$ 都是服从 $N(0,1)$ 的随机变量.

当 $\sigma = 0$ 时，（6.4.5）就退化为（6.4.3）的离散化系统.

使用上述数值方法和 MATLAB 软件，选取适当参数，我们给出模型（6.4.5）的数值仿真. MATLAB 程序如下：

```
syms r v u t1 K t m g
r=0.4;v=0.02;K=100000;x0=1000;    %r 为内生增长率，v 为波动率，K 为环境容量，x0 为种
                                    群的初始值
n=5000;   %输入循环次数
m=1000;   %模拟次数
x=zeros(1,n);x(1)=x0;t1=0.01;
for k=1:n-1
    u=normrnd(0,1);
    if x(k)>=1
    x(k+1)=x(k)+r*x(k)*(1-x(k)/K)*t1+v*x(k)*(1-x(k)/K)*t1^0.5*u   ...,
            +v^2/2*x(k)^2*(1-x(k)/K)^2*(u^2-1)*t1;
    else
    x(k)=0;g=k;   %g 为灭绝时间
```

```
        break;
    end
end
x(n)    %终止时刻种群的数量
t=0:0.01:0.01*(n-1);plot(t,x)
```

注: 有时候表达式或者语句太长, 或者有时候为了美观, 需要将一行代码写在几行, 这时候就需要换行 (续行) 符号: ..., (空格+三个点+逗号). 注意别丢了空格, 还有就是在英文状态下输入.

当 $r = 0.4$, $\sigma = 0.02$, $x_0 = 1000$, $K = 100000$, 则随机 Logistic 模型, 如 6.4.6 左图所示, 当 $\sigma = 0$ 时, 随机 Logistic 模型就退化为确定 Logistic 模型, 如 6.4.6 右图所示.

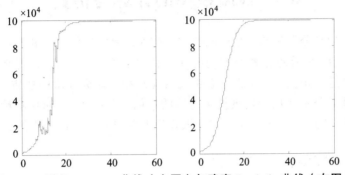

图 6.4.6 随机 Logistic 曲线 (左图) 与确定 Logistic 曲线 (右图)

可见, 随机 Logistic 曲线随机震荡, 但很快也收敛到稳定点 100000. 当 $\sigma = 0$ 时, 随机 Logistic 曲线不再随机震荡, 退化为确定 Logistic 曲线.

当 $\sigma = 0.2$, 其他数据不变时, 虽然 $r > \dfrac{\sigma^2}{2}$, 即波动率相对增长率不是很大的时候, 但种群仍然有灭绝的可能, 某次模拟结果如图 6.4.7 所示.

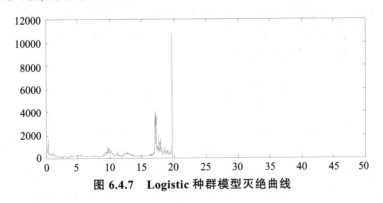

图 6.4.7 Logistic 种群模型灭绝曲线

从随机微分方程理论上可知, 当波动率不是很大时, 种群会以概率 1 趋于稳定点, 那么为什么波动率不是很大, 而种群在实际中又有灭绝的可能呢? 关键在于当种群数量小于 1 时, 就很可能会灭绝, 而理论上种群数量可取负值, 只要时间足够大一定会出现 $\lim_{t \to \infty} x(t) = K, \text{a.s}$. 值得注意的是, 目前人类电脑的局限性, 比如在模拟的时候很可能遇到很大的有界数字, 但由于电脑无法显示, 就默认为无穷大, 进而也会终止程序, 因此时间 t 很难模拟到无穷大. 另外, 电脑生成的随机数是伪随机数, 前后数据具有一定的关系, 也会影响模拟的效果, 等等.

当 $\sigma = 1$, 其他数据不变时, 种群很快灭绝, 甚至只需要几步迭代就小于 0 了.

综上所述, 随机波动对种群的影响非常大, 白噪声取大值的概率很小, 但小概率事件也可能发生, 一旦发生, 对种群的影响就是毁灭性的. 这也许解释了某些种群瞬间灭绝的原因. 统治地球的恐龙在很短的时间内灭绝了, 其原因一直是个谜. 长期以来, 最权威的观点认为, 恐龙的灭绝和 6500 万年前的一颗大陨星有关. 假设此观点正确, 小行星撞击地球本是小概率事件, 就像生成了巨大的标准正态随机数, 但它发生了, 也产生了巨大影响, 即恐龙灭绝.

6.5　风险模型的计算与仿真

保险的基本职能是分散风险, 并对风险进行控制, 因此如何定义和测量风险是保险精算学中的一个重要内容. 风险理论就是使用统计学和数学等研究工具, 对经济管理活动中的损失风险和经营风险进行定量的刻画, 建立相关风险模型来研究风险的性质, 并为现实的保险经营进行有效的风险分析和控制提供技术支持的一门学科. 可见, 对保险精算中的风险模型进行探讨是很有意义的, 本节主要探讨三种风险模型并对其进行计算机仿真.

6.5.1　个体风险模型

保险实务中, 假设保险人在某个时间段内, 比如一个会计年度, 售出某一保单组合, 共含有 n 张保单, 保险公司对这一保单组合承担的理赔总额

$$S^{\mathrm{ind}} = \sum_{i=1}^{n} X_i,$$

其中 $X_1, \cdots X_n$ 为个体理赔额, 通常假定相互独立, 上述模型在精算学中称为**个体风险模型** (Individual risk model), 简记为 IRM. 它在健康、汽车、寿险等保险中有广泛的应用. 由于假定在某段时间内, 考虑时间变化的范围小, 就可以忽略利息的影响, 即不考虑货币的时间价值, 因此也可称为**短期个体风险模型**. 显然有

$$E(S) = \sum_{i=1}^{n} E(X_i), \ \ \mathrm{Var}(S) = \sum_{i=1}^{n} \mathrm{Var}(X_i).$$

个体风险模型就是要研究 S 的分布. 在一般情况下, 要获得 S 的分布十分复杂, 我们只能在一些特殊情况下探讨 S 的分布, 通常假定:

(1) 每张保单是否发生理赔及理赔额大小互不影响, 即 $X_1, \cdots X_n$ 相互独立, 这也是保险业应用大数定律存在的基本前提, 但不能包括所有情况, 比如水灾保险、地震保险及传染病保险.

(2) 每张保单只发生一次理赔, 即用随机变量 $I \sim B(1, q)$ 表示每张保单可能发生的理赔次数, 理赔的概率 q 视具体情况而定, 比如在寿险中, 可根据生命表确定. 实际上不是每一种保单都只允许索赔一次, 比如汽车保险及健康保险.

(3) 保单组合中的风险都是同质风险, 即 $X_1, \cdots, X_n$ 同分布.

(4) 保单总数 n 是一个确定的正整数, 即所考虑的是封闭模型, 不考虑保单的加入或迁出.

如果用随机变量 I 表示理赔发生的情况, 则第 i 张保单实际赔付额

$$X_i = I_i B_i = \begin{cases} 0, & 1 - q_i, \\ B_i, & q_i, \end{cases}$$

其中 $I_i \sim B(1, q_i)$, B_i 表示若第 i 次理赔发生情况下的理赔额. 根据假设可知 $\{B_i, I_i, i = 1, \cdots, n\}$ 相互独立, 则总理赔额

$$S = \sum_{i=1}^{n} X_i = \sum_{i=1}^{n} I_i B_i .$$

IRM 应用广泛, 比如假设第 i 人投保人寿保险, 如果投保人在保单生效后一年内死掉, 承保人赔付 b_i, 若活过一年, 不赔付. 假定死亡概率为 q_i, 则第 i 人的赔付额

$$X_i = \begin{cases} 0, & 1 - q_i, \\ b_i, & q_i, \end{cases}$$

即

$$X_i = b_i I_i .$$

在健康与汽车险种 IRM 也有广泛的应用. 显然, X_i 为一混合分布,

$$f_{X_i}(x) = \begin{cases} 1 - q_i, & x = 0, \\ q_i f_{B_i}(x), & x > 0, \end{cases} \quad E X_i = q_i E B_i, \quad ES = \sum_{i=1}^{n} q_i E(B_i),$$

其中

$$u_i = E B_i, \quad \mathrm{Var}(B_i) = \sigma_i^2 .$$

$$E(\mathrm{Var}(X \mid Y)) + \mathrm{Var}(E(X \mid Y))$$

$$= E\{E[(X - E(X \mid Y))^2 \mid Y]\} + E\{[E(X \mid Y)]^2\} - \{E[E(X \mid Y)]\}^2$$

$$= E\{E(X^2 \mid Y) - [E(X \mid Y)]^2\} + E\{[E(X \mid Y)]^2\} - (EX)^2$$

$$= EX^2 - E\{[E(X \mid Y)]^2\} + E\{[E(X \mid Y)]^2\} - (EX)^2$$

$$= EX^2 - (EX)^2 = \mathrm{Var}(X)$$

也称为**方差分解公式**.

$$\mathrm{Var}[I_i B_i] = E[\mathrm{Var}(I_i B_i \mid I_i)] + \mathrm{Var}[E(I_i B_i \mid I_i)]$$

$$= E[I_i^2] \mathrm{Var}[B_i] + \mathrm{Var}[I_i E[B_i]] = \mathrm{Var}[B_i] + \mathrm{Var}[I_i](E[B_i])^2$$

$$= q_i \mathrm{Var}[B_i] + p_i q_i (E[B_i])^2 = q_i \sigma_i^2 + p_i q_i u_i^2 .$$

也可计算如下: 由于 $E(X_i \mid I_i) = u_i I_i$,

$$\mathrm{Var}(X_i \mid I_i = 1) + \mathrm{Var}(X_i \mid I_i = 0) = \mathrm{Var}(B_i \mid I_i = 1) + 0 = \sigma_i^2,$$

即

$$\mathrm{Var}(X_i \mid I_i) = \sigma_i^2 I_i .$$

再由方差分解公式可得结论:

$$\mathrm{Var}(S) = \sum_{i=1}^{n} \{q_i \mathrm{Var}[B_i] + p_i q_i (E[B_i])^2\} .$$

设总理赔额 $S = \sum\limits_{i=1}^{n} X_i$，其中 $X_i, i = 1, 2, \cdots, n$，独立同分布于 Exp(10)，假定 $n = 100$，我们利用随机模拟方法估计 S. MATLAB 程序如下：

```
%生成 10000 个总理赔额
for i=1:1:10000
    x=exprnd(10,100,1);y(i)=sum(x),
end
mean(y),var(y)    %总理赔额期望与方差的模拟值
[M,V]=expstat(10);    %Exp(10)数学期望,方差
100*[M,V]    %总理赔额的数学期望与方差的真实值
```

显然，总理赔额数学期望与方差的真实值为 1000，10000，我们给出一次模拟值为 998.5569，9.8548e+003，模拟效果还是不错的.

对随机变量的近似主要有以下两种方法：

(1) **正态近似**：用 $N(0,1)$ 的分布函数 Φ 去近似另一个分布函数的方法为中心极限定理（CLT），其形式如下：

定理 6.5.1 设 $X_1, X_2, \cdots, X_n$ 独立同分布于 X，$EX = \mu$，$\mathrm{Var}(X) = \sigma^2 < \infty$，则

$$\lim_{n \to \infty} P\left[\sum_{i=1}^{n} X_i \leqslant n\mu + x\sigma\sqrt{n} \right] = \Phi(x).$$

这个定理不仅对同质保单使用，也对非同质保单适用，只不过理赔额要满足林德贝格条件. 对总理赔额的一种最简单近似是运用 CLT 的正态近似. 如果损失次数 n 足够大，且个体风险损失金额分布 X_i 存在有限的各阶矩，令 $S = \sum\limits_{i=1}^{n} X_i$，则

$$P\left(\frac{S - ES}{DS} \leqslant x \right) \approx \Phi(x).$$

此近似公式在一个标准差附近效果最好. 此外，总理赔额分布的偏度越接近 0，效果也越好.

其实，CLT 近似在实践中不能令人满意，尾概率的误差较大，即 S 的三阶中心距通常大于 0，而正态分布的三阶中心距等于 0. 因此在保险实践中，尾概率对应大额理赔的概率，所以需要更精确的近似，因此我们引入：

(2) NP 近似：当正态近似不适用时，还可对原始数据进行适当变换，使其符合正态分布. 如果 $ES = \mu$，$\mathrm{Var}[S] = \sigma^2$ 和 $\gamma_S = \gamma$，则

当 $s \geqslant 1$ 时，

$$P\left[\frac{S - \mu}{\sigma} \leqslant s + \frac{\gamma}{6}(s^2 - 1) \right] \approx \Phi(s),$$

或者等价于当 $x \geqslant 1$ 时，

$$P\left[\frac{S - \mu}{\sigma} \leqslant x \right] \approx \Phi\left(\sqrt{\frac{9}{\gamma^2} + \frac{6x}{\gamma} + 1} - \frac{3}{\gamma} \right).$$

在某些情况下，还可以采用对数正态分布来近似 S.

例 6.5.1 假设某保单组合有 $n=1000$ 份独立同分布于 $B(1,0.001)$ 的风险单位，保险金额为 1 元，试用多种方法估计总理赔额大于 3.5 的概率？

解 显然，$S \sim B(1000,0.001)$. 由二项分布的分布列直接精确计算要涉及阶乘及高次幂运算，运算量太大. 显然，由泊松定理可用 $P(1)$ 近似，二者几乎相等，即有：

$$P(S \geqslant 3.5) = 0.0190 .$$

下面分别用本书中的几种方法近似并进行比较：

(1) 正态近似：显然正态分布参数 $\mu=1$，$\sigma^2 = 0.9999$.

在 MATLAB 中输入：

x=3.5,

a=1,

b=0.9999^0.5,

f=1-normcdf(x,a,b)

故
$$P(S \geqslant 3.5) \approx P\left(\frac{S-\mu}{\sigma} \geqslant \frac{3.5-\mu}{\sigma}\right) = 0.0062 .$$

(2) 对数正态近似：设对数正态分布两个参数分别为 μ, σ，则可建立：

$$ES = \mathrm{Exp}(\mu + 0.5\sigma^2) = 1, \quad \mathrm{Var}(S) = \mathrm{Exp}(2\mu + 2\sigma^2) - \mathrm{Exp}(2\mu + \sigma^2) = 0.9999 .$$

%建立 M 文件并保存

function y=myfun851(x)

y(1)=exp(x(1)+0.5*x(2)^2)-1;

y(2)=exp(2*x(1)+2*x(2)^2)-exp(2*x(1)+x(2)^2)-0.9999;

%命令窗口输入

format long

x=[0.1,0.7],x=fsolve('myfun511',x)

a=log(3.5),f=1-normcdf(a,x(1),x(2))

可得

x=-0.346548589647590   0.832524581802323

$$P(S \geqslant 3.5) \approx P\left(\frac{S-\mu}{\sigma} \geqslant \frac{(\ln 3.5 + \mu)}{\sigma}\right) = 0.027363443302221.$$

(3) NP 近似：

$$P(S \geqslant 3.5) = P\left[\frac{S-\mu}{\sigma} \geqslant \frac{3.5-\mu}{\sigma} = x\right] \approx \Phi\left(\sqrt{\frac{9}{\gamma^2} + \frac{6x}{\gamma} + 1} - \frac{3}{\gamma}\right)$$

$$\approx 2.350729573910027e - 004.$$

MATLAB 程序如下：

a=0.01/(1000*0.01*0.9999)^0.5,

x=(3.5-1)/0.9999^2,b=(9/a^2+6*x/a)^0.5+1-3/a

f=1-normcdf(b,0,1)

显然, 泊松近似效果最好, 其次是对数正态近似与正态近似, 效果最差的 NP 近似. 可见复杂的过程及理论不一定能得到好的结果, 它们只是在特殊情况下才可能有更好的结果. 其实, 在大自然中, 最简单、最直接的方法往往也是最有效、最适合的方法.

6.5.2　集体风险模型

集体风险模型也称为**短期聚合风险模型**,

$$S^{\text{coll}} = \sum_{i=1}^{N} X_i ,$$

N 表示在某一特定时段上客户理赔的总次数, 通常假定 $\{X_i, i \geq 1\}$ 是独立同分布, 和 N 相互独立. 当 $P(N = n) = 1$ 时, 集体风险模型就退化为个体风险模型. 在非寿险精算中, 集体风险模型更适合描述总理赔额的分布.

1981 年, Panjer 给出了一种计算概率 $f(x)$ 的递归方法, 其前提条件是理赔额的概率分布列满足递归式, 而精算领域中理赔额经常取非负整数, 即离散型随机变量. Panjer 的成果发表后, 类似的公式在排队论中已被推导, 现在精算领域已经出现了大量的研究类似递归式的论文.

定理 6.5.2　若复合分布 $S = \sum_{i=1}^{N} X_i$, 其中理赔额 X_i 具有概率密度函数为 $p(x), x = 0,1,2,\cdots$, 而且 "有 n 个理赔发生" 的概率 q_n 满足递归式

$$q_n = \left(a + \frac{b}{n} \right) q_{n-1}, n = 1,2,\cdots, \ \text{其中} \ a,b \in \mathbf{R} ,$$

则 S 的密度函数为

$$f(0) = \begin{cases} P(N = 0), & \text{当} \ p(0) = 0 \ \text{时}, \\ m_N(\log p(0)), & \text{当} \ p(0) > 0 \ \text{时}, \end{cases}$$

$$f(s) = \frac{1}{1 - ap(0)} \sum_{h=1}^{s} \left(a + \frac{bh}{s} \right) p(h) f(s-h), \ \ s = 1,2,\cdots. \tag{6.5.1}$$

若 $X \sim P(\lambda)$, 则 $a = 0, \ b = \lambda \geq 0$, (6.5.1) 可化为

$$f(0) = \mathrm{e}^{-\lambda(1 - p(0))}, \ \ f(s) = \frac{1}{s} \sum_{h=1}^{s} \lambda h p(h) f(s-h) .$$

若 $X \sim \text{NB}(r, p)$, 则 $a = 1 - p, \ b = (1-r)(1-p), \ p_0 = p^r$, (6.5.1) 化为:

$$f(0) = m_N(r \log p), \ \ f(s) = \frac{1}{1 - qp^r} \sum_{h=1}^{s} \frac{(r - rh + s)}{s} C_{r+h-1}^h p^r q^{h+1} f(s-h) \ , \ \ s = 1,2,\cdots.$$

若 $X \sim B(n, p)$, 则 $a = -\dfrac{p}{1-p}, \ b = \dfrac{(n+1)p}{1-p}, \ p_0 = q^n$, (6.5.1) 化为:

$$f(s) = \frac{1}{1+pq^{n-1}} \sum_{h=1}^{s} \left(\frac{n+1-s}{s} \right) C_n^h p^{h+1} q^{n-h-1} f(s-h), \quad s=1,2,\cdots.$$

只需将 n, p 代入式（6.5.1）便可推出理赔额为其他离散型随机变量的 Panjer 简化式，但要注意一定要有实际意义. Panjer 递推公式可以用来计算停止损失保费及支撑于 $N_i \sim B(n, pp_i)$ 上分布的 S 重卷积，因此研究 Panjer 递推公式具有重要的实用价值.

例 6.5.2 设 $N \sim P(4)$，给定 X 的概率分布为 $f_X(1) = f_X(2) = f_X(3) = \frac{1}{3}$，对于 $S = \sum\limits_{i=1}^{N} X_i$，$X_i, i \geqslant 1$ 为独立的随机变量序列且与 X 有相同的分布.

(1) 计算 $f_S(0)$；

(2) 推导 $f_S(k)$ 的递推公式；

(3) 计算 $f_S(k), k=1,2,3$.

解 (1) $f_S(0) = P(N=0) = e^{-4}$.

(2) 由 Panjer 递推公式可得

$$f_S(x) = \sum_{y=1}^{x} \frac{4y}{x} f_S(x-y) f_X(y) = \frac{4}{3} \left(\frac{1}{x} f_S(x-1) + \frac{2}{x} f_S(x-2) + \frac{3}{x} f_S(x-3) \right).$$

(3) 由题意有

$$f_S(1) = \frac{4}{3} e^{-4} = 0.024420851851646,$$

$$f_S(2) = \frac{20}{9} e^{-4} = 0.040701419752743,$$

$$f_S(3) = \frac{284}{81} e^{-4} = 0.064217795609883.$$

下面进行计算机仿真.

对于泊松分布 $P(4)$，$a=0$，$b=4$，MATLAB 程序如下：

```
format long
X=[1/3,1/3,1/3];m=length(X);   %X 为个体索赔额分布
a=0;b=4;   %索赔次数分布的参数
S=[];y=[];S(1)=poisspdf(0,b);
for i=2:1:100
    for j=1:1:i-1
        if j>m X(j)=0;end
        y(j)=(a+b*j/(i-1))*X(j)*S(i-j);
        end
    S(i)=sum(y)/(1-a*0);
end
S   %总索赔额分布
```

运行结果可得：

$f_s(1) = 0.024420851851646$,

$f_s(2) = 0.040701419752743$,

$f_s(3) = 0.064217795609883$.

例 6.5.3 假定 $N \sim P(100)$，个体理赔额独立同分布于 Exp(10)，总理赔额的数学期望与方差分别为

$$ES = E(N)E(X) = 100 \times 10 = 1000,$$

$$\text{Var}(S) = E(N)\text{Var}(X) + (EX)^2 \text{Var}(N) = 100 \times 100 + 10^2 \times 100 = 20000.$$

我们对总理赔额进行随机模拟，MATLAB 程序如下：

```
%生成 10000 个总理赔额
n=10000;N=poissrnd(100,1,n);
for i=1:1:n
    for j=1:1:N(i)
        x=exprnd(10,1,N(i));y(i)=sum(x);
    end
end
mean(y),var(y)    %总理赔额的期望与方差
```

总理赔额的期望与方差的一次模拟结果为

$$1.0002e+003,\ 2.0168e+004,$$

效果还是不错的，值得注意的是程序运行需要几十秒，请读者耐心等待.

6.5.3　长期聚合风险模型

长期聚合风险模型

$$S_t = \sum_{i=1}^{N_t} X_i,$$

其中 $\{N_t, t \geqslant 0\}$ 为随机过程，表示索赔过程，$\{X_i, i \in \mathbf{N}\}$ 为独立同分布随机变量序列，表示索赔额序列，且索赔过程与索赔额序列相互独立.

设保险公司在时刻 t 的盈余（surplus）可表示为

$$U(t) = u + ct - \sum_{k=1}^{N(t)} X_k,$$

其中 u 是初始资本，c 是保险公司单位时间内征收的保费，X_k 表示第 k 次索赔额，$N(t)$ 表示到时刻 t 发生的索赔次数. 上述模型是 **Lundberg–Cramer 经典破产模型**.

记 $T = \inf\{n : U_n < 0\}$，表示保险公司破产时，即 T 为首次到达负资产时，若 $T = \inf\{\varnothing\} = +\infty$，可认为破产不会发生，则

$$\varphi(u) = P\{T < \infty | U_0 = u\}$$

为**破产概率**，

$$\varphi(u, t) = P\{T < t | U_0 = u\}$$

称为**有限时间内破产概率**，即在时间 $(0,t)$ 内保险人破产的概率.

$$\Phi(u) = 1 - \varphi(u)$$

为**不破产概率**.

假定在 Lundberg-Cramer 经典破产模型中 $u=100$，$c=110$，$N(t)$ 服从参数为 10 的泊松过程，$X_i, i=1,2,\cdots$，独立同分布于均值为 10 的指数分布，下面进行计算机仿真.

由于 $n \to \infty$ 时的破产概率计算机无法实现，故可选一个充分大的时间 n 作为边界，比如 $n=1000$，即用 $\varphi(u,1000)$ 近似 $\varphi(u)$，然后对 Lundberg-Cramer 模型进行仿真，并考察保险公司在时间 $[0,1000]$ 内是否破产，最后利用破产的频率来估计破产概率. MATLAB 程序如下：

```
n=1000;  %模拟终止时间
S=[];x1=[];u=0;c=110;m=0;M=0;
for i=1:1:1000  %共模拟1000次样本轨道，以其破产频率近似破产概率
    N=poissrnd(10,1,n);
    for j=1:1:n
        x=exprnd(10,1,N(j));x1(j)=sum(x);
        if j==1 S(j)=x1(j);
        else S(j)=S(j-1)+x1(j);end
        if S(j)>c*j+u m=1;break;
        else m=0;end
    end
    M=M+m;
end
M/1000    %保险公司破产概率
```

模拟结果显示：

当 $u=100$，则 $P(T \leqslant 1000)$ 在 0.3 附近；当 $u=0$，则 $P(T \leqslant 1000)$ 在 0.7 附近. 由此可见，初始资本越多，破产概率越小，这也与事实相符.

设 $\{N_n, n \in \mathbf{N}\}$ 为取自然数值的计数过程，且对 $\forall n_2 > n_1$，

$$N_{n_2} - N_{n_1} \sim NB(n_2 - n_1, p) \text{（负二项分布）},$$

则称 $\{N_n, n \in \mathbf{N}\}$ 为参数为 (n,p) 的**负二项随机过程**，简记为 $\text{NBRP}(n,p)$.

设 $u \geqslant 0$，给定概率空间 $(\Omega, \mathcal{F}, P)$，n 为非负正整数，令

$$U_n = u + cn - \sum_{i=1}^{N_n} X_i, \quad S_n = \sum_{i=1}^{N_n} X_i - cn,$$

其中 u 为初始资本，$\{N_n, n \in \mathbf{N}\}$ 为 $\text{NBRP}(n,p)$ 且 $N(0)=0$，表示在时间 $[0,n]$ 内索赔次数，索赔额 X_i 独立同分布于 X，假定 $E(X)=\mu_X, \text{Var}(X)=\sigma_X^2$，且与 $\{N_n, n \in \mathbf{N}\}$ 相互独立. 我们称此模型为索赔过程为**复合负二项过程的风险模型**.

模拟思路：首先输入模型参数，在 $(n, n+1]$ 时间段内，生成一个随机数 $g \sim Ge(p)$，作为此时间段的索赔次数，接着产生 g 个索赔额随机数，其和作为此时间段的索赔总额. 判断 U_n 的正

负，如果小于 0，破产，模拟终止，否则 $n := n+1$，如果 $n = 1000$ 时，U_n 仍大于 0，认为不破产.

当负二项随机过程的参数 $p = 0.5$，单位时间收取保费为 $c = 15$，索赔额分布 $X \sim \text{Exp}(10)$，初始资本 $u = 20$ 时，每次模拟 1000 次风险模型的样本轨道，以破产的频率作为概率的估计值，MATLAB 程序如下：

```
P=[];n=1000;   %n 为模拟终止时间
n1=1000;     %每次模拟中再模拟 n₁ 次样本轨道，以其破产频率近似破产概率
for i1=1:1:5   %5 为模拟次数
    S=[];x1=[];u=20;c=15;m=0;M=0;
    for i=1:1:n1
        N=geornd(0.5,1,n);
        for j=1:1:n
            x=exprnd(10,1,N(j));x1(j)=sum(x);
            if j==1 S(j)=x1(j);
            else S(j)=S(j-1)+x1(j);end
            if S(j)>c*j+u m=1;break;
            else m=0;end
        end
        M=M+m;
    end
    P(i1)=M/n1;     %第 i₁ 次模拟，保险公司的破产概率
end
mean(P),std(P)
```

注：程序需运行几分钟，请读者耐心等待.

模拟结果见表 6.5.1.

表 6.5.1　5 次模拟结果

第 1 次	第 2 次	第 3 次	第 4 次	第 5 次	均值	标准差
0.358 0	0.370 0	0.366 0	0.365 0	0.355 0	0.362 8	0.006 1

可见，在此条件下，可估计破产概率为 0.3628，由于标准差仅为 0.0061，故可靠性很高，于是可采用数值解来估计破产概率..

如果想提高估计精度，既可以增加终止时间，也可以增大样本容量（模拟次数），但模拟时间会增长，因为运算量增大.

习题 6

1. 设某商店每日 8 时开始营业，从 8 ~ 11 时平均顾客到达率线性增加，在 8 时顾客平均到达率为 5 人/小时，11 时到达高峰为 20 人/小时. 从 11 ~ 13 时，平均顾客到达率维持不变，为 20 人/小时，从 13 ~ 17 时，顾客到达率线性下降，到 17 时顾客到达率为 12 人/小时. 假定在不

相重叠的时间间隔内到达商店的顾客数相互独立, 问 8:30 ~ 9:30 无顾客到达商店的概率是多少? 在这段时间内到达商店的顾客数学期望是多少?

2. 设 $\{X_n, n = 1, 2, \cdots\}$ 为一列独立同分布于 $F(x)$ 且非负的随机变量 (为避免出现平凡情况, 假设

$$F(0) = P\{X_n = 0\} \neq 1, \quad 0 < \mu = EX_i (i = 1, 2, \cdots, n) \leqslant \infty),$$

$$S_0 = 0, \quad S_n = \sum_{i=1}^{n} X_i, \quad n = 1, 2, \cdots, \quad N(t) = \sup\{n, S_n \leqslant t\}, \quad t \geqslant 0,$$

则计数过程 $\{N(t), t \geqslant 0\}$ 为更新过程, X_n 为更新寿命, S_n 为第 n 次更新时刻 (再生点). 请读者思考, 更新过程如何进行计算机仿真, 并给出 MATLAB 程序?

3. 设齐次 Markov 链 $\{X_n, n = 0, 1, 2, \cdots\}$ 的状态空间 $S = \{0, 1, 2\}$, 初始分布为 $P(X_0 = 0) = \dfrac{1}{4}$,

$P(X_0 = 1) = \dfrac{1}{2}$, $P(X_0 = 2) = \dfrac{1}{4}$, 转移概率矩阵 $P = \begin{pmatrix} \dfrac{1}{4} & \dfrac{3}{4} & 0 \\ \dfrac{1}{3} & \dfrac{1}{3} & \dfrac{1}{3} \\ 0 & \dfrac{1}{4} & \dfrac{3}{4} \end{pmatrix}$.

(1) 计算概率 $P(X_0 = 0, X_1 = 1, X_2 = 2)$;

(2) 计算条件概率 $P(X_{n+2} = 1 | X_n = 0)$.

4. 如何利用马氏链进行随机变量仿真? (提示: 构造一马氏链, 使其平稳分布刚好为所求的随机变量)

5. 请读者思考, 如果随机过程不满足独立增量, 该如何进行计算仿真?

6. 随机动力系统与确定动力系统的区别与联系是什么? 它们对计算机仿真有何影响?

附录　MATLAB 简介

1　矩阵与相关运算

在介绍矩阵及其运算前, 我们先了解 MATLAB 的界面及其数据的导入与导出.

一、界面简介

MATLAB 启动后界面如图 f1.1 所示.

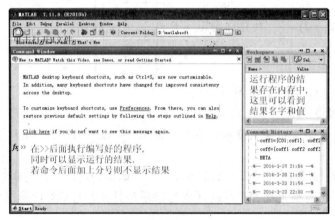

图 f1.1　命令执行窗口

下面根据图 f1.1 简要介绍一下启动后的界面:

最上部显示的是软件的版本, 如这里的为 MATLAB 7.11（R2010b）.

接下来是菜单栏, 含有 File, Edit, …, Help 等.

再往下是工具栏, 如第一个纸张状图标（即图 f1.1 中黑色圈起来的图标）是打开 M 文件, 在 M 文件中编辑或编写程序; 再如 Current Folder: D:\MATLABsoft 是指定的当前工作路径, 如果要向某文件夹中读取或保存相关内容, 则通过点击▣, 然后选择该文件夹作为当前工作路径.

再往下的空白区域是 "Command Window", 即在这里执行编写的程序, 从符号 ">>" 后面开始. 注意程序的编写一般在另外的记事本或专门的 M 文件中进行, 单击工具栏左上角的纸张形状图标即可打开.

右面的 "Workspace" 是显示程序运行的结果和变量名称.

右边最下面的 "Command History" 是记录运行过的程序, 方便以后查找或再次使用. 可按日期查找, 可以选择单条历史命令, 也可以同时选择多条历史记录. 然后右选择复制, 将其粘贴到 Command Window 窗口中执行, 也可将其作为文本复制到 Word 文档或 txt 文档中. 如果双击历史记录中的命令, 则系统会立即执行被双击的命令一次. 如果 Command History

窗口中一些命令不需要，可以选中一条或多条记录，然后按"Delete"键，将其删除．

最后，单独强调一下 MATLAB 的帮助界面．在实际函数命令的使用中，经常会有一些命令或命令中的参数等需要查询或得到帮助，点击主菜单中的 Help\Product Help 或直接按 F1，进入 MATLAB 自带的帮助界面，如图 f1.2 所示．点击各个节点可以查看相关帮助信息．帮助文件里有详细的解释和丰富的实例．

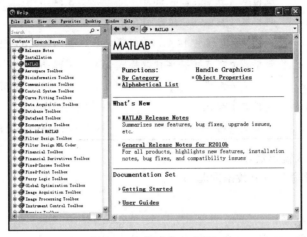

图 f1.2　帮助窗口界面

在 Search 中输入函数命令，单击回车键，有关命令的用法和实例就会显示在右面．由帮助界面，可以看出 MATLAB 的强大功能，它可以与主流的软件开发工具进行混合编程开发．与 Java 和.Net 无缝对接．只有勤查帮助或网上查找资料才能起到事半功倍的学习效果．

二、数据的导入和导出

MATLAB 读取纯文本文件中数据的主要命令为 load, importdata 等，当然也可以利用 xlsread 等办法读取 Excel 文件数据．

把数据写入文本文档的主要命令为 save, dlmwrite, fprintf 等，把数据写入 Excel 文档的主要命令为 xlswrite．

对于初学者来说，一般不用这些相对专业的命令，我们完全可以在 M 文件或记事本中事先将数据准备好，复制后直接粘贴在命令执行窗口．程序执行的结果可以直接在命令执行窗口复制，而后粘贴在你想放置的地方．举个例子．

例 f1.1　在 M 文件或记事本中记

data=[3 2.5 2.5 3.5 3 2.7 2.5 2];

这是个名字为 data 的行向量，用中括号括起来，里面有 8 个元素，元素之间用空格隔开或用逗号隔开．复制后把它粘在命令窗口，按回车键，这个语句就会被执行．注意向量最后中括号后面的分号如果去掉，这个命令在执行后就会显示为

data=

　　　3.0000　2.5000　2.5000　3.5000　3.0000　2.7000　2.5000　2.0000

若最后中括号后面的分号不去掉，则执行后就不显示结果，但结果已经存在内存中，后面可以随时调用．

需要注意的是，软件输出的数据一般是取小数点后的前四位，用户可以通过命令 format 自行选择数据的格式，具体见表 f1.1.

表 f1.1　MATLAB 常用数据格式

格　式	注　释	举　例
format	短格式（默认），同 short	3.1416
format short	短格式（默认），只显示 5 位	3.1416
format long	长格式，双精度 14 位，单精度 7 位	3.14159265358979
format short e	短格式 e 方式（科学计数格式）	3.1416e+000
format long e	长格式 e 方式	3.14159265358979 e+000
format short g	短格式 g 格式	3.1416
format long g	长格式 g 格式	3.14159265358979

例 f1.2　数据输入输出展示.

\>> li12=input('请输入一个数据向量:')

结果为

请输入一个数据向量:

%输入下面的向量. 注意: 这里百分号"%"表示注释，即%后的语句不会被执行

[1/3 1/7 1/9]

结果为

li12=0.3333　　　0.1429　　　0.1111　　%默认短格式输出数据

\>>format rat　　%有理格式输出

\>> li12

结果为

li12=1/3　　　1/7　　　1/9

\>> format long　　%14 位精度小数

\>>li12

结果为

li12=0.333333333333333　　　0.142857142857143　　　0.111111111111111

%注意，若要输出符号或表达式，请用单引号引起，如

\>> 'a+b-5'

结果为

ans=a+b-5

三、矩阵的创建和操作

在 MATLAB 中，有两种创建矩阵的方法：一种是直接按元素逐个输入的方法；另一种是使用 MATLAB 相关的指令来创建.

1）直接输入元素创建

直接按元素逐个输入来创建矩阵，就是将所有元素放在一对方括号内，行与行之间以分号";"

隔开, 每一行中各元素之间以空格或逗号隔开. 只有一行的矩阵称为行向量 (也称为一维数组), 只有一列的矩阵称为列向量. 此方法可创建向量和矩阵.

例 f1.3 直接输入创建向量和矩阵演示.

```
>>A=[1 2 3 4]    %创建行向量, 元素之间以空格隔开, 运行后为
A=1      2      3      4
>>B=[1;2;3]    %创建列向量, 行之间以分号隔开, 运行后为
B=
      1
      2
      3
>>J23=[1 2 3;4 5 6]    %创建一个 2×3 矩阵, 运行结果为
J23=
      1      2      3
      4      5      6
```

2) MATLAB 指令创建

在 MATLAB 中指令, 更多时候也称为函数 (命令). 可以使用 MATLAB 内置的函数来创建矩阵 (有时也称矩阵为数组). 下面以举例的方式说明.

例 f1.4 通过 MATLAB 指令创建向量和矩阵演示.

```
>>Li_31=0:0.2:1    %以 0 为起点, 1 为终点, 步长为 0.2 创建一个数组 (行向量)
结果为
Li_31=0      0.2000      0.4000      0.6000      0.8000      1.0000
>>Li_32=0:pi    %起点 0, 终点 pi, 默认步长 1, 最后一个元素不是终点
结果为
Li_32=0      1      2      3
```

注: 指定起点: 步长: 终点. 如果不指定步长, 则将步长默认为 1; 最后一个元素不一定是终点, 这取决于区间长度是否为步长的整数倍. 该方法常用于创建向量.

```
>>Li_33=linspace(0,pi,3)
Li_33=0      1.5708      3.1416
>>Li_34=linspace(0,3,5)
Li_34=0      0.7500      1.5000      2.2500      3.0000
```

注: linspace (起点, 终点, 元素个数), 等分间隔. 该方法常用于创建向量.

另外, 创建特殊矩阵的常用函数: rand, magic, zeros, ones 和 eye 等, 需要深入研究, 请参看联机帮助.

```
>>rand('state',0)    %把均匀分布的伪随机发生装置设为 0 状态
>>li_35=rand(2,3)    %产生一个 2×3 随机矩阵, 元素服从 [0,1] 上均匀分布
结果为
li_35=
      0.9501      0.6068      0.8913
```

```
        0.2311      0.4860      0.7621
>>m=magic(3)   %产生一个 3 阶魔方矩阵
结果为
m=
      8       1       6
      3       5       7
      4       9       2
>>zeros(3)   %产生一个 3 阶零矩阵
结果为，ans 是默认的变量名，当不指定时，结果变量名就为 ans
ans=
      0       0       0
      0       0       0
      0       0       0
>>zeros(2,3)   %产生一个 2×3 零矩阵
ans=
      0       0       0
      0       0       0
>>eye(2,3)   %产生一个 2×3 矩阵，左边是一个 2×2 单位矩阵
ans=
      1       0       0
      0       1       0
>>eye(3)   %产生一个 3 阶单位矩阵
ans=
      1       0       0
      0       1       0
      0       0       1
>>ones(2,3)   %产生一个元素全为 1 的 2×3 矩阵
ans=
      1       1       1
      1       1       1
```

另外，还有其他特殊的矩阵创建函数，如有需要请参看帮助.

最后，我们简单说明矩阵的常见操作，假设 A 为 $m \times n$ 矩阵，B 为 $1 \times n$ 或 $n \times 1$ 向量.

A(i, j)　　%取矩阵 A 的第 i 行和第 j 列元素；

A(:, j)　　%取第 j 列元素；

A(i, :)　　%取第 i 行元素；

A(:, [i j k])　　%取第 i, j, k 列元素；

A([i j k], :)　　%取第 i, j, k 行元素；

A([i j], [k s])　　%取第 i, j 行和第 k, s 列元素；

A([i : j], [k s])　　%取第 i 至 j 行和第 k, s 列元素；

B(i)   %查询向量 B 的第 i 个元素;

B(i : j)   %查询向量 B 的第 i 至第 j 个元素;

B(i : end)   %查询向量 B 的第 i 至最后一个元素;

以上介绍的主要是元素查询, 若要替换某些元素时, 就令上述的符号等于准备替换的元素即可. 例如

$B(i)$ =23   %将向量 B 的第 i 个元素替换为 23;

B([1 2 6])=[11 12 16]   %将下标为 1, 2, 6 的三元素的值设为 11, 12, 16;

再如 :

>>A=[1 2 3;4 5 6;7 8 9]

A=

  1 2 3

  4 5 6

  7 8 9

>>B=A(1:2,2:3)

结果为

B=

  2 3

  5 6

>>C=A;

>>C(:,[1])=[];   %去掉矩阵 C 的第 1 列后的矩阵

>>C([3],:)=[]   %接着再去掉矩阵 C 的第 3 行后的矩阵

结果为

C=

  2 3

  5 6

矩阵的操作还有置换和旋转.

A' %矩阵转置, 行列互换;

flipud(A)   %矩阵上下翻转;

fliplr(A)   %矩阵左右翻转;

rot90(A)   %矩阵旋转 90°.

四、矩阵相关运算简介

在 MATLAB 中, 矩阵的运算主要有加、减、乘、除等, 另外, 还有数与矩阵、数与数之间的运算等. 下面以矩阵 $A = \begin{bmatrix} 1 & 2 \\ 3 & 4 \end{bmatrix}$ 和 $B = \begin{bmatrix} -1 & 1 \\ 0 & 2 \end{bmatrix}$ 及数 $\lambda = 2$ 为例来说明相关算法.

矩阵加法: 把相应位置的元素相加, 命令为 $A+B$. 如:

$$A + B = \begin{bmatrix} 1 & 2 \\ 3 & 4 \end{bmatrix} + \begin{bmatrix} -1 & 1 \\ 0 & 2 \end{bmatrix} = \begin{bmatrix} 0 & 3 \\ 3 & 6 \end{bmatrix}.$$

矩阵减法: 把相应位置的元素相减, 命令为 $A - B$. 如:

$$A - B = \begin{bmatrix} 1 & 2 \\ 3 & 4 \end{bmatrix} - \begin{bmatrix} -1 & 1 \\ 0 & 2 \end{bmatrix} = \begin{bmatrix} 2 & 1 \\ 3 & 2 \end{bmatrix}.$$

矩阵乘法: 若运算是按元素对应进行的, 则称为数组运算; 如果按代数学中一行和一列相乘再相加的方式运算, 则称为矩阵运算, 命令分别为 $A.*B$ 和 $A*B$. 如数组运算结果为

$$A.*B = \begin{bmatrix} 1 & 2 \\ 3 & 4 \end{bmatrix} .* \begin{bmatrix} -1 & 1 \\ 0 & 2 \end{bmatrix} = \begin{bmatrix} -1 & 2 \\ 0 & 8 \end{bmatrix}.$$

矩阵运算结果为

$$A*B = \begin{bmatrix} 1 & 2 \\ 3 & 4 \end{bmatrix} * \begin{bmatrix} -1 & 1 \\ 0 & 2 \end{bmatrix} = \begin{bmatrix} 1\times(-1)+2\times 0 & 1\times 1+2\times 2 \\ 3\times(-1)+4\times 0 & 3\times 1+4\times 2 \end{bmatrix} = \begin{bmatrix} -1 & 5 \\ -3 & 11 \end{bmatrix}.$$

矩阵除法（逆）: 若运算是按元素对应进行的, 则称为数组运算; 如果按代数学中矩阵方式运算, 则称为矩阵运算, 命令分别为 $A./B$ 和 A/B. 如数组运算结果为

$$A./B = \begin{bmatrix} 1 & 2 \\ 3 & 4 \end{bmatrix} ./ \begin{bmatrix} -1 & 1 \\ 0 & 2 \end{bmatrix} = \begin{bmatrix} -1 & 2 \\ \text{Inf} & 2 \end{bmatrix}.$$

注意这里 Inf 表示无穷大. 矩阵运算结果为

$$A/B = \begin{bmatrix} 1 & 2 \\ 3 & 4 \end{bmatrix} * \begin{bmatrix} -1 & 1 \\ 0 & 2 \end{bmatrix}^{-1} = \begin{bmatrix} -1 & 1.5 \\ -3 & 3.5 \end{bmatrix}.$$

注意这里 B^{-1} 相当于矩阵求逆运算, 命令为 inv(B).

在 MATLAB 中, 数组和矩阵本身是没有区别的, 在内存中是一样的. 只是针对不同的运算方式, 将其称为数组运算或矩阵运算.

矩阵乘方: 相当于几个矩阵连乘, 但要注意必须符合矩阵的乘法运算要求, 命令为 $A\hat{}2$. 如

$$A^2 = A*A = \begin{bmatrix} 1 & 2 \\ 3 & 4 \end{bmatrix} * \begin{bmatrix} 1 & 2 \\ 3 & 4 \end{bmatrix} = \begin{bmatrix} 7 & 10 \\ 15 & 22 \end{bmatrix}.$$

数组乘方就是矩阵对应元素直接相乘, 命令为 $A.\hat{}2$, 如

$$A.\hat{}2 = \begin{bmatrix} 1^2 & 2^2 \\ 3^2 & 4^2 \end{bmatrix} = \begin{bmatrix} 1 & 4 \\ 9 & 16 \end{bmatrix}.$$

数与矩阵的加减乘除: 均为矩阵每一个元素加减乘除该数. 如

$$\lambda + A = 2 + \begin{bmatrix} 1 & 2 \\ 3 & 4 \end{bmatrix} = \begin{bmatrix} 1+2 & 2+2 \\ 3+2 & 4+2 \end{bmatrix} = \begin{bmatrix} 3 & 4 \\ 5 & 6 \end{bmatrix}.$$

实现命令为 A+lamda 或 lamda + A.

数与数的运算及基本函数: 结果见表 f1.2, 假设 a, b 为数, e 为自然常数, x, y 为向量.

表 f1.2　数与数之间的常见运算及基本函数

运　算	指　令	函数符号	名　称	函数符号	名　称
$a+b$	a+b	sum(x)	求　和	sec(x)	正割函数
$a-b$	a-b	max(x)	求最大值	csc(x)	余割函数
$a \times b$	a*b	min(x)	求最小值	asin(x)	反正弦函数
$a \div b$	a/b	sign(x)	符号函数	acos(x)	反余弦函数
a^b	a^b	mod(a,b)	相除的余数	atan(x)	反正切函数
$\sqrt{a}$	sqrt(a)	conj(x)	复数共轭	acot(x)	反余切函数
$|a|$	abs(a)	imag(x)	复数虚部	asec(x)	反正割函数
$\ln(a)$	log(a)	real(x)	复数实部	acsc(x)	反余割函数
$\log_{10}(a)$	log10(a)	sin(x)	正弦函数		
e^a	exp(a)	cos(x)	余弦函数		
$x \cdot y$	doc(x,y)	tan(x)	正切函数		
$x \times y$	cross(x,y)	cot(x)	余切函数		

除此之外，还有关系运算与逻辑运算．关系操作符有:==或 eq(A,B); ~=或 ne; <或 lt; >或 gt; <=或 le; >=或 ge; 以及&或 and; |或 or; ~或 nor 等,具体函数要求读者自行查阅帮助系统．列表 f1.3, 详情请参看联机帮助．

表 f1.3　关系运算符

关系运算符	功　能	关系运算符	功　能
<	小于	>=	大于或等于
<=	小于或等于	==	等于
>	大于	~=	不等于

另外有关函数如下: all, any, isqual, iempty, isfinite, isinf, isnan, isnumeric, isreal, isprime, isspace, isstr, ischar, isstudent, isunix, isvms, find 等．

例 f1.5　关系运算与逻辑矩阵使用演示．

```
>>A=[1 5 9;3 4 7;2 6 8]
A=
     1     5     9
     3     4     7
     2     6     8
>>B=magic(3)
B=
     8     1     6
     3     5     7
     4     9     2
C=gt(A,B)     %比较大小 Greater than
C=
```

$$
\begin{array}{ccc}
0 & 1 & 1 \\
0 & 0 & 0 \\
0 & 0 & 1
\end{array}
$$

\>\>whos C　　%查看 C 的详细信息

Name	Size	Bytes	Class	Attributes
C	3x3	9	logical	

\>\>B\>3　　%B 中元素值大于 1 的位置对应 1，否则对应 0, 结果是一个逻辑矩阵

ans=

$$
\begin{array}{ccc}
1 & 0 & 1 \\
0 & 1 & 1 \\
1 & 1 & 0
\end{array}
$$

\>\>B(find(B\>3))　　%将 B 中元素值大于 3 的元素列出来

ans=

$$
\begin{array}{c}
8 \\
4 \\
5 \\
9 \\
6 \\
7
\end{array}
$$

\>\>[r,c]=find(B\>3)　　%元素值大于 3 的行号组成数组 r, 列号组成数组 c

r=　　　　　　c=

$$
\begin{array}{cc}
1 & 1 \\
3 & 1 \\
2 & 2 \\
3 & 2 \\
1 & 3 \\
2 & 3
\end{array}
$$

\>\>B.*(B\>3)　　%B 中不大于 3 的位置上的元素设为零

ans=

$$
\begin{array}{ccc}
8 & 0 & 6 \\
0 & 5 & 7 \\
4 & 9 & 0
\end{array}
$$

五、矩阵的其他基本特征参数

本小节简要说明反映矩阵特征参数的一些量, 如行列式、秩、条件数、范数、特征值与特征向量等问题.

例 f1.6　矩阵基本信息查询演示.

\>\>M=magic(3)

M=

```
    8      1      6
    3      5      7
    4      9      2
>>numel(A)    %统计矩阵的元素个数
ans=9
>>size(M)    %计算矩阵的行列数
ans=3        3
>>length(M)    %计算行数与列数中的最大者
ans=3
>>max(M(:))    %求出矩阵中所有元素中的最大者
ans=9
>>min(M(:))    %求出矩阵中所有元素中的最小者
ans=1
```

计算行列式、秩及范数的指令分别是 det, rank 和 norm.

例 f1.7　矩阵行列式, 秩与范数使用演示.

```
>>A=magic(3);
>>det(A)    %求 A 的行列式
ans=-360
>>rank(A)    %计算矩阵的秩
ans=3
>>B=[5 6 9;3 5 1;8 6 1]
B=
    5      6      9
    3      5      1
    8      6      1
>>binf=norm(A,'inf')    %计算无穷范数
binf=20
>>b2=norm(A,2)    %计算 2 范数
b2=15.4215
```

条件数是反映 $AX=b$ 中, 如果 A 或 b 发生细微变化, 解变化的剧烈程度. 如果条件数很大说明是病态方程, 不稳定方程.

例 f1.8　矩阵条件数与稳定性演示.

```
>>A=[2 3 4;1 1 9;1 2 -6]
A=
    2      3      4
    1      1      9
    1      2      -6
>>con2=cond(A)    %计算 2-范式条件数
con2=575.8240
```

>>con1=condest(A)　%计算 1-范式条件数

con1=817

例 f1.9　求解线性方程组:

$$\begin{cases} 2x_1 + 3x_2 + 4x_3 = 1 \\ x_1 + x_2 + 9x_3 = -7 \\ x_1 + 2x_2 - 6x_3 = 9 \end{cases} \Rightarrow \begin{pmatrix} 2 & 3 & 4 \\ 1 & 1 & 9 \\ 1 & 2 & -6 \end{pmatrix} \begin{pmatrix} x_1 \\ x_2 \\ x_3 \end{pmatrix} = \begin{pmatrix} 1 \\ -7 \\ 9 \end{pmatrix} \Rightarrow \begin{pmatrix} x_1 \\ x_2 \\ x_3 \end{pmatrix} = \begin{pmatrix} 2 & 3 & 4 \\ 1 & 1 & 9 \\ 1 & 2 & -6 \end{pmatrix}^{-1} \begin{pmatrix} 1 \\ -7 \\ 9 \end{pmatrix}.$$

>>A=[2 3 4;1 1 9;1 2 -6];　%系数矩阵

>>b=[1; -7;9];　%常数列

>>x=inv(A)*b　%逆矩阵的方法求解

x=

　　　1

　　　1

　　-1

>>A\b　%左除方法求解

ans=

　　　1

　　　1

　　-1

>>A=A+0.001;　%系数矩阵加上扰动

>>b=b-0.001;　%常数列加上扰动

>>x2=inv(A)*b　%以逆矩阵的方法求解

x2=

　　　0.9504

　　　1.0297

　　-0.9980

结合例 f1.8 和例 f1.9, 请读者分析感受条件数与解的稳定性的关系.

最后, 通过举例说明矩阵的特征值、特征向量与对角化, 与数学知识相关的概念请参考相关数学书籍.

例 f1.10　特征值与特征向量演示.

>>A=[8 1 6;3 5 7;4 9 2];

>>E=eig(A)　%计算特征值

E=

　　15.0000

　　　4.8990

　　-4.8990

>>[V,D]=eig(A)　%计算特征值组成的对角矩阵 D 和特征向量组成的矩阵 V

V=

　　-0.5774　　-0.8131　　-0.3416

-0.5774	0.4714	-0.4714
-0.5774	0.3416	0.8131

D=

15.0000	0	0
0	4.8990	0
0	0	-4.8990

注: 有关正交化运算（orth 函数）、三角分解（lu）、正交分解（qr）、特征值分解（eig）、奇异值分解（svd）的内容, 请参看 MATLAB 的帮助系统和相关数学书籍.

2　微积分与代数方程基本求解

一、符号运算简介

符号运算以推理解析的方式进行, 因此没有误差问题的困扰, 能给出完全正确的解析解, 如解析解不存在, 则按任意指定的精度给出数值解. 符号运算使用起来非常简单, 与大学数学中的书写类似.

符号函数的定义使用指令：sym 与 syms, 下面举例说明其应用.

例 f2.1　sym 与 syms 的使用

```
>>y=sym('2*sin(x)*cos(x)')   %通过字符串来创建符号对象, 自变量为 x
y=2*sin(x)*cos(x)
>>y=simple(y)    %将符号函数对象化简
y=sin(2*x)
%%一小节结束
>>syms a b;  %定义符号变量 a,b
>>y=sin(a)*cos(b)-cos(a)*sin(b);  %符号对象 y
>>y=simple(y)   %将符号对象 y 化简
y=sin(a-b)
%%一小节结束
>>A=sym('[1 2;3 2]')   %通过字符串创建矩阵符号对象 A
A=
    [ 1, 2]
    [ 3, 2]
>>da=det(A)   %计算 A 的行列式
da=-4
>>ia=inv(A)   %计算 A 的逆矩阵, 注意结果含有分数
ia=
    [-1/2,   1/2]
    [3/4, -1/4]
>>ea=eig(A)   %计算 A 的特征值
```

```
ea=
     4
    -1
>>[ev,ea]=eig(A)    %计算特征值和特征向量
ev=
    [-1, 1]
    [ 1, 3/2]
ea=
    [-1, 0]
    [ 0, 4]
```

注意: 使用符号运算就像平时数学运算一样方便. 另外, MATLAB 中还有针对多项式操作的一系列函数:

colllect: 同幂次的项的系数进行合并;

expand: 按多项式、三角函数或指数对数函数等展开;

factor: 因式分解;

horner: 将多项式分解成嵌套形式;

simple: 将表达式化简.

如需要时可查看帮助. 下面简要介绍符号对象的精度控制. 在符号计算中, 当符号常数或符号结果需要以数值形式给出时, 可以灵活地按指定精度输出数值. 与精度有关的三个函数指令: double, digits, vpa

digits: 显示当前采用的数值计算精度;

digits(n): 设置今后数值计算以 n 位相对精度进行;

xs=vpa(x): 在 digits 指定精度下, 给出 x 的数值型结果;

xs=vpa(x,n): 在 n 位相对精度下, 给出 x 的数值型结果.

以下举例说明.

例 f2.2 精度控制演示.

```
>>vpa(pi)    %依当前精度输出
ans=3.1415927
>>eval('pi')    %依默认精度输出
ans=3.1416
>>vpa(pi,'100')    %依指定精度输出
ans
   =3.1415926535897932384626433832795028841971693993751058209749445923078164
    0628620899862803482534211708
%%本小节结束
>>a=sym('1/3')    %创建符号对象
a=1/3
>>digits(2);    %设置当前精度为 2
>>vpa(a)    %以当前精度输出
```

ans=.33

>>digits(19); %设置当前精度为 19

>>vpa(a) %以当前精度输出

ans=.3333333333333333333

二、微分问题

1）极限计算

首先介绍极限的计算. MATLAB 中计算极限的函数是 limit. 其语法如下:

limit(F,x,a): 计算 $\lim\limits_{x \to a} F(x)$;

limit(F,x,a,'right'): 计算 $\lim\limits_{x \to a^+} F(x)$;

limit(F,x,a,'left'): 计算 $\lim\limits_{x \to a^-} F(x)$.

例 f2.3 求符号极限演示.

>>syms x a t h %定义字符变量

>>limit(sin(x)/x) %计算极限, 默认求右趋于零的极限

ans=1

>>limit(1/x,x,0,'right') %对 x 求右趋于零的极限

ans=Inf

>>limit(1/x,x,0,'left') %对 x 求左趋于零的极限

ans=-Inf

>>limit((sin(x+h)-sin(x))/h,h,0) %对 h 求趋于零的极限

ans=cos(x)

>>v=[(1+a/x)^x,exp(-x)]

v=[(1+a/x)^x, exp(-x)]

>>limit(v,x,inf,'left') %对 x 求左趋于正无穷大的极限

ans=[exp(a), 0]

2）导数计算

导数计算问题有两类: 一类是已知函数解析式, 然后计算其导数解析式或计算某点的导数值, 此类问题很好处理. 另一类问题是只有实验得到的离散数据, 要得到各阶导数值, 此类问题比较麻烦, 常用的方法是中心差分法. 几何上介绍点积、叉积、混合积、切平面和法线、梯度场、流线场等.

(1) 解析法求导数问题.

解析法求导使用符号运算, 求导函数为 diff, 语法如下:

diff(S); %对 S 求一阶导数, 依 26 字母中最接近 x 的字母为自变量;

diff(S,'v'); %以 v 为自变量, 对 S 求导;

diff(S,'v',n); %以 v 为自变量, 对 S 求 n 阶导数;

diff(X); %计算向量 X 的向前差分: $X(i+1) - X(i), (i=1,2,\cdots,n-1)$;

diff(X,n); %计算向量 X 的 n 阶向前差分.

例 f2.4　求符号极限演示.

>>da=diff('x^5+3*x+5')　%求导数

da=5*x^4+3

>>f=sym('log(x)/exp(x^2)')　%定义符号函数

f=log(x)/exp(x^2)

>>simplify(diff(f))　%对函数求导数后再化简

ans=-exp(-x^2)*(-1+2*log(x)*x^2)/x

>>simplify(diff(f,2))　%对函数求二阶导数后化简

ans=exp(-x^2)*(-1-4*x^2+4*log(x)*x^4-2*log(x)*x^2)/x^2

(2) 向量的点积、叉积和混合积.

点积、叉积与混合积的相关概念, 请参见数据书籍.

例 f2.5　点积、叉积与混合演示.

>>x1=[1 9 8 0]

x1=1　　　9　　　8　　　0

>>x2=[2 6 9 7]

x2=2　　　6　　　9　　　7

>>y=dot(x1,x2)　%点积运算

y=128

>>y1=cross(x1,x2)　%维数是 3 才能进行叉积运算

??? Error using==> cross at 37　%出现警告

A and B must have at least one dimension of length 3.

>>x1=[9 5 2]

x1=9　　　5　　　2

>>x2=[3 2 7]

x2=3　　　2　　　7

>>xd=dot(x1,x2)　%计算点积

xd=51

>>xcr=cross(x1,x2)　%计算叉积

xcr=31　　　-57　　　3

xcr2=cross(x2,x1)　%计算叉积

xcr2=-31　　　57　　　-3

>>x3=[2 4 7]

x3=2　　　4　　　7

>>ydc=dot(x3,cross(x1,x2))　%混合积运算, 用于计算平行六面体的体积

ydc=-145

三、积分问题

1）不定积分和定积分的计算

积分有符号方法和数值方法, 下面分别说明. 符号积分的函数是 int, 它的语法是:

int(S); %计算 S 的一个原函数.

int(S,v); %以 v 为积分变量计算 S 的一个原函数

int(S,a,b); %计算符号积分,a 与 b 是下限和上限,S 是被积函数

int(S,v,a,b); %计算符号积分,a 与 b 是下限,上限,S 是被积函数,v 是积分变量

例 f2.6 符号积分演示.

\>\>f=sym('sin(s+2*x)') %定义符号函数

f=sin(s+2*x)

\>\>int(f) %求原函数

ans=-1/2*cos(s+2*x)

\>\>int(f,'s') %以 s 为积分变量求原函数

ans=-cos(s+2*x)

\>\>int(f,pi/2,pi) %计算指定区间的定积分

ans=-cos(s)

\>\>int(f,'s',pi/2,pi) %指定积分变量,指定区间求定积分

ans=-sin(2*x)+cos(2*x)

\>\>int(f,'a','b') %指定区间上求定积分

ans=1/2*cos(s+2*a)-1/2*cos(s+2*b)

例 f2.7 求 $\int_0^x \frac{1}{\ln t}dt$ 与 $\int_0^{0.5} \frac{1}{\ln t}dt$.

\>\>F1=int('1/log(t)','t',0,'x') %计算符号积分,无初等解析式

Warning: Explicit integral could not be found.

\>In sym.int at 58

　　\>In char.int at 9

\>\>F1=int(1/log(t),t=0 .. x)

\>\>F1=int('1/log(t)','t',0,'1/2') %计算积分,无初等解析式

\>\>F1=-Ei(1,log(2))

\>\>vpa(F1) %以指定精度得到数值解

ans=-.37867104306108797672720718463656

例 f2.8 求积分 $\int_1^2 \int_{\sqrt{x}}^{x^2} \int_{\sqrt{xy}}^{x^2y} (x^2+y^2+z^2)dzdydx$. 注意:内积分上下限都是函数.

\>\> syms x y z %定义变量

\>\>F2=int(int(int(x^2+y^2+z^2,z,sqrt(x*y),x^2*y),y,sqrt(x),x^2),x,1,2)

结果为

Warning: Explicit integral could not be found.

F2=

(14912*2^(1/4))/4641-(6072064*2^(1/2))/348075 + (64*2^(3/4))/225 + 1610027357/6563700

\>\> VF2=vpa(F2)

VF2=224.92153573331143159790710032805

int 是较为通用的方法,适用性广,精度一般,下面再介绍几个计算定积分的函数. trapz

通过计算若干梯形面积的和来近似某函数的积分, 其调用格式为:

trapz(Y): 用等距节点法近似计算 Y 的积分;

trapz(X,Y): 用梯形法计算 Y 在 X 点上的积分.

quad 和 quadl 是基于数学上的正方形概念来计算函数的面积的, 其调用格式为:

quad(F,a,b): 从 a 到 b 计算函数 F 的数值积分, 误差为 10^{-6};

quad(F,a,b,tol): 用指定的绝对误差 tol 代替默认误差.

quadl(F,a,b): 用高精度进行数值积分计算, 效率可能比 quad 更高.

与简单的梯形比较, quad 和 quadl 可以进行更高阶的近似. 以下实例是数值计算方法计算积分.

例 f2.9　绘制下列空间曲线的图形并计算长度, 参数方程:

$$\begin{cases} x(t) = \sin(2t) \\ y(t) = \cos(t) \;, \quad t \in [0, 3\pi] \;. \\ z(t) = t \end{cases}$$

其长度为: $L = \int_0^{3\pi} \sqrt{4\cos^2(2t) + \sin^2(t) + 1} \, dt$.

```
>>t=0:0.05:3*pi;   %生成数组
>>plot3(sin(2*t),cos(t),t)   %绘制三维曲线
```

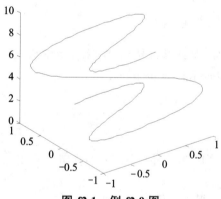

图 f2.1　例 f2.9 图

```
>>f=inline('sqrt(4*cos(2*t).^2+sin(t).^2+1)')   %定义一个内联函数
f=
Inline function:
f(t)=sqrt(4*cos(2*t).^2+sin(t).^2+1)   % function
>>len=quad(f,0,3*pi)   %使用数值方法计算定积分的值
len=17.2220
```

2）二重积分的计算

dblquad 函数用于矩形区域上的二重积分的数值计算, 其语法为

dblquad(F,x1,x2,y1,y2,tol,method): 调用 quad 函数在区域[x1,x2,y1,y2]上计算二元函数 $z = F(x,y)$ 的二重积分, tol 是指定的精度, 该参数可以省去, 即默认精度为 10^{-6}, method 表示用指定的算法去代替默认算法 quad, 可以取值 quadl 或其他用户指定的与命令 quad 或 quadl 有

相同调用次序的函数.

quad2dggen 用于任意区域上二元函数的数值积分, 其调用格式为

quad2dggen(f,xlower,xupper,ymin,ymax,tol,method): 在由 [xlower, xupper, ymin, ymax] 指定的区域上计算二元函数 $z = f(x,y)$ 的二重积分, tol 是指定的精度, 该参数可以省去, 省去时的默认精度为 10^{-6}, method 表示用指定的算法去代替默认算法, 或是用户指定的与默认命令有相同调用次序的函数, 该参数可以省去.

例 f2.10　计算二重积分 $\iint\limits_{\substack{-1\leqslant x\leqslant 1 \\ 0\leqslant y\leqslant 2}} \sqrt{y}\sin x \mathrm{d}x\mathrm{d}y$.

>> jg=dblquad('sin(x)*sqrt(y)',-1,1,0,2)

结果为

jg=-4.4306e-018　　%理论值为 0

3）三重积分的计算

triplequad(F, x1,x2,y1,y2,z1,z2,tol, method): 在区域 [x1,x2,y1,y2,z1,z2] 上计算三元函数 $F = F(x,y,z)$ 的三重积分, tol 是指定的精度, 该参数可以省去, 省去时的默认精度为 10^{-6}, method 表示用指定的算法去代替默认算法, 该参数可以省去.

例 f2.11　计算三重积分 $\iiint\limits_{\substack{0\leqslant x\leqslant \pi \\ 0\leqslant y\leqslant 1 \\ -1\leqslant z\leqslant 1}} y\sin x + z\cos x \mathrm{d}x\mathrm{d}y\mathrm{d}z$.

>> F=@(x,y,z) y*sin(x)+z*cos(x);

jg=triplequad(F, 0,pi,0,1,-1,1)

结果为

jg=2.0000

四、级数问题求解

级数求解的函数是 symsum, 它的语法形式是:

symsum(s,a,b);　　%求符号表达式 s 中默认变量从 a 到 b 的有限和

symsum(s,v,a,b);　　%求符号表达式 s 中变量 v 从 a 到 b 的有限和

以下举例说明它们的使用方法, 详细请查阅 MATLAB 自带的帮助文件.

例 f2.12　求和 $\sum\limits_{1}^{N}(2n-1)^2$ 及 $\sum\limits_{1}^{\infty}\dfrac{1}{(2n-1)^2}$, 数值转换与精度控制演示.

>>A=symsum(sym('(2*n-1)^2'),1,'N')　　%求和

A=11/3*N+8/3-4*(N+1)^2+4/3*(N+1)^3

>>simplify(A)　　%化简

ans=-1/3*N+4/3*N^3

>>B=symsum(sym('1/((2*n-1)^2)'),1,inf)　　%求无穷项和

B=1/8*pi^2　　% $\pi^2/8$

>>digits(15)　　%设置当前精度

>>vpa(B)　　%必须使用 vpa 函数才能用相应精度输出

ans=1.23370055013617

例 f2.13 求和 $\sum_{1}^{20}\frac{1}{k^2}$，$\sum_{10}^{20}\frac{1}{k^2}$，$\sum_{n=1}^{30}\frac{(-1)^{n+1}x}{n(n+2)}$，$\sum_{k=0}^{n-1}(-1)^k a\sin(k)$。

```
>>syms x k n a    %定义变量
>>r1=symsum(1/k^2,1,20)    %1~20 求和
>>r2=symsum(1/k^2,10,20)    %10~20 求和
>>r3=symsum((-1)^(n+1)*x/(n*(n+2)),n,1,30)
>>r4=symsum((-1)^k*a*sin(k),k,0,n-1)
```

结果为

r1=17299975731542641/10838475198270720

r2=3056206830982561/54192375991353600

r3=(495*x)/1984

r4=

a*(((((-1)^n*exp(n*i)-1)*i)/(2*(exp(i)+1))+(exp(i)*i)/(2*(exp(i)+1))-((-1)^n*exp(i)*
(1/exp(n*i))*i)/(2*(exp(i)+1)))

五、代数方程（组）求解

求解代数方程的函数是 solve，它的语法是：

solve(eq)　%求解方程 eq=0;

solve(eq,var)　%求解方程 eq=0，将 var 作为未知变量

solve(eq1,eq2,...,eqn)　%求解方程组，eq1=0, eq2=0, …, eqn=0

solve(eq1,eq2,...,eqn,var1,var2,...,varn)　%求解方程组，eq1=0, eq2=0, …, eqn=0; 参数 var, var1, var2, ..., varn 用于指定未知变量。

另外，MATLAB 还提供了函数 fsolve 用于求解多元方程的一个实根，dsolve 用于解微分方程等，详细使用方法请参看帮助文件，此处主要介绍 solve。

例 f2.14 求解方程 $x+8=0$，$ax+5=0$ 及 $ax^2+bx+c=0$。

```
>>x=solve('x+8')    %这个命令等价于 x=solve('x+8=0')
x=-8
>> solve('a*x+5')
ans=-5/a
>> solve('a*x+5','a')
ans=-5/x
>>A=solve('a*x^2+b*x+c')    %求解方程,A 表示解组成的数组,x 为未知数
A=-(b+(b^2-4*a*c)^(1/2))/(2*a)
    -(b-(b^2-4*a*c)^(1/2))/(2*a)
```

例 f2.15 求解方程组 $\begin{cases} x+y=1 \\ x-11y=5 \end{cases}$ 和 $\begin{cases} au^2+v^2=0, \\ u-v=1, \\ a^2-5a+6=0. \end{cases}$

>>S=solve('x+y=1','x-11*y=5')　%求解方程组

S=

x: [1x1 sym]

y: [1x1 sym]

>>x=S.x　%显示结果

>>y=S.y　%显示结果

x=4/3

y=-1/3

>>A=solve('a*u^2+v^2', 'u-v=1', 'a^2-5*a + 6')　%解方程组并显示结果的结构

A=

　a: [4x1 sym]

　u: [4x1 sym]

　v: [4x1 sym]

>>a=A.a　u=A.u　v=A.v　%显示结果 A 的各个部分

a=	u=	v=
2	1/3+1/3*i*2^(1/2)	-2/3+1/3*i*2^(1/2)
2	1/3-1/3*i*2^(1/2)	-2/3-1/3*i*2^(1/2)
3	1/4+1/4*i*3^(1/2)	-3/4+1/4*i*3^(1/2)
3	1/4-1/4*i*3^(1/2)	-3/4-1/4*i*3^(1/2)

注意: 解线性方程组还可以依据矩阵进行求解, 如本例的第一个方程组, 也可以按下面的方式求解.

>>A=[1 1;1 -11];　%系数矩阵

>>b=[1 5]';　%常数数列

>>jg=inv(A)*b

jg=

　　　1.3333

　　-0.3333

例 f2.16　求四次方程的根: $x^4 - 5x^3 + 4x^2 - 5x + 6 = 0$, 并绘制该函数在 $-10 < x < 10$ 范围内的图像.

>> eq1='x^4-5*x^3+4*x^2-5*x+6';　%创建一个表示该方程的字符串

>> s=solve(eq1);　%调用 solve 求根

%现在定义一个变量用来从 s 中提取根. 如果把它们用符号列出来, 你会得到一大堆, 下面我们写出第一个根的一部分

>> a=s(1)

a=

5/4+1/12*3^(1/2)*((43*(8900+12*549093^(1/2))^(1/3)+2*(8900+12*549093^(1/2))^(2/3)+104)...

%实际操作一下你会看到这一行会很长, 因此, 使用 double 得到它的数值结果

>> double(s(1))

ans=4.2588

%现在的结果好多了. 由于这是一个四次方程, 它有四个根:

\>> double(s(2))

ans=1.1164

\>> double(s(3))

ans=-0.1876+1.1076i

\>> double(s(4))

ans=-0.1876-1.1076i

\>> ezplot(eq1,[-10 10])　　%符号画图函数, 结果如图 f2.2 所示.

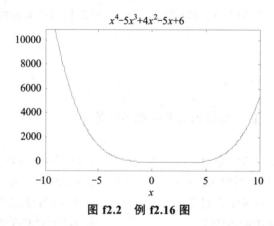

图 f2.2　例 f2.16 图

本节最后, 介绍一点方程的整理函数, 但可能与解方程关系不大. 方程展开命令是 expand, 如

\>> syms x

\>> expand((x-1)*(x+4))

ans=x^2+3*x-4

%再如

\>> syms y

\>> expand(cos(x+y))

ans=cos(x)*cos(y)-sin(x)*sin(y)

方程合并的命令为 collect .如

\>> syms x;

\>> collect(x*(x^2-2))

ans=x^3-2*x

%再如

\>> syms t

\>> collect((t+3)*sin(t))

ans=sin(t)*t+3*sin(t)

对于处理符号, 我们另一个代数任务是因式分解. 如

\>> syms x;syms y;

\>> factor(x^2-y^2)

ans=(x-y)*(x+y)

%最后, 我们介绍 simplify 命令, 这个命令可以进行多项式相除, 如

>> syms x;

>> simplify((x^4-81)/(x^2-9))

ans=x^2+9

%simplify 命令在求解三角恒等式时非常有用, 例如

>> syms x;

>> simplify(cos(x)^2-sin(x)^2)

ans=2*cos(x)^2-1

>> simplify(cos(x)^2+sin(x)^2)

ans=1

3　画图与编程

一、二维绘图函数 plot 简介

plot 的语法如下:

plot(Y)　%当输入参数只有一个时, Y 是输入向量, 以 Y 的下标作为横坐标, 以 Y 的值作为纵坐标绘图, 默认的方式是各离散点之间使用线段连接起来, 当点取得足够密时, 看起来就是一条光滑的曲线.

plot(X1,Y1)　%以 $X1$ 为横坐标, $Y1$ 为纵坐标画点 (X1,Y1), 点之间默认用线段连接.

plot(X1,Y1,…,Xn,Yn)　%在同一坐标系下画出曲线 (X1,Y1),…, (Xn,Yn).

以上画出的曲线在默认状态下是蓝色显示, 曲线的粗细参数默认为 0.5, 我们可以在函数命令中加入相应的参数去改变默认的状态. 主要的相关参数有下面几组.

表 f3.1　颜色说明符

紫色	白色	黑色	蓝色	红色	青色	绿色	黄色
m	w	k	b	r	c	g	y

表 f3.2　线型说明符

实线	虚线	点线	点画线
-	--	:	.-

表 f3.3　离散点标志

左三角	右三角	星号	加号	小黑点	五角星
<	>	*	+	.	pentagram
小圆圈	下三角	上三角	方形	菱形	六角星
o	v	^	square	diamond	hexagram

下面简单介绍控制曲线的坐标轴. 一般情况下, 图形在坐标中央.

axis normal　%表示坐标轴正常.

rgrid on (off)　%网格显示是系统自动取的, 但也可以通过控制来实现对坐标或图形的位置的控制.常用有以下函数:

axis square　%长宽比例为 1.

box on(off)　%外围矩形.

axis equal　%长宽比例为不变, 两刻度一致.

axis equal tight　%长宽比例为不变, 图紧贴轴.

axis([x1,x2,y1,y2])　%控制坐标轴的范围.

axis off　%取消坐标轴.

线图中加入文字标注的相关命令主要有:

title　%给曲线图加标题.

xlable　%给曲线图轴加标题.

ylable　%给曲线图轴加标题.

zlable　%给曲线图轴加标题.

legend　%对当前图加图注.

text　%对指定位置加字符串.

Gtext　%在鼠标的位置加字符串

除了这些参数还有很多, 这里就不一一介绍. 也正因为这些参数众多, 难以记忆, 我们可以利用图形编辑器方便地改变图形的相关参数而不必记忆参数, 如图 f3.1 所示.

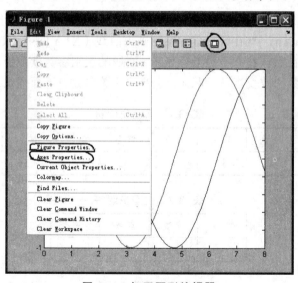

图 f3.1　打开图形编辑器

在图 f3.1 中, 通过菜单 Edit 的下拉菜单中 Figure Properties 或 Axes Properties 或左键单击右上角黑线圈的图标均可打开编辑器, 如图 f3.2 所示.

在图 f3.2 中, 单击线型或图中空白区域, 下面的图形控制参数会发生变化, 另外, 通过这个图形窗口的菜单, 也可以向图中添加一些需要的东西.

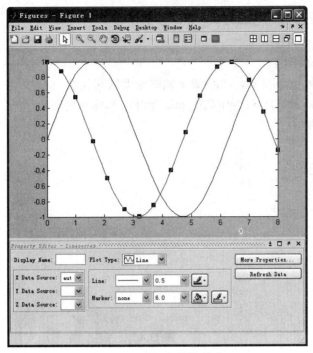

图 f3.2　图形在编辑状态

例 f3.1　绘制函数 $f(x) = \tan(\sin(x)) - \sin(\tan(x))$ 在 $[-\pi, \pi]$ 上的图像.

\>\>x=-pi:pi/10:pi;　%自变量取值范围

\>\>y=tan(sin(x))-sin(tan(x));　%相应于自变量的函数值

%一条指令如果要多行显示, 则在行后加三个圆点

\>\>plot(x,y,'--rs', ...　%绘制图形, 虚线（--), 红色（r), 方形（s）显示

'LineWidth',2,...　%线的粗细参数为 2, 默认为 0.5

'MarkerEdgeColor','k',...　%方形边界的颜色为黑色

　　'MarkerFaceColor','g',...　%坐标点的颜色为绿色

　　'MarkerSize',10)　%方形的大小参数为 10

得到图 f3.3 的图像.

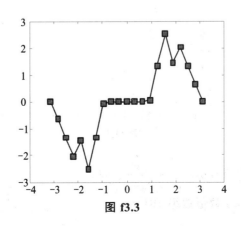

图 f3.3

例 f3.2   绘制函数 $f(x) = \sin(x)$ 在 $[-\pi, \pi]$ 上的图像.

\>\>x=-pi:.1:pi; y=sin(x);

\>\>plot(x,y);   %绘图

\>\>set(gca,'XTick',-pi:pi/2:pi)   %设置 x 轴的刻度区间长度

\>\>set(gca,'XTickLabel',{'-pi','-pi/2','0','pi/2','pi'})   %标示刻度

结果如图 f3.4 所示.

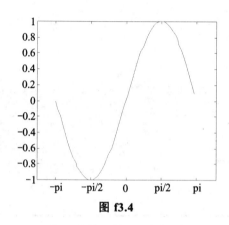

图 f3.4

例 f3.3   二维曲线平移正弦曲线组绘制.

\>\>t=0:pi/100:2*pi; y1=sin(t);

\>\>y2=sin(t-0.25);   %向右平衡 0.25 单位, 绘图区间不变

\>\>y3=sin(t-0.5);   %向右平衡 0.5 单位, 绘图区间不变

\>\>plot(t,y1,t,y2,t,y3);   %在同一坐标系下绘制三条曲线

\>\>hold on   %保留之前所画图, 之后的画图加在之前的坐标系中

\>\>plot(t,y1-1,t,y2+1,t,y3);   %上下各平衡 1 个单位

\>\>hold off   %加图结束, 和 hold on 对应

结果如图 f3.5 所示.

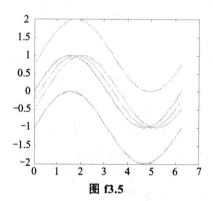

图 f3.5

例 f3.4   一组椭圆的绘制演示: $\dfrac{x^2}{a^2} + \dfrac{y^2}{25 - a^2} = 1$.

\>\>t=[0:pi/50:2*pi]';   %参数值数组 101×1

>>a=[0.5:.5:4.5];　%轴长数组 1×9

>>X=cos(t)*a;　%水平坐标值数组 101×9

>>Y=sin(t)*sqrt(25-a.^2);　%纵坐标值数组 101×9

>>plot(X,Y)　%绘图, 以 X,Y 中对应的列分别的曲线的横纵坐标绘曲线. 因 X,Y 共 9 列, 所以共绘制 9 条曲线. 得到图 f3.6.

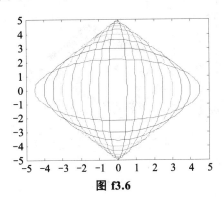

图 f3.6

二、plot3 绘制三维曲线简介

plot3 用于绘制三维函数曲线, 功能和语法类似于二维函数曲线的绘制. 其常用语法如下:

plot3(X1,Y1,Z1)　%X1, Y1, Z1 分别表示曲线的三个坐标数组.

例 f3.5　绘制螺旋曲线, 如图 f3.7 所示, 其中 0< x <10*pi.

>>t=0:pi/50:10*pi;

>>X=sin(t);　%曲线上各点的 x 坐标

>>Y=cos(t);　%曲线上各点的 y 坐标

>>Z=t;　%曲线上各点的 z 坐标

>>plot3(X,Y,Z);　%绘制三维曲线, 默认各点之间用线段连接

>>grid on;　%绘制网格线, 以方便估计曲点上值

>>axis square　%三个坐标方向按相同比例显示

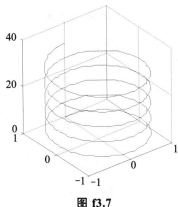

图 f3.7

例 f3.6　参矩阵为参数绘制空间曲线簇, 其中 0 < x < 10*pi.

>>[X,Y]=meshgrid([-2:0.1:2]);　%x, y 都是 41×41 矩阵

>>Z=X.*exp(-X.^2-Y.^2);　　%z 是 41 × 41 矩阵

>>plot3(X,Y,Z)　　%参数为矩阵, 则依三个参数矩阵的对应的列绘制各条曲线.

>>grid on　　%绘制网格线

结果如图 f3.8 所示.

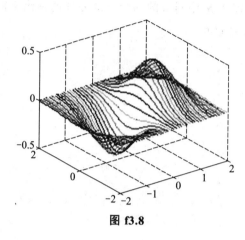

图 f3.8

三、绘制曲面

1）网格曲面绘制

mesh 函数用于绘制空间网格曲面. 默认用 z 轴坐标值, 即高度值用来控制颜色. 它的常用语法如下:

mesh(X,Y,Z,C)　　% X,Y,Z 是网格点数据的三个坐标数据, C 表示控制颜色的矩阵（可以省去）, 与 X,Y,Z 同型.

meshc(X,Y,Z,C)　　% meshc 在绘制网格曲面时, 再在下方面绘制等高线.

例 f3.7　网格线曲面绘制演示, 绘制如图 f3.9 所示的图像.

>>[X,Y]=meshgrid(-3:.125:3);

>>Z=peaks(X,Y);　　%peaks 是 MATLAB 的内置函数

>>meshc(X,Y,Z);　　%绘制带有等高线的图

>>axis([-3 3 -3 3 -10 5])　　%三个坐标方向显示范围

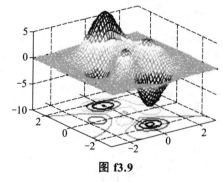

图 f3.9

2）曲面绘制

surf 函数用于绘制曲面, 它的常用语法为:

surf(X,Y,Z,C)

surfc(X,Y,Z,C)

它的参数和 mesh 是类似的, 不再重复.

例 f3.8 曲面绘制演示, 绘制如图 f3.10 所示的图像.

\>\>[X,Y,Z]=peaks(30);

\>\>surfc(X,Y,Z)   %采用渲染方法绘制曲面, 同时绘制等高线

\>\>colormap hsv   %设置颜色显示风格, hsv 为风格之一, 还有 Jet, Hot, Cool 等

\>\>axis([-3 3 -3 3 -10 5])

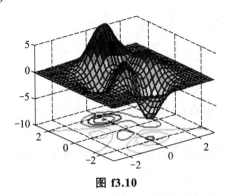

图 f3.10

四、contour 绘图函数简介

contour 用于绘制三维曲面的二维等高线, 并带有标注. 其常用的基本语法如下:

contour(X,Y,Z); contour(X,Y,Z,n); contour(X,Y,Z,v).

函数说明:

X,Y,Z 是同型矩阵（行列数相同）, 分别表示记录空间曲面网格点的 x,y,z 坐标矩阵, n 表示等高线的条数, 是一个标量. v 是一个向量, 其元素值表示高度值（即 z 坐标值）, 在 v 指定的 z 坐标高度画等高线.

当然还有其他语法形式, 具体参看帮助文件.

由于空间曲面的描述需要网格点, 而产生网格数据的函数是 meshgrid, 具体看帮助系统, 此处仅举例说明.

例 f3.9 绘制曲面 $z = x\mathrm{e}^{(-x^2-y^2)}$ 的等高线, 其中 $-2 < x < 2$, $-2 < y < 2$.

\>\>[X,Y]=meshgrid(-2:.2:2,-2:.2:3);   % X, Y 分别是记录 x 和 y 坐标的矩阵

\>\>Z=X.*exp(-X.^2-Y.^2);   % Z 分别是记录 z 坐标的矩阵

\>\>[C,h]=contour(X,Y,Z);   %绘制等高线, C 记录各等高线数据的矩阵, h 是等高线图形对象

\>\>colormap cool   %再改颜色风格

\>\>set(h,'ShowText','on');   %显示条等高线的标注

注意: 可以在 Workspace 中查看 C,h, 结果如图 f3.11 所示.

三维等高线的绘制同二维等高线绘制一样, 命令为

contour3(X,Y,Z); contour3(X,Y,Z,n); contour3(X,Y,Z,v);[C,h]=contour3(X,Y,Z).

这里不再详述, 请参看软件帮助.

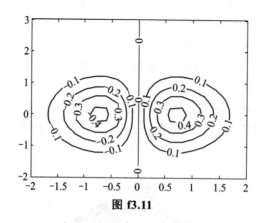

图 f3.11

五、简捷的绘图指令

针对上述各种绘图函数，MATLAB 给出了简捷的绘图指令，只要以字符串的形式给出函数表达式，即可绘制出函数图形，也可适当设定其他参数，如定义域、颜色等. 函数名类似，只不过是字母 "e" 打头，具体请看参看帮助. 下面列出常用简捷绘图指令及简单说明：

ezcontour : Easy-to-use contour plotter

ezcontourf : Easy-to-use filled contour plotter

ezmesh : Easy-to-use 3-D mesh plotter

ezmeshc : Easy-to-use combination mesh/contour plotter

ezplot : Easy-to-use function plotter

ezplot3 : Easy-to-use 3-D parametric curve plotter

ezpolar : Easy-to-use polar coordinate plotter

ezsurf : Easy-to-use 3-D colored surface plotter

ezsurfc : Easy-to-use combination surface/contour plotter

fplot : Plot function between specified limits

例 f3.10　在圆域上画 $z = xy$ 的图形，如图 f3.12 所示.

\>>ezsurf('x*y','circ');　%在指定的圆形定义域范围内画出函图形

\>>shading flat;　%网格线和网格面采用相同的的颜色映射方法

\>>view([-18,28])　%设定视角，也可以在绘图窗口中以三维方式拉动旋转

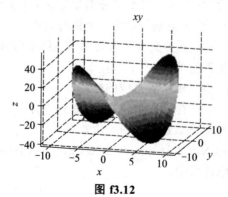

图 f3.12

六、程序流程控制

首先介绍函数的创建. 要创建在命令窗口中可以进行调用的函数, 第一步是创建一个.m 文件. 要打开文件编辑器, 使用下面的两个步骤:

(1) 点击文件（File）下拉菜单;

(2) 选择新建（New）→M 文件（M-File）.

它会打开文件编辑器, 你可以在其中输入你的脚本文件. 行号会在窗口左边提供. 第一行中, 要依次输入单词 function、用来返回数据的变量名、函数名和用来传给数据的参数. 比如计算平均值, 编写一个函数并把函数称为 myaverage. 这个函数带有两个参数:

含有数据的数组 x 和包含每个数值个数的数组 N.

使用变量 ave 返回数据. 代码如下:

```
function ave=myaverage(x, N)
sizex=size(x);
sizeN=size(N);
if sizex(2) ~=sizeN(2)
disp('错误：数据必须具有相同的维数。')
else
total=sum(N);
s=x.*N;
ave=sum(s)/total;
end
```

一旦函数写完, 保存它以便在命令窗口中使用. MATLAB 会把.m 文件保存到工作文件夹. 下面仅介绍最常用的循环控制语句和条件语句.

1）硬循环语句（for-end）

所谓硬循环是指无条件的循环, 其结构为

```
for index=start : increment : finish
    statements
end
```

我们可以通过写一个简单的函数来理解这个概念, 它对列向量或行向量的元素进行累加.

```
function sumx=mysum(x)
num=size(x);   %获取元素个数
sumx=0;   %初始化总和
for i=1:num(2)
sumx=sumx + x(i);
end
```

注意, 硬循环语句也可用 break 来跳出循环.

2）条件分支语句（if-else-end）, 结构为

```
if   条件 1
语句 1
```

elseif　条件 2

语句 2

　　…

else

语句

end

注意这一结构的条件优先问题，当有多个条件时，如果条件 1 不满足，再判断 elseif 后面的条件 2…，如果所有的条件都不满足，则执行 else 后面的语句.

例 f3.11　分析下面条件语句.

```
>>x=input('x=?')
>>if ((x+3)<2)
        y=x*2;
        elseif (x<2)
          y=x^2;
        else(x<1)
          y=sqrt(x);
>>end
y
```

运行结果

```
x=?1.5
x=1.5000
y=2.2500
```

3）条件循环语句（while-end）

当条件满足时执行下一语句，否则就到 end 返回 while. 其结构为

while（表达式）

　　…

end

例 f3.12　求阶乘大于或等于 99^99 的最小整数.

```
>>clear    %清除内存
>>n=1;
>>while prod(1:n)<99^99;    % prod()向量元素的乘积
    n=n+1;
>>end
n
```

结果为

```
n=120
```

4）开关与试探控制

分支开关语句（switch-case-otherwise-end）

结构 switch（开关量），相当于满足什么条件做什么事.

例 f3.13　根据开关量的情况来决定计算机执行哪个语句.

```
>>a=input('a=?')
>>switch a
    case 1
        disp('It is raning')
    case 0
        disp('It do not konw')
    case-1
        disp('It is not raning')
    otherwise
        disp('It is raning')
>>end
```

参考文献

[1] 茆诗松, 程依明, 濮晓龙. 概率论与数理统计[M]. 2 版. 北京: 高等教育出版社, 2012.

[2] 陈希孺. 概率论与数理统计[M]. 北京: 科学出版社, 2002.

[3] 茆诗松, 王静龙, 濮晓龙. 高等数理统计[M]. 2 版. 北京: 高等教育出版社, 2006.

[4] 盛聚, 谢式千, 潘承毅. 概率论与数理统计[M]. 4 版. 北京: 高等教育出版社, 2008.

[5] 何晓群, 刘文卿. 应用回归分析[M]. 3 版. 北京: 中国人民大学出版社, 2011.

[6] 吴喜之. 非参数统计[M]. 2 版. 北京: 中国统计出版社, 2006.

[7] Larry Wasserman. 现代非参数统计[M]. 吴喜之. 译. 北京: 科学出版社, 2008.

[8] 高惠璇. 应用多元统计分析[M]. 北京: 北京大学出版社, 2005.

[9] 张德丰. MATLAB 概率与数理统计分析[M]. 北京: 机械工业出版社, 2010.

[10] 谢中华. MATLAB 统计分析与应用: 40 个案例分析[M]. 北京: 北京航空航天大学出版社, 2010.

[11] 冯海林, 薄立军. 随机过程——计算与工程[M]. 西安: 西安电子科技大学出版社, 2012.

[12] 张波, 张景肖. 应用随机过程[M]. 北京: 清华大学出版社, 2004.

[13] 魏艳华, 王丙参. 概率论与数理统计[M]. 成都: 西南交通大学出版社, 2013.

[14] R.卡尔斯. 现代精算风险理论[M]. 唐启鹤, 胡太忠, 成世学, 译. 北京: 科学出版社, 2005.

[15] 王丙参, 魏艳华, 张云. 利用反函数及变换抽样法生成随机数[J]. 重庆文理学院学报: 自然科学版, 2011, 30(5): 9-12.

[16] 王丙参, 李艳颖, 魏艳华. 泊松过程的随机模拟及参数估计[J]. 齐齐哈尔大学学报: 自然科学版, 2012, 28(1): 79-81.

[17] 王丙参, 魏艳华, 孙春晓. 泊松分布参数估计的比较研究[J]. 四川理工学院学报: 自然科学版, 2011, 24(5): 604-606.

[18] 王丙参, 魏艳华, 戴宁. 个体风险模型总理赔额的数字特征、分布及其近似[J]. 天水师范学院学报, 2012, 32(2): 3-7.

[19] 王丙参, 魏艳华, 张云. 蒙特卡罗方法与积分的计算[J]. 宁夏师范学院学报, 2012, 33(3): 24-28.